JN174624

農地環境工学 第2版

塩沢　昌・山路永司・吉田修一郎　編

Bun-eido 文永堂出版

表紙デザイン：中山康子（株式会社ワイクリエイティブ）

写 真 提 供：山路永司

表　紙：収穫直後の大区画水田．イネは飼料用のため全量ロール状に巻かれサイレージにされる（宮崎県都城市）．

裏表紙：象潟の水田．松尾芭蕉に「東の松島，西の象潟」と紹介された景勝地．のちに干陸化して水田になった（秋田県にかほ市）．

はじめに

農地は農業生産の基盤である．農地環境工学は，生産性が高く地域環境にとって好ましい良い農地を造り維持するための技術についての学術であり，農業土木学（農業農村工学）の一分野である．わが国に独自の学術分野である農業土木学の基礎を拓いたのは上野英三郎（1871 ～ 1925）であり，その講義ノートをまとめた代表的な著作「耕地整理講義」（1905）をもって学術の基礎が体系づけられたといってよい．農地工学もここに始まるといえる．

上野先生は，水理学などの当時の西洋の近代科学技術を学びながらも，西欧にないわが国独自の水田における灌漑および排水の計画や農地の整備のやり方を，調査と実験に基づく科学的な方法で示している．水田では蒸発散量に比べて浸透量が大きい場合が多く，水田用水量（蒸発散量＋浸透量）の算定は上野先生の大きな研究課題であったようである．実測によって浸透量は蒸発散量のおよそ 2 倍（5 ～ 15 mm/d 程度）という目安を示している．また，上野先生は将来の農地整備について，農業から工業に労働力が移動することを見通し，少ない労働力で農業生産ができるように，牛馬を効率的に使うことができることが必要として，そのための水田整備のデザイン（用・排水路の分離，長辺が 100 m 程度の大きなサイズの長方形区画，農道の整備と接続など）を示した．しかし，この労働生産性（労働時間当たりの収量および収益，あるいは単位面積当たりの労働時間）を高める農地整備は上野先生の時代に行われることはなかった．戦後農地改革以前の寄生的地主制の下では，灌漑および排水のような土地生産性（単位面積当たりの収量）を高める土地改良は行われても，小作人の労力軽減にしかならない労働生産性を高める基盤整備への投資には土地所有者の関心がなかったのである．労働生産性を高める基盤整備は，戦後の農地改革を経て，農業の機械化によって国際的な競争力を引き上げることが社会の課題となった 1960 年代になってから進められた．そこでの水田の「標準区画」は，上野先生がそれより 60 年も前にデザインしていたものであった．そして，今日に至る圃場整備の進展はわが国の水田農業の機械化を進める基盤を作り，地域の灌漑・排水システムを整備する事業とあいまってわが国の農業の生産性を着実に高めた．かつての畜力が機械力に置き換わって，上野先生のアイディアは実際の水田整備のモデルとなって，その後，実現しているのである．時代の先を見た先見性に驚かされる．

今日，農地環境工学の課題は，生産基盤として生産性の高い農地を持続させることだけではなく，地域環境と農地との関わりを考え，自然環境を保全しながら生産性の高い食料生産の基盤と快適な農村空間を整備および維持することであり，その具体的なテーマは多様である．いっそうの大区画化による生産性の向上，畑地としても使える水田，標準的な農地整備が困難な中山間地における農地整備，生態系や景観への配慮，水田の洪水緩和機能を意図的に高める新しい工夫，などがあげられる．

農地環境工学の技術が適用される現場は，地形および土壌などの自然条件と地域の社会条件が多様であり，その地域性に応じて技術が適用されなければならない．上野先生も，頭を使わぬ「画一主義」を強く批判している．テキストなどに書かれた基準を機械的に適用するのではなく，自分の頭を使って，現場の具体的な状況に応じてどこを変えればよいかを論理的に考えることが必要で，そのための力をつけることが大切である．教科書はそのための基礎知識と考え方を学ぶためのものである．

2016年4月

編集者　塩沢　昌
山路永司
吉田修一郎

執　筆　者

編　集　者

塩　沢　　　昌　東京大学名誉教授

山　路　永　司　東京大学名誉教授

吉　田　修一郎　東京大学大学院農学生命科学研究科

執筆者（執筆順）

山　路　永　司　　前　掲

吉　田　修一郎　　前　掲

塩　沢　　　昌　　前　掲

渡　邉　紹　裕　京都大学名誉教授

吉　川　夏　樹　新潟大学農学部

佐々木　長　市　弘前大学農学生命科学部

広　田　純　一　岩手大学名誉教授

長　利　　　洋　元・北里大学獣医学部

内　川　義　行　信州大学学術研究院農学系

藤　川　智　紀　東京農業大学地域環境科学部

長　澤　徹　明　北海道大学名誉教授

千　葉　克　己　宮城大学食産業学群

大　澤　和　敏　宇都宮大学農学部

三　原　真智人　東京農業大学地域環境科学部

登　尾　浩　助　明治大学農学部

凌　　　祥　之　九州大学大学院農学研究院

治　多　伸　介　愛媛大学大学院農学研究科

神宮字　　　寛　福島大学食農学類

緒　方　英　彦　鳥取大学農学部

藤　巻　晴　行　鳥取大学乾燥地研究センター

松　野　　　裕　近畿大学農学部

目　次

第1章

農地および農地環境工学

1．農地の役割

1）人口と食料

Man cannot live by bread alone（人はパンのみに生くるにあらず）というが，人は食料なしに生きていくことはできない．そして，その食料の大部分は農地で生産されている．2016年の世界人口は約73億人であるが，今世紀半ばには90億人前後に達すると見込まれている．18世紀末のマルサスの警鐘に代表されるように，増え続ける人口に対して食料生産は追いつくのだろうかという恐怖心を常に人類は持ち続けてきたし，歴史上何度も大飢饉を経験してきた．それでも，平常時の食料生産は現在の人口を支えるまでに増大してきたし，今後も増加させる必要がある．しかし，図1-10に示すように，三大穀物の単収の伸びは鈍化傾向にあり，決して楽観はできない状況にある．加えて，石油に代わる代替エネルギーの1つとしてバイオマスが有力視されるようになった結果，食料はエネルギーと競合する時代になってきた．すなわち，食用でなくエネルギー用にも作物を栽培するのである．エネルギー生産性の高いナタネ，ヒマワリ，サトウキビ，テンサイ，トウモロコシ，ダイズなどがその目的で大量に栽培されている．

しかも，食料の生産と配分は均一ではない．大量に消費し大量に廃棄している飽食の国々がある一方で，アフリカを中心に8億人あまりが飢餓に直面している（FAO，2014）．食料生産の絶対量を増やしつつ，公平な配分を実現しなければいけないのである．

さらに，食料生産を増やすことによる環境問題も，顕在化してきている．例えば，農地への灌漑のために大量取水した結果，湖への流入量が激減して大幅に水位を下げ，面積を縮小させ，ついに消滅したアラル海の例がある．また，有効利用されなかった肥料成分の流出により河川や湖沼の水質悪化を招いた例は，国内そして世界中で数多く報告されている．環境保全と食料生産増大とを両立させることは，農地環境工学における重要な課題といえる．

わが国においては，高度経済成長期に自給率が大幅に低下し，現在では食料の大半を輸入に頼っている．図1-1は，わが国の食料自給率の変遷であるが，総合自給率（カロリーベース）は39%にまで低下してきている．農林水産省は45%という目標を設定したが，向上の兆しは未だ見えていない．同図には，いろいろな考え方での自給率を示しているが，特に穀物自給率および飼料自給率が低いことがわかる．米の自給率が高いにもかかわらず穀物自給率が低いのは，コムギなどは圧倒的に輸入に依存しているからである．

輸入農産物の量をその生産に必要な面積に換算してみると，2007年時点で1,245万haと計算され，同年の国内耕地面積467万haの2.7倍に達している．このことは，単に食料を輸出国に負っているだけではなく，輸出国側の水資源や環境問題にも影響を与えていることを意味している．

そしてまた，食料の輸入は，量の面および質の面で不安定さを抱えている．各輸出国での気象災害，家畜の伝染性疾病，植物の病害虫は，世界の食料需給やわが国の食品輸入に大きな影響を与えている．また，輸入食品の安全性が大きく問

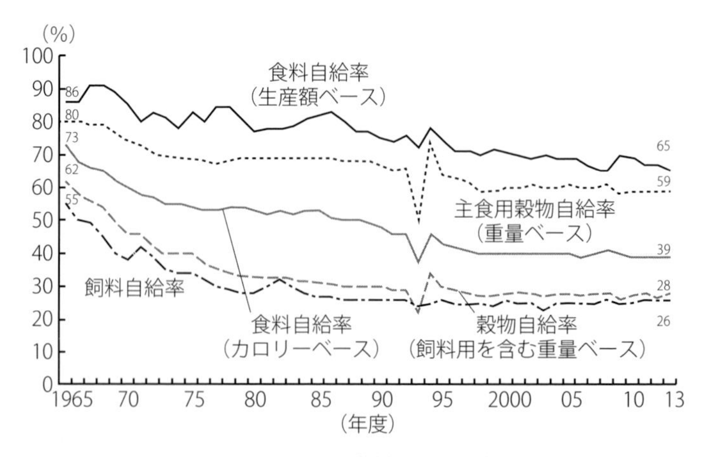

図1-1　わが国の食料自給率の推移
（農林水産省HP，http://www.maff.go.jp/j/zyukyu/zikyu_ritu/011.html）

われる事件も頻発している．

2）日本の農地の歴史

(1) 農地の始まり

農地は食料生産の基盤であり，農地の維持拡大は，人類の歴史において，いつの時点でも大切な政策課題であった．そして，農耕社会では農地の面積とそこからの生産量が，人口すなわち地域社会の規模を決めてきた．

山崎（1996）によれば，わが国では縄文時代後期から，水田を開いたとされている．水稲や種々の農作物の栽培は，地域独特の農作業カレンダーを生み出し，共同作業に伴う約束事や農作業歌が示すように，国民性や地域文化に大きな影響を与えてきた．古代国家では，ため池を主たる水源とする開田，中世では治水・利水工事による沖積地の開田が進められ，明治以降では北海道の開拓などによって耕地面積の大幅な増大が見られた．わが国の農地利用において，水田はすでに江戸時代には適地の大部分が開発されていた．

その概略は図 1-2 に示した通りであるが，以降に若干詳しく説明する．

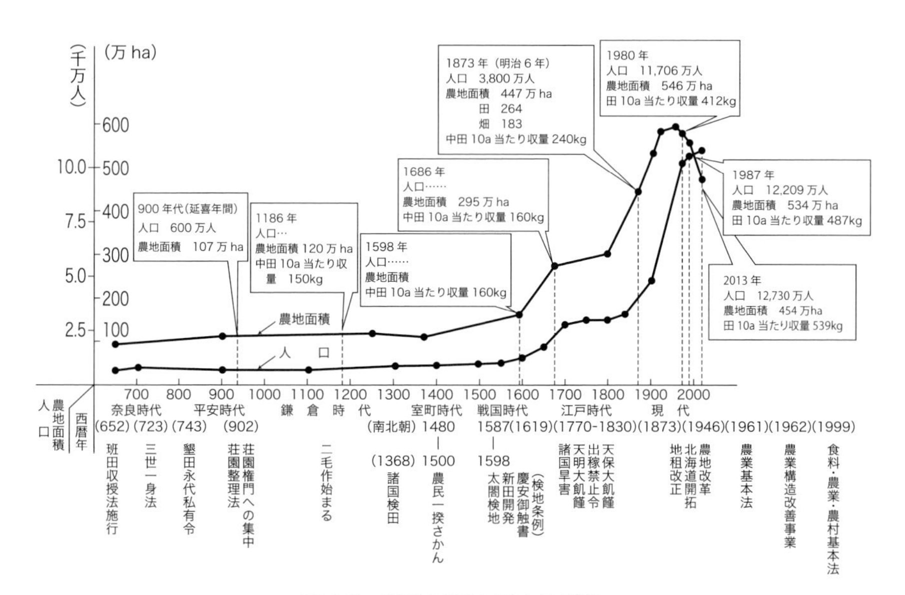

図 1-2　農地面積の歴史的推移
（全国土地改良事業団連合会，1981 に加筆）

(2) 律令制時代

大化の改新（645 年）において集権的体制が始まったといえるが，農地について最初の政策は班田収授法（652 年）であった．耕作権として成人男子に 2 段（23 a），女子にその 2/3 が分け与えられ，同時に税が課せられた．その際の区画割として条里制が施行され，南北方向の条，東西方向の里により，農村地域は格子状に区画され，その内部の農地区画は耕作単位ごとに細分された．この条里制で作られた道路骨格は現在も全国各地に残っており，古島（1967）はこれを「土地に刻まれた歴史」と呼んだ．

しかし，この条里区画は土地および人の公的管理のために作られたものであり，ときに現地の等高線を無視して割付けが行われることもあり，農地の機能を高めることが主たる目的ではなかった．したがって，律令班田制が力を失うにつれて，条里区画の意味は薄れてきた．

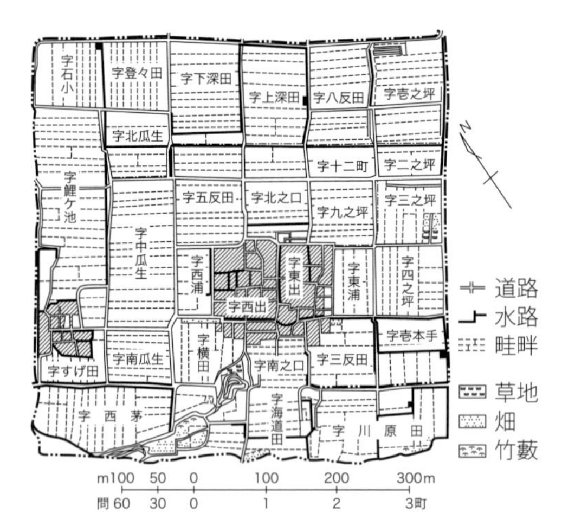

図 1-3　近代まで残っていた条里区画
（米倉二郎，1949）

(3) 領主制時代

平安時代中期以降，荘園制が広がり，それに続く鎌倉時代（1185 ～ 1333 年），室町時代（1392 ～ 1573 年）にも荘園の領主が領地内に新田を開発した．戦国大名も競って水利開発を行い，新田を開発した．江戸時代初期にも開発が進み，17 世紀末には農地面積は 300 万 ha に達した．図 1-2 における江戸時代の農地と人口の急増は，この新田開発にもたらされたものといえる．

領主制下においても農業技術そして生産力はそれほど向上していなかったが，「なわのび」がそれらを補った．当時の作業はほとんどが手作業であったから，畦畔づたいに通作すればよいので農道は不要であり，潰れ地ともなるため農道は発達しなかった．区画の大きな水田は開田整備に労力がかかるので，地形に合わせた小規模不整形な区画の方が有利であった．田越し灌漑（plot to plot irrigation）は水管理が容易なうえに，用水の反復利用が可能であった．これらの水田は村落共同体のもとで維持され，その面積は水資源量によって決められていた．

(4) 明治維新から戦後の農地改革まで

明治政府は，1871 年（明治 4 年）に田畑勝手作りを許可した．領主制時代の土地永代売買の禁止がなくなり，また 1873 年（明治 6 年）の地租改正により，租税制度が改革され，土地の私有権が法的に確立した．地租改正は土地の所有者に私有権を認める代わりに，政府の税収を安定させるためのものであった．土地の私有化によって土地所有者の生産意欲は高まり，水田改良事業が豪農，地主を中心に行われた．1887 年（明治 20 年）には，区画を整形するための畦畔改良，農道および用排水路を改修するための田区改正が行われた．米の増産を図るために，湿田排水工事や馬耕なども普及した．この時期，各地で各種の区画整理が試

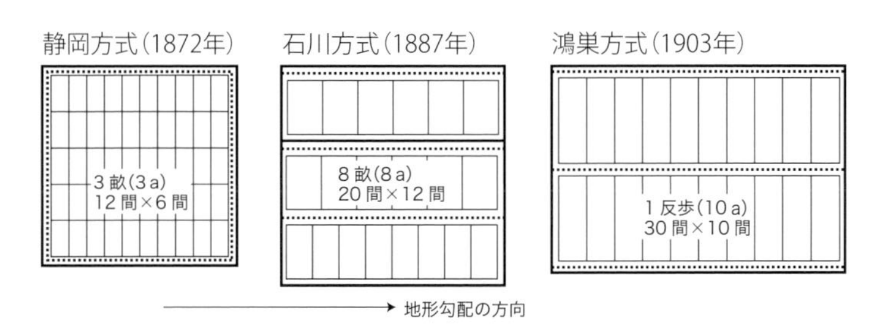

図 1-4　代表的な区画整理方式の比較
━━ 道路，········ 水路．

みられた．図1-4に示した静岡方式はその1つであるが，辺がまっすぐで長方形の整然とした区画が作られ，畜力の導入を容易にした．しかし，道路密度および水路密度は不十分なままであった．石川方式は水路密度を上げ，単位区画もより大きなものとした．区画規模は原則は設けるものの，地形などに合わせて自在に変更できるものとしたところに特徴がある．

こうした実績を受け，また全国的に区画整理を推進するために，1899年（明治32年）に耕地整理法が制定された．この法律によって，区画整理を予定する地域の土地所有者数・面積・地価の2/3以上の賛成があれば，工事ができることになった．

1903年（明治36年）に埼玉県鴻巣で施工された鴻巣式区画整理方式は，現在の圃場整備の原型となっている画期的な区画整理であった．この方式では，一筆が10間（18.18 m）× 30間（54.54 m）＝ 1反歩（992 m^2）の長方形区画が設けられた．その短辺に沿って用水路を，もう1つの短辺に沿って排水路が配置され，一筆ごとに用排水を自由に制御できた．用水と排水が分離したこの方式は，それまでとは全く異なる区画整理の方法であった（図1-5）．しかし，この配置も用・排水路分離による用水不足や用水の無駄使いがあったり，道水路密度が高いことや区画の切盛による高い工事費が難点であり，実際には水路を用排兼用水路（dual purpose canal）で代用したものも多かった．この方式がさらに改良されて実際に普及するのは，戦後の農業構造改善事業以降である．

3）農地の現状

(1) 戦後の圃場整備の進展

戦後になって農地改革が行われ，200万haの農地と40万haの牧草地の所有権が地主から小作者に移転した．これにより，小作地面積率は45%から10%にまで低下した．すなわち，地主制が崩壊し，自作農制が成立したのである．

耕地整理法に代わって土地改良法（1949年）が制定され，耕地整理は区画整理という名称になった．この時期には，鴻巣方式による土地改良事業が進められた．区画を大きくすれば，畦畔や農道，排水路の本数が少なくできるので，2反歩区画のものも登場した．昭和30年代には高度経済成長が続き，農業の生産性の向上と食料の消費構造の変化に合わせた作目の選択的拡大を目的とした農業基本法が制定された（1961 年）.

農業の近代化による農民の所得向上のために，大型機械化に適した農地組織が必要となり，このための農地整備が進められた．1963 年（昭和 38 年）には団体営圃場整備事業が始まり，翌 1964 年には県営圃場整備事業が開始した．農林省は 1963 年から全国 3 地区にモデル圃場を設置し，大型圃場造成の技術を完成させるとともに，圃場整備事業の普及を図った．1977 年には「土地改良事業計画設計基準, ほ場整備（水田）」を制定した．この基準による圃場の標準区画では，一筆区画は長辺 100 ～ 150 m，短辺 30 m，面積 30 ～ 45 a となっている．

農道もコンバインが通ることのできる 3 ～ 4 m 幅とした．暗渠排水による乾田化や用水・排水路のライニングが推奨された．加えて，小用水路のパイプライン化も行われるようになった．

圃場整備によって一筆（耕区）ごとの用排水管理ができるようになり，土地生産性（収量）は増加した．領主制時代に開田された水田の多くは，形状が不規則であり，圃場整備前には筆数も多く，生産性も低かったが，整備後は換地によって農地の集団化が進み，標準区画が一筆 30 a の圃場となって中型，大型の農業機械の導入も可能となり，労働条件や労働生産性の著しい向上が見られた．区画形質の変更にとどまらず，整備の際には表土扱いや土層改良も行われるなど，計画，施工に細心の注意が払われるようになり，圃場整備はわが国の農業の近代化に大きく貢献した．

さらに 1989 年以降，大区画圃場整備が始まり，1 ha 前後の区画を標準とする整備が開始された．また，小区画，中区画で整備された水田を再整備する事業も近年広がりを見せてきている．

2012 年時点における水田の整備状況は，30 a 程度以上が 63％，うち 9％が 1 ha 程度以上の区画に整備されている．畑地の圃場整備は農道整備は 74％と高いが，畑地灌漑は 22％にとどまっており（農林水産省，2014），今後の整備の進展が期待されている．

農業構造改善事業および圃場整備事業によって，水田および畑地の圃場整備事業が行われてきたが，その初期の大きな目的は，農産物，特に米の土地生産性と労働生産性とを高めることにあった．この圃場整備事業によって，わが国の水田は乾田化が進み，圃場の区画も大きくなり，農道も整備され，農業の近代化が進

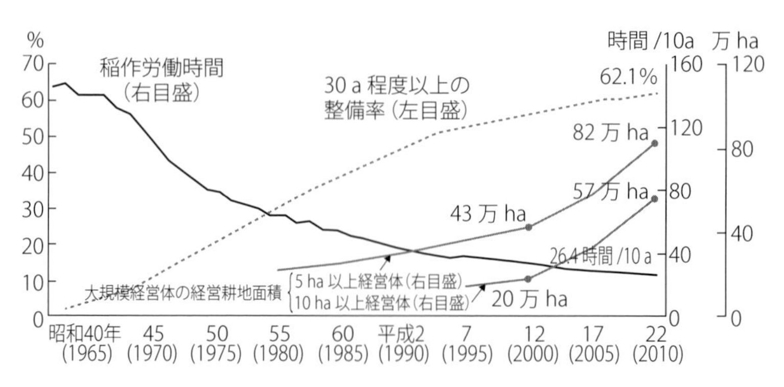

図 1-5 水田整備率と稲作労働時間および大規模経営体の経営耕地面積の推移

(農林水産省「農林業センサス」,「農業基盤情報基礎調査」,「米及び麦類の生産費」より作成)

んだ.この事業によって農村の生活環境も大きく変化し,同時に都市機能をも補完するようになった.高速道路へのアクセスも容易になって,農業生産物の流通にも大きな変化が現れた.

圃場整備事業の実施による作業効率の変化は大きいものがある.圃場整備実施 167 地区での調査では,労働時間が 30 ～ 60%低下したとの報告がある(國光ら, 2001).不整形の小区画農地が整形および拡大したことによって,高性能機械の効率的利用が可能となったことが寄与している.なお,わが国の稲作全体で見てみると,圃場整備のみの効果とはいえないが,稲作にかかる労働時間は大幅に低下してきており,1965 年の 141 時間 /10 a から,2010 年には 26 時間にまで低下している.しかし,アメリカなどの大規模機械化営農に比べると,労働時間は 1 桁大きい.

(2) 耕作放棄

図 1-2 に示した通り近年では農地面積が減少し,自給率が低下していながら,耕作放棄地面積が引き続き増加している.耕作放棄地面積の変化は図 1-6 に示した通りであるが,5 年ごとの調査時期ごとに増加し,2010 年には 10%を超えている.

この耕作放棄は一様に生じているわけではなく,都市近郊と生産条件の厳しい

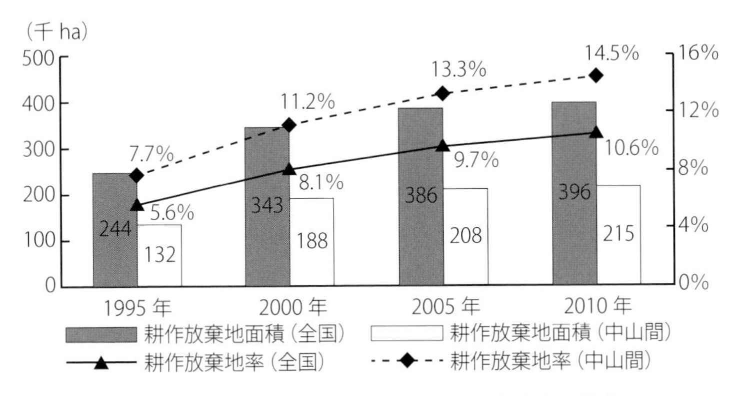

図 1-6　耕作放棄地面積および耕作放棄地率の推移

中山間地域（山間農業地域＋中間農業地域）の農地で多く発生している．中山間地域では，傾斜地の通作に不便なところや狭小な農地が多く，土地生産性や労働生産性が低く，耕作放棄が起きやすい．一方，都市近郊地域では，農業離れや土地利用転換待ちなどの理由により放棄されやすい．

耕作放棄という事象に対して，対症療法的な手だてが多く行われているが，わが国の農業の最大の課題の 1 つは担い手の問題であろう．農業経営の大規模化は不可避であるが，その移行がスムーズに行われることも重要である．2013 年における農業就業者の平均年齢は 66.2 歳，65 歳以上が 62％を占めている．新規就農者も毎年 5 万人以上いるが，就農時年齢は必ずしも若くない．担い手層による大規模な営農と，中高年層による小規模な営農とが並存する中，それぞれの特性を活かした営農と若年層への移行が期待される．

地域全体の総合的な計画を実施するための基盤作りの技術としての農地環境工学は，農地の生産性向上と国土の環境保全の両立に大きな役割を担っているが，以上のような現場での変化に対して，今後どのような対応ができるかは，農地環境工学に課せられた大きな課題である．

2．世界の食料生産と農地

1）世界の食料生産の現状と可能性

世界の人口はこの50年で倍以上に増加し，2014年現在，70億人を超えている．急激な人口の増加に対して世界はこれまでどのように食料生産を高めてきたのか，そして，今後予想されるさらなる人口の増加や食の変化に世界は対応できるのだろうか．世界の食料生産と農地の動向について概観してみよう．

(1) 世界の農地面積

FAO（国際連合食料農業機関）の統計によれば，草地を含む世界の農地面積は，1962年の45億haから微増を続け1993年には49億haとなったが，その後の増加は頭打ちとなっている（図1-7）．このうち，穀物の生産に関わる非永年作物の耕作地（arable land）は2011年現在，14億haであり，過去50年間の増加は7.8%にとどまる．近年，農地面積が増加しない原因としては，耕作可能な土地が開発し尽くされてきた一方で，不適切な土地利用や灌漑による土壌侵食（soil erosion）や土壌劣化（soil deterioration）による耕地の減少が進んでいる

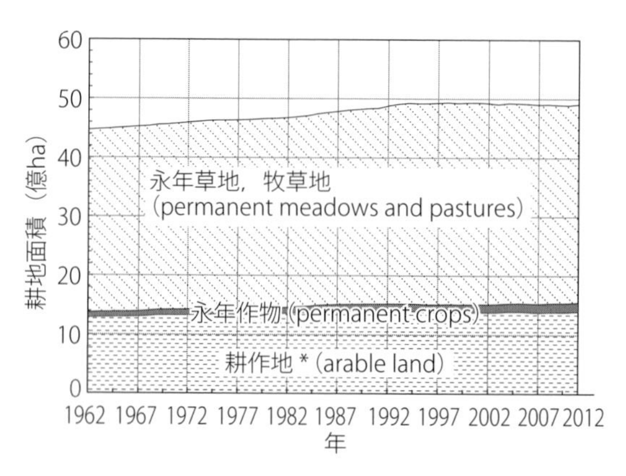

図1-7　世界の農地面積の推移

* 耕作地とは，上の2項を除いた農地で，主に穀類の生産に当てられている．データはFAOSTATより．

からである．また，都市化（urbanization）による農地の転用もその減少の一因である．

(2) 世界の食料生産

主要三大穀物であるコムギ（wheat），トウモロコシ（maize, corn），米（rice）について，収穫面積と生産量の推移を比べると，いずれも収穫面積の増加はわずかであるが，生産量は大幅に増加したことがわかる（図 1-8，1-9）．1962 年に 8.4 億 t であった穀物の総生産量は，2011 年には 25 億 t と 3 倍近くになっている．生産量を収穫面積で割った単収（yield）は，図 1-10 に示す通り着実に増加しており，50 年間の増加率は，トウモロコシが 2.5 倍，コムギは 2.9 倍，米は 2.4 倍である．つまり，世界人口の急増を主に支えてきたのは，農地の増加ではなく，単収の増加である．

単収を押し上げてきた要因としては，多収品種の導入と多収を実現するための施肥，病虫害の防除，そして灌漑（irrigation）があげられる．品種については，「緑の革命（green revolution）」と呼ばれる半矮性品種による多肥栽培の実現が農学史上重要である．半矮性品種とは，通常の品種より背丈を低くすることにより，肥料を多量に投入しても倒れにくい品種を指す．このような特質を持つ品種の導入により，世界のイネやコムギの単収は倍増した．単収の増大が徐々に進ん

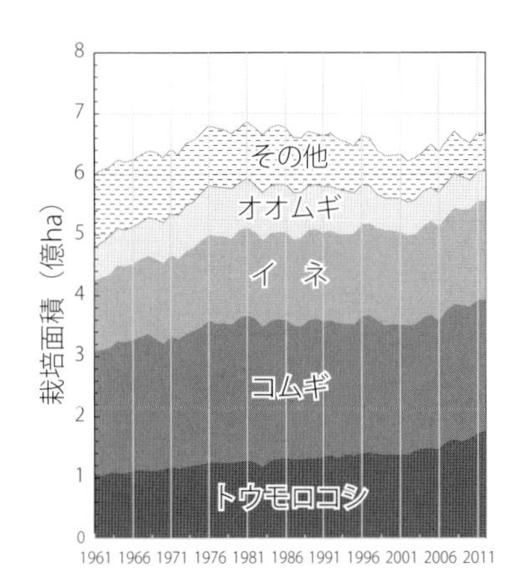

図 1-8　世界の主要な穀物の栽培面積の推移

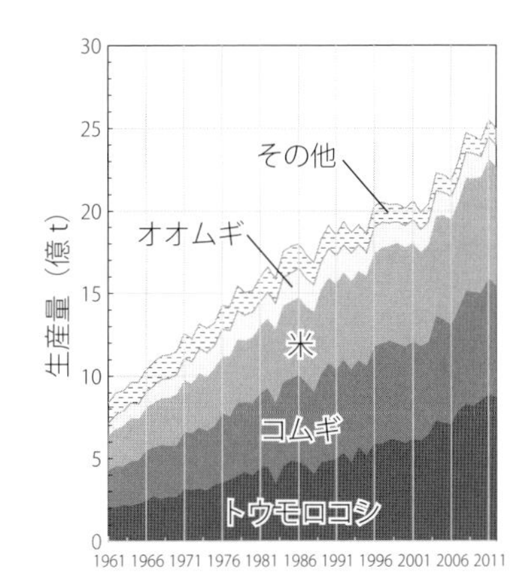

図 1-9　世界の主要な穀物の生産量の推移

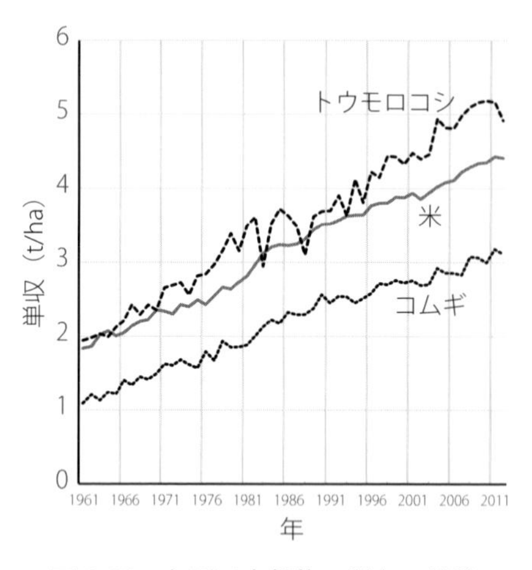

図 1-10　主要三大穀物の単収の推移
データは FAOSTAT より.

できたのは，地域によって新技術の導入に時間差があったためである．現在では，半矮性品種による単収の増加は，限界に達しつつあり，半矮性とは異なる草型を持つ超多収品種の開発が進んでいる．また，灌漑の導入も単収向上や安定化に寄与している．灌漑設備を持つ農地の面積は，50 年間で倍増したが，特に耕地面積が大きいインドや中国での灌漑面積の増加は著しい（図 1-11）．灌漑は，生産性の向上に大きく寄与するが，一方で，乾燥地におい

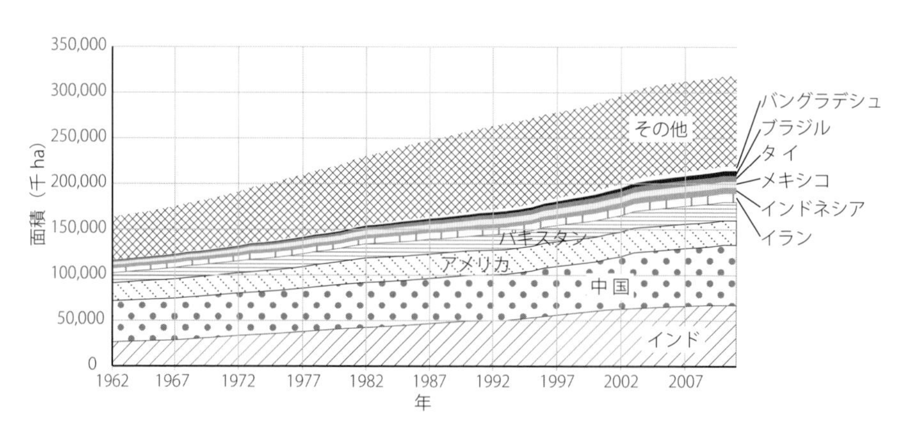

図 1-11　灌漑が設備された農地の面積の推移
上位 10 位までのみ国別．データは FAOSTAT より．

ては不適切な灌漑による土壌の塩類化（soil salinization，☞ 第 10 章）や流域の水資源量の減少，水質悪化のリスクが内在している．そのため，灌漑の導入には綿密な計画が不可欠である．

2）持続的農業とその基盤

食料を将来にわたって安定的に供給していくためには，どのような点に留意する必要があるだろうか．前節で見たように，農地における作物の単収は，品種改良と化学肥料の投入により20世紀に大幅に向上した．しかし，その成功が肥料や農薬の過剰投入を誘発し，農業による環境の悪化や土壌の劣化が問題となっている．また，19世紀までは，農業は主に自国の消費を支えるために行われていたが，現在では域内消費より国際貿易を主眼に置いた大規模な生産が一般的となった．その結果，農業生産に使われた資源は，食料，飼料にかたちを変えて世界中を行き交うようになっている．世界人口はさらに増加することが予想されるが，食料生産は地球温暖化（global warming）のリスクにもさらされている．このように，大きく変貌した世界の農業が，持続的（sustainable）であるかどうか，そして持続的であるためにどうすればよいかについて，農地の視点から見てみよう．

(1) エネルギー収支

農地における農業生産は，植物が太陽光のエネルギーを用いて光合成を行い，空気中の二酸化炭素を有機物に合成することによっている．得られた有機物は，人間や動物の食べ物，すなわちカロリー源としてほとんどが利用される．しかし，一部はバイオエタノールなどに代表されるエネルギー資源としての利用も増えている．また，農業生産では，高い収量を得るために，植物の成長を人為的に支援したり，収穫物を商品化したりする必要がある．そのために，多くのエネルギーが補助的に投入される．直接的なエネルギー投入としては，耕うん，播種，収穫などで使われる機械の燃料や温室などの施設の暖房や照明，収穫物の乾燥，調整，保存，輸送用の燃料や電力があげられる．また，化学肥料や農薬，マルチや温室などのビニール資材などの消耗品や施設や機械の製造，灌漑および排水にも多くのエネルギーが投入されている．わが国の水稲栽培を例に，米生産全体に関わるエネルギー収支を見てみよう．

わが国の水稲生産では，さまざまな燃料種が利用されているが，本田準備，育苗から玄米が得られるまでのエネルギー投入の総和は約10 GJ/haである（表1-1）．このうち約半分が収穫後の乾燥調整に使われている．わが国の一般家庭の年間の電力消費が1戸当たり13～17 GJといわれるので，約1.5 haの水田で消費されるエネルギーは家庭1戸分の年間電力消費と等しいことになる．水田

表1-1　水稲生産のための直接エネルギー

作業	直接エネルギー	作業	直接エネルギー
播種育苗	電力 26 kWh/ha（94 MJ/ha）	追　肥	混合油 2.4 L/ha（83 MJ/ha） ガソリン 1.4 L/ha（48 MJ/ha）
施　肥	軽油 2.0 L/ha（75 MJ/ha） ガソリン 0.3 L/ha（10 MJ/ha）	防　除	混合油 0.7 L/ha（24 MJ/ha） ガソリン 2.8 L/ha（97 MJ/ha）
耕うん	軽油 41.0 L/ha（1,545 MJ/ha） ガソリン 0.1 L/ha（3 MJ/ha）	水管理，畦畔除草	混合油 40.0 L/ha（1,384 MJ/ha） ガソリン 2.2 L/ha（76 MJ/ha）
代かき	軽油 8.9 L/ha（336 MJ/ha） ガソリン 0.1 L/ha（3 MJ/ha）	収　穫	軽油 20.5 L/ha（773 MJ/ha）
苗運搬	ガソリン 1.6 L/ha（55 MJ/ha）	運　搬	ガソリン 4.0 L/ha（138 MJ/ha）
田植え	ガソリン 4.9 L/ha（170 MJ/ha）	乾燥調整	灯油 120.0 L/ha（4,404 MJ/ha） 電力 90 kWh/ha（324 MJ/ha）
除草剤散布	混合油 0.7 L/ha（24 MJ/ha） ガソリン 2.8 L/ha（97 MJ/ha）		
合　計	軽油 72.4 L/ha（2.7 GJ/ha） 灯油 120 L/ha（4.4 GJ/ha） 混合油 43.8 L/ha（1.5 GJ/ha） ガソリン 20.2 L/ha（0.7 GJ/ha） 電力 116 kWh/ha（0.4 GJ/ha）　総計 9.8 GJ/ha		

農林水産技術情報協会（1996）「主要作目作業体系におけるエネルギー消費原単位」の関東以西集団経営のデータを整理.

地帯では，これらに加え，灌漑排水用のポンプを運転するための電力が投入されており，地域によっては前記の水稲生産に直接投入されるエネルギーと同程度の水準にある．さらに，投入される肥料や堆肥，農薬，使用される機械の製造やその原料の調達には多くのエネルギーが必要であり，使われる燃料や電力の供給にもさらにエネルギーが使われている．これらの資材供給に関わるエネルギーは，間接エネルギーと呼ばれる．間接エネルギーの算定には，使われている各資材の製造過程にさかのぼり，個々のエネルギー投入を積み上げる必要がある．このような計算により算定された水稲生産に関わる全投入エネルギーは，20 ～ 40 GJ/ha と報告されている．一方，生産物である玄米 1 t 当たりの熱量は，約 15 GJ であるから，水稲の単収を 5 t/ha とすると，熱量単収は 75 GJ/ha となる．エネルギー投入量と産出量を比較すると，水田は投入エネルギーを 2 ～ 3 倍程度に増加させているに過ぎないということになる．このように，現代の作物生産は，農地，水，太陽光以外の多くの資材やエネルギー投入により成立しており，これらの供給が農作物の安定生産の前提となっていることに注意しなければならない．

(2) 食料の自給と肥料成分の収支

食料や資源の「自給率」は，さまざまなスケールで定義できる．国単位での自給率が最も注目されるが，都道府県単位でも考えることができるし，アジア，EUなどの複数の国をまとめた地域単位で見ることも可能である．人口当たりの農業生産量は，地域間に大きな差があるため，広域での食料や飼料のやりとりは避けられない．すなわち，食料自給率をすべての地域で100％とすることは現実的ではない．しかし，わが国のように地域を越えた食料や飼料の移動が高度に進行すると，物質循環の面からは大きなひずみが生じる．その一例が，肥料の三要素の1つである窒素に現れている．わが国において，海外からの輸入食料および輸入飼料に由来する窒素の流入は，それぞれ，約50万tと65万tあり，国産の食料および飼料に由来する窒素約50万tと合わせて，その残渣が農地を含む環境に排出される．農地には窒素肥料として約50万tの窒素も投入されるため，作物による農地からの持ち出し約50万tを差し引いた残り165万tが，農地を含む環境により毎年処理しないと蓄積してしまう窒素の量となる．このうち，輸入飼料由来の65万tの窒素の行方を考えてみよう．家畜のふん尿に変わった窒素の一部は，堆肥化の過程でアンモニアとして揮散する．揮散率は，畜種により25～75％とされるが，平均すると約半分程度が農地への還元が可能な窒素量となる．つまり，海外から飼料のかたちで流入する30～40万tの窒素を農地は毎年受け入れなければならない．この量は，窒素肥料の投入量50万tに近い大きな量である．それでも，国土全体で平均的にこの輸入資源を利用できるのであれば，問題は小さい．しかし，国内の畜産業は，盛んな地域と盛んでない地域がはっきり分かれており，発生する家畜ふん尿とその還元先である農地面積のバランスが非常に悪い．重量物であるふん尿や堆肥を長距離輸送するのは現実的ではなく，家畜ふん尿に起因する窒素過剰問題は，地域によっては未だに大きな問題である．このように，食料や飼料の大量輸入は，国際的な分業生産という面で経済的には効率がよいように見えるが，物質の移動が一方向となっており，それを循環させるシステムがないと，農地を取り巻く環境に悪影響を及ぼすリスクを高めることになる．

(3) 地球温暖化の緩和策と技術的対応

農業の持続性を考えるうえで，もう1つの大きな課題は，地球温暖化（global warming）である．農地が地球温暖化に与える影響と，地球温暖化が農業に与える影響の両面についてその対策や緩和策が研究されている．

a．農地が地球温暖化に与える影響とのその対策

農地は，大きな有機物のプールとなっており，その有機物の蓄積と分解のバランスにより温室効果ガス（greenhouse gas，GHG）である二酸化炭素の収支に寄与する．植物は光合成により大気中の二酸化炭素を固定するが，そのうち，圃場から持ち出されない収穫残渣や刈り株は土壌に供給される．また，地下では枯れた根や根からの有機分泌物も土壌に付加される．さらに，堆肥などの有機資材も土壌に投入される．一方，植物は呼吸により二酸化炭素を放出するが，土壌中でも微生物が呼吸により有機物を分解し二酸化炭素を放出する．これを土壌呼吸（soil respiration）と呼ぶ．この他，野焼きによっても，大気中に二酸化炭素が放出される．農耕地の二酸化炭素収支は，前記の供給と放出のバランスにより決まる．農地開発のために森林が伐採されると土壌が撹乱を受けることにより貯留されていた有機物の分解が急速に進み，農地は二酸化炭素の排出源になる．世界の森林の減少は，全人為的排出の約20～25%を占めているとされる．一方，分解を受けにくい有機物を継続的に投与したり，耕うんを減らしたりすることにより，投入速度が放出速度を上回り，農地は二酸化炭素の吸収源ともなりうる．

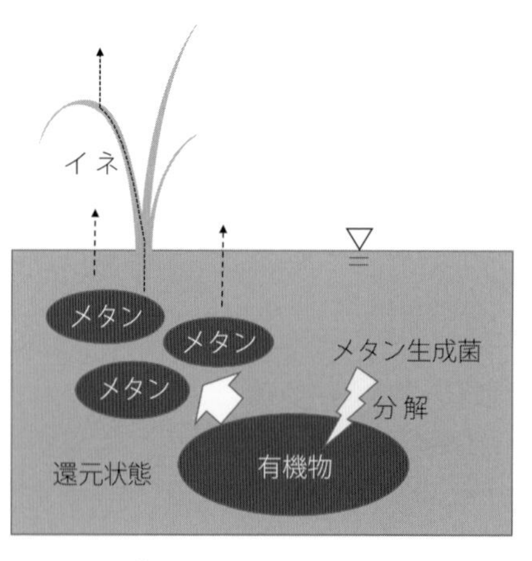

図1-12　水田におけるメタンの生成過程

農業に関連し発生する二酸化炭素以外の温室効果ガスとしては，メタン CH_4 と亜酸化窒素 N_2O がある．これらの排出量は，地球温暖化係数（global warming potential）を用いて，二酸化炭素に換算した値として示されることが多い．地球温暖化係数とは，地球に与える放射エネルギーの積算値を，

二酸化炭素を基準にして示したものであり，メタンは21，亜酸化窒素は310である．メタンも亜酸化窒素も二酸化炭素に比べ排出量は桁違いに小さいが，一方で地球温暖化係数が大きいので，少量でも影響が大きい．

メタンは，強い還元状態のもとで，有機物が嫌気性微生物（メタン生成菌）により分解されるときに発生する（図1-12）．有機物を含む水田土壌が湛水条件に置かれると，酸素が不足し土壌は還元状態になり，メタンの発生源となる．メタンの発生を抑制するためには，原因となっている還元の進行を抑えるか，有機物の量を減らすことが有効であり，水管理や有機物の投入方法を工夫することによるメタンの排出削減技術が研究されている．

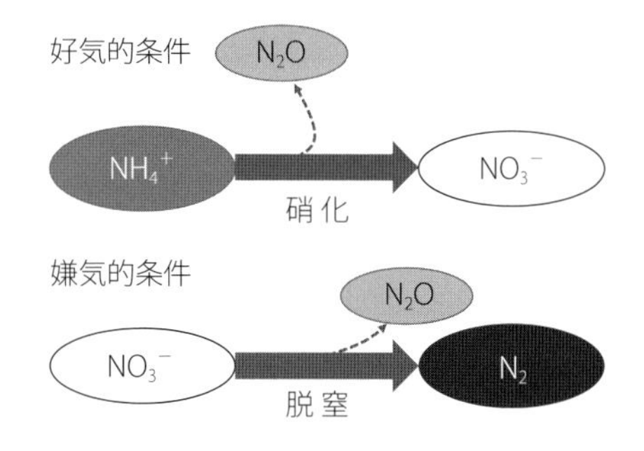

図1-13　農地における亜酸化窒素の生成

亜酸化窒素は，肥料として投入された窒素成分が土壌微生物により硝酸に変化する「硝化」と，土壌中の硝酸が土壌微生物により窒素分子に変化する「脱窒」の2つの過程において副生成物として発生する（図1-13）．特に，多量の施肥を行う畑地では，施肥された窒素肥料から亜酸化窒素が多く発生する．営農的には，施肥量の削減が最も有効であるが，硝化抑制剤の利用や，特殊な根粒菌の利用などの研究も行われている．

b．地球温暖化による農業への影響の緩和策

地球温暖化が農業に及ぼす影響で最も懸念されるのは，気温の変化による作物の生育への直接的な影響や病虫害の変化である．一方，本書の対象としている農地環境に関連する課題としては，利用可能な水資源量の変化に適応する灌漑技術，降水パターンの変化に対応した排水施設のあり方，作物の高温障害対策のための農地内の温環境制御法や水管理技術の検討である．地球温暖化は，突然起こる現象ではなく，年々徐々に進行するものである．しかし，人類は多大な年月をかけて農業技術を培ってきたことを考えれば，さまざまな想定のもとで地球温暖化に対する備えを進めていくことが必要であろう．

3．農地環境工学の役割

1）農地の生産性

農地環境工学は，よい農地を造り維持するための技術についての学術である．農地は，農業生産の基盤であり，良い農地とは，まず，生産性が高く結果として農業経営における利益の大きい農地である．生産性には，土地面積当たりの収量で示される土地生産性と，労働力時間当たりの収量で示される労働生産性がある．土地生産性は，作物の品種改良や化学肥料の使用などの農業技術によって高められるとともに，灌漑排水の整備によって高められてきた．一方，近代のわが国の農業の大きな課題は労働生産性を高めることであったが，これは農業機械を使うことが必要で，効率的に農業機械を使うことができるように農地を作り変えることで実現されてきた．また，需要に応じて柔軟に作目を選択できる農地は生産性の高い農地である．

降水量が年間を通して多い湿潤な気候でのわが国では，歴史的に，農業の中心は水田稲作であった．火山国であるわが国では火山灰土が広く分布しており，火山灰土がリン酸を強く固定する畑地はリン酸不足で生産力が低く，水田の方がリン酸が吸収されやすいことからも，水田が畑地より生産力が高い要因であった．かつて（1960年頃まで）のわが国では，不定形で小区画の水田を所有者が分散して所有していた．これを長方形区画にして，用排水路を分離して各圃場が用水路と排水路に直接つながるとともに農業機械が通行できる農道に接するように整備する，圃場整備事業が行われ，さらに圃場内に排水暗渠が敷設されて降雨後の排水が迅速に行えるようになった．この結果，トラクタやコンバインなどの農業機械を効率的に使えるようになり，水田農業の労働生産性は大きく高まった．

2）農業と農地への制約条件

農業は，自然の資源である日射，水，土地を利用して生物生産を行うもので，工業と違ってこの自然条件によって制約される．わが国は国土面積のうち山地が74％を占め，農業的土地利用が主に行われる平野の面積は26％にすぎない．耕地面積は 451 万 ha（2014 年）で，国土面積に占める耕地の割合（耕地率）はわずか 12％である．耕地のうち水田が 54％で過半を占めており，残りが畑地（普通畑，牧草地，樹園地）である．わが国の国土は，山地が多く地形が急峻で平地は少ないことが特徴で，農地利用における基本的な制約条件である．地形が平坦であれば，農地の区画を拡大して機械化によって労働生産性を高めることができるが，傾斜の大きい中山間地では区画を拡大することができず，労働生産性を高めることに限界がある．

自然条件のうち農業生産（作物の生育）を決める気候的条件は，水（降水）と光（日射）である．水について，わが国の気候は，平地の年間降水量が 1,600 mm 程度で，蒸発散量（600 ～ 800 mm 程度）を大きく上回り，また年間を通して雨季と乾季の降雨の偏りがほとんどない．このように降水が十分である一方，雨天の日が多く晴天日が少ないため，植物生育に必要なもう 1 つの要素である日射量が十分ではなく，穀物（米）の収量は年ごとの日射量の多少で変動し，晴れた日の多い年に豊作となる（世界の乾燥地の収量は降水量によって制約され，雨の多い年に豊作となる）．

水田稲作は湿潤なわが国の気候と土壌に適した農業形態である．わが国の土壌条件と気象条件では，特に化学肥料や土壌改良剤が登場する以前には，畑地の土地生産性は水田よりも著しく低かったので，水を灌漑に利用できる土地は水田として利用した．水を容易に利用できる谷地や低平地は水田となり，水が利用できず水田にできない台地上の土地や丘陵地が畑地となった．

歴史的に米の増産はわが国の社会的課題であった．しかし，近年，食生活の変化によって米の需要は減少し，1 人当たりの年間消費量がピークであった 1962 年の 118.3 kg（精米）から 2013 年には 58.3 kg（同）に半減し，米は過剰生産となり生産調整が行われてきた．米の消費量が潜在的な生産量に比べて大幅に低下している状況下では，水田として作られた農地を畑地としても使えるように整備することが求められ，水田を畑地として使うこと（転換畑）が行われるようになった．このためには圃場の排水暗渠を整備，維持して，降雨による湛水を迅速に排除して地下水位を根圏下に低下させることが必要である．

3）水田と畑地

水田は湛水下でイネを育てる農地で，畑地とは著しく異なる．歴史的に見て，畑地灌漑など畑地の農地工学は西欧において進んでいたものである．これに対して，水田の農地工学はわが国で独自に作り上げ蓄積してきた学術であるといえる．作物生育期間の降水量がポテンシャル蒸発（土壌水分が十分にある場合の蒸発散量）を下回る乾燥地域においては，農地（畑地）への灌漑が不可欠であるか，または灌漑によって収量を著しく高めることができる．乾燥地における灌漑は，蒸発散で大気に失われる水を補給するものであるから，蒸発散量を正確に把握することが重要である．土壌水分が十分な場合の蒸発散量は地域の気象条件（主に日射量と気温）によって決まるものあり，その予測式（ペンマン式など）の研究は西欧では19世紀後半から進んでいた．これに対して降水量がポテンシャル蒸発を大きく上回る湿潤なわが国の気候では，普通，灌漑なしであっても植物はよく育つこともあり研究が遅れていた．

しかし，湛水下でイネを育てる水田農業は，降水量の多い湿潤なわが国においても，自然の湿地を除いて普通は灌漑なしに成立しない．水田の用水量（灌漑水量）計画においては浸透量が重要で，浸透量は土層条件（地形条件で決まる場合が多い）によってきわめて多様であり，ぼぼゼロ（粘土質の低平地）から蒸発散量より著しく多い（扇状地の水田など）場合もあり，水田用水量は地形条件によって多様である．

湛水を保つために水田の田面は水平で，畦で囲われ，ここに用排水路が接続する．このため，水田農業の圃場整備（区画の拡大）は，畑地とは違って境界を変更すれば済むものではなく，大きな面積を新たに水平に造成して用排水路を造り直さなければならないので，大きな土木工事となる．1960年代から，わが国で進められてきた水田圃場整備事業が，公共資金を投入して行われてきた結果，水田農業の機械化が進み労働生産性が高まった．しかし，平地での圃場整備はすでに進んだものの，傾斜の大きい中山間地での圃場整備は容易ではない．

4）農地の多面的機能

農地は食糧生産の基盤であるが，この本来の役割以外に，地域の景観を維持する機能や生物多様性を豊かにする機能，洪水を防止する機能など，地域における有用な機能があり，多面的機能と呼ばれる．今日の農地環境工学は，農地の多面的機能にも配慮する必要がある．

かつて水田地域には，多くの魚や水生生物，昆虫やそれを餌とする鳥類が豊富であったが，農薬の使用と圃場整備によって著しく減少しており，生物多様性を豊かにすることに配慮した環境保全型の圃場整備と圃場管理が求められている．また，伝統的な田園風景は好ましい景観を形成しているが，平地，山間地のそれぞれにおいて，区画や農道配置に景観への配慮が求められる．

水田は田面に水を貯めるので，洪水緩和機能（豪雨を一時的に蓄えて排水流量のピークを減らす機能）が高いように感じられるが，実際には，灌漑期に満水状態の水田においては豪雨に対して水位がわずかに上昇するだけで排水口からの排水流量が増えて，水位上昇（貯水量の増加）は少なく，このような水田の洪水緩和機能は，森林や畑地（および非灌漑期の水田）に比べて小さい．しかし，排水口の堰板に簡単な工夫をして豪雨時の田面水位上昇に対して排水口からの排水を意図的に抑えて水位が上昇する（田面貯留量を増加させる）ようにすれば，灌漑期の水田の洪水緩和機能を大きく高めることができる．「田んぼダム」として一部の地域で実践されているが，水田地域や下流域に対する洪水緩和に水田を利用する新たな方法として普及が期待される．

5）農地環境工学を学ぶために

農地環境工学の技術は，以上述べてきたように，自然条件としての気候と地形地質条件に強く制約され，農作物の需要，経済的環境など社会的条件にも制約されたものである．わが国の農地に適用される技術は，日本の気象条件と地形条件に適したものであり，また時代の要請に応じたものである．しかし，個々の現場に適用すべき技術は画一的ではない．特に，わが国の農地の地形，土壌，地下水位の多様性は大きく，例えば，水田の用水量や排水性を決める主要な要因である浸透量は，30 ～ 40 mm/d にもなりうる扇状地や火山灰土壌の丘陵地から，ほぼゼロの粘土質の低平地まで，地形と水田下層土によって著しく異なる．現場の条件をよく見て，それに応じて最適なやり方を考えなければならない．そのために，農地環境工学を学ぶうえで重要なことは，テキストやハンドブックに書かれた技術が，なぜそうなのかを考えて論理を理解することである．

本書の構成は以下である．水田および畑地における「灌漑と排水」（第2章，第4章）は，農地を食料生産の基盤として整備するための農地環境工学のコアとなる内容である．「圃場整備」（第3章，第5章）は農業の機械化に対応した労働生産性の高い農地を作るための農地のデザイン学である．「農地の保全と防災」（第6章）は，土壌侵食などから農地を守るための技術を説明しており，2011年の東日本大震災と原発事故による津波と放射性物質による汚染対策にも触れている．「農地および農村の物質循環」（第7章）は流域の水質と地域のエネルギー資源であるバイオマスを扱う．「農地の多面的機能」（第8章）では農地景観，農村生態系，および水田の洪水緩和機能を強化する技術を扱う．「農地整備から農村空間整備へ」（第9章）では，道路計画と土地利用計画を扱う．特に農地の周辺が都市化したときにその影響を最小限に抑えるための手立てが必要で，農村計画学の課題でもある．「乾燥地，開発地域の農地工学」（第10章）は，海外の開発途上国における農地づくりや地域環境づくりに寄与するための基礎的な知識であり，乾燥地の水循環と灌漑が湿潤地域とは著しく異なることが理解されよう．

第2章

水田の灌漑と排水

わが国の統計では，水田は「田」と表記され，「たん水設備（けい畔など）とこれに所要の用水を供給しうる設備（用水源・用水路）を有する耕地」と定義されている．そのため，非湛水でダイズ，ムギ，野菜などが栽培されていたとしても，湛水状態で栽培できる条件が整っていれば「田」として扱う．本章では，湛水状態でイネなどが連年栽培されている水田について前半で解説し，後半では水田を畑作物の栽培に用いる「水田の汎用化」について説明する．

1．水田の構造

1）水 田 と は

水田とは，イネをはじめ，イグサ，ハスなどを湛水状態で栽培できる農地である．農地を湛水し作物を栽培するためには，区画周囲からの漏水を防ぐとともに，区画内が水平であることが必要である．また，湛水してどろどろの状態の水田内で作業を行うためには，根が広がる軟弱な土層の下に緻密な土層が必要である．さらに，湛水を行うための給水設備も必要である．これらの条件を満たすための水田の構造（つくり）について見てみよう．

2）水田と畑の違い

(1) 土 層 構 造

畑作物と湛水を要する作物では，栽培形態や作業体系が大きく異なる．そのため，畑地と水田では土層構造は異なるかたちで発達しており，圃場への水の出入りについても著しい違いが見られる（図 2-1）．水田の土層は一般に，作土，耕盤，下層土に区分される．ただし，作土を表土，耕盤と下層土を合わせて心土と呼ぶ

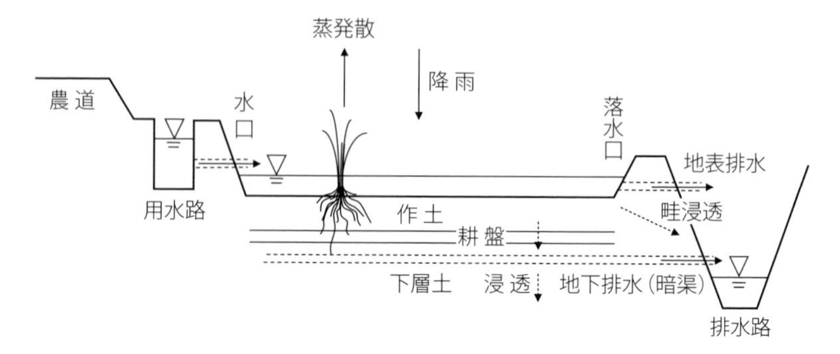

図 2-1　水田の構造と水の動き

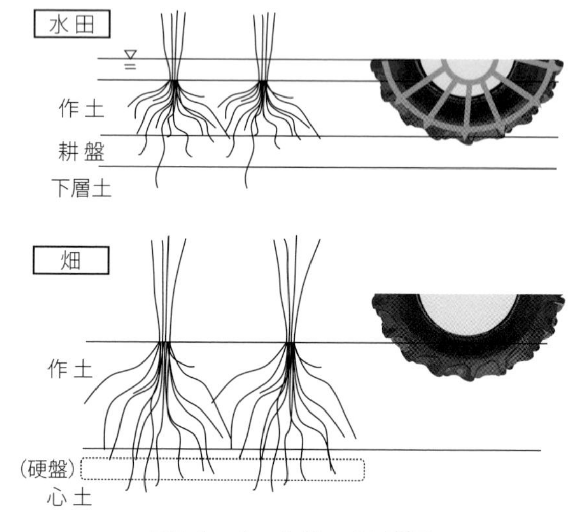

図 2-2　水田と畑の土層構造

こともある．

a．作　　土

作土（plow layer）は人為的な耕起の影響を直接受けた農地の最表層であり，耕土とも呼ばれる．通常は腐植や養分に富み，作物の根系はこの層で特に発達する．国の地力増進基本指針において，畑では 25 cm 以上の作土を確保することが目標とされるのに対し，水田では 15 cm 以上が目標とされる．畑では，作物に必要な水分を確保するために，作物の根が深くまで広がることが重要であるのに対し，水田では水分や養分が作土の中に十分存在しているため，たくさんの根

図 2-3　代かき作業

を深くまで伸ばす必要がないからである．ただし，根を収穫するハスについては，30 ～ 60 cm の深い作土を持っており，イネを栽培する通常の水田とは構造が異なる．

慣行の苗を移植する水稲作では，畑作では行われない代かきという作業が田植え前に行われる（図 2-3）．乾燥した状態で水田を一度粗く耕起したあとに，用水を入れて水中で土を練り返すのがわが国の一般的な代かきの方法である．この作業は，作土を柔らかく均平にし，苗を植えやすい状態にすることと，作土より下の土層に発達した亀裂や穴などを塞いで漏水を防ぐことを主要な目的としている．

b．耕　　盤

土層の硬さの鉛直分布を貫入抵抗（☞ 本章 6.1)「地耐力の測定方法」）により測定すると，多くの場合，耕うんされている作土の直下に硬い層が見られる．この硬くて緻密な土層は耕盤（すき床，plow sole）と呼ばれる．耕盤は排水条件が整った水田（乾田）で明瞭であるが，排水不良の軟弱な水田では不明瞭な場合もある．耕盤には，作業機の踏圧や乾燥収縮，代かきによる土粒子の目詰まりなどによって徐々に形成されたものと，圃場整備後の基盤の安定化のために人為的に造成されものがある．また，作土から溶出した鉄やマンガンが集積して緻密な硬い層が形成されることもある．

水田において耕盤は，水を含み軟弱な作土の下で作業機を支持するとともに，下方への水の浸透を抑制する重要な役割を持っている土層である．一方，畑において，プラウなどの作業機の踏圧により形成される緻密で硬い層は，硬盤（plow pan）と書いて区別される．硬盤層が形成されると，作土下への根の伸張が阻害されるとともに，下方への浸透が抑制されるため，降雨後に作土が過湿となりやすく，畑作物の成長に悪影響を及ぼす．

c．下　層　土

耕盤層の下に存在する土層の総称であり，立地条件によりさまざまなタイプの下層土が見られる．イネが必要とする養水分の大半は，作土が供給しているが，下層土も養水分の供給源になり，その肥沃度の影響は無視できないともされる．また，圃場整備などで土層の混合や切盛りが起こる場合には，下層土の肥沃度は重要な調査項目となる．

(2) 灌漑排水設備

灌漑は，畑地においては生育や品質を安定させるための補助的な存在であるが，水田では不可欠である．わが国の水田では，ほぼすべてが何らかの灌漑設備を有しているが，畑地の灌漑設備の普及率は 20％程度である．水田の灌漑は，地表に灌漑水を流し込む単純な方法であるのに対し，畑地ではスプリンクラやドリップ灌漑（☞ 第 4 章「畑地の灌漑」）などの高度な設備も利用されており，圃場への配水システムにも差異が見られる．

一部の浸透過剰な水田を除けば，地表水を集める排水設備は，水田では不可欠であるが，畑地では必ずしも必要とはならない．特に浸透のよい火山灰台地の畑地では，地表排水はほとんど発生せず，地下に浸透する．そのため，排水設備を持たない畑地も多く存在する．

(3) 均平，傾斜

水田では，圃場面の高さが揃っていないと，湛水深の場所による違いが大きくなる．水深が深い場所では苗の水没，浅い場所では除草剤の効果が不十分になるなどの影響が生じる．そのため，圃場の均平は重要である．施工段階での均平の目標値は，すべての測定点が平均± 3.5 cm に収まることとされている（農林水産省土木工事施工管理基準）．畑地でも急傾斜にすると，土壌侵食を受けやすかったり，作業性が低下したりするが，緩傾斜であれば問題にならない．

３）水田の圃場整備の目標ならびに水田に求められる条件

(1) 土地生産性の向上

水田の圃場整備は，安定した水稲生産を実現するための水田としての基本的な機能を有するとともに，多くの場合，畑作物の栽培（汎用化）にも対応できる性能が求められるようになっている．水稲生産においては，灌漑水が迅速に出し入れできることが重要な要件となる．そのためには，浸透が十分抑制され，迅速な灌漑が可能であること，地表の不陸が少なく，迅速な排水が可能であることが必要である．また，面積に応じた数の灌漑水の採り入れ口（水口）および落水口（落口，欠口）も必要である．一方，汎用化に対応するためには，特に排水条件を高める必要があるため，暗渠などの地下排水設備の追加や，排水路の能力の向上などが必要となる．

水田は作物を生産する場であるから，前記のような物理的な条件に加え，土壌の肥沃度や有害物質の有無についても注意を払う必要がある．圃場整備により，区画を拡大するときには，切土，盛土が必要になるが，表層の肥沃な土壌は，事前にはぎ取り，整備後表層に戻す（☞ 第３章 3.4)(1)「表土扱い」）などの処置が必要となる．また，カドミウム，ヒ素，放射性セシウムなどの有害物質が高濃度に含まれている場合には，汚染土壌の除去や清浄な土壌の客土が必要となる（☞第６章 4.「農地の災害復旧」）．

(2) 労働生産性の向上

わが国の水稲作においては，機械の導入が急速に進み，人が水田内に足を踏み入れて行う作業は非常に少なくなった．そのため，労働生産性の向上は，主に機械作業性の改善により実現するといえる．そこで，各作業（耕起，代かき，移植または播種，収穫）について，その作業性に関わる水田の条件を考えてみよう．

最初に，農作業機械が安全かつ迅速に圃場内に進入できるようにするため，各圃場は農道に接し，緩傾斜の進入路を有する必要がある．トラクタにより行う耕起や代かき，田植機による移植は，軟弱な作土中に車輪を潜らせながらの作業である．そのため，十分な地耐力を持つ安定した耕盤を有することが求められる．

走行車両による作業は，直線走行部の割合が高いほど効率的である．そのため，直線走行距離が長くとれる区画が望ましい．一方，収穫時のコンバインの走行性や，汎用化を考えると，圃場からの余剰水の排水を速やかに行えることが必要である．田植機による苗の移植では，マット状の苗の補給が農道側の端で行われる．また，コンバインによる収穫では，貯留した収穫物をトラックへ吐き出す作業がやはり農道側で行われる．これらの作業を効率よく確実に行えるようにするためには，田植機の苗の積込み可能枚数やコンバインのタンク容量が区画の大きさに適合している必要がある．

(3) 安　全　性

農業従事者の高齢化が進んでいることも関係して，農作業中の高齢者の事故が頻発している．なかでも機械の転倒，転落事故は多く発生しており，圃場整備においても，農道や進入路の安全性にはこれまで以上に十分な注意を払う必要がある．また，都市住民が農村の中にモザイク状に居住するいわゆる「混住化」が進んでいるが，水田地域には流量の大きな用水路や深い排水路など危険な施設が多く存在する．これらの施設の危険性や存在を十分に認識していない住民の存在を考慮して，水路などの安全性については十分に検討する必要がある．中山間地の急峻な地域の水田においては，大きな面積を持つ畦畔法面の除草が大きな負担となっている．傾斜面の作業を安全に行えるようにするため，圃場整備では法面の高さの調整や小段（☞ 第3章 6.「傾斜地での整備」）の設置などを検討する必要がある．

(4) 環境保全についての考慮

安定した食料生産を安全にかつ効率よく行うという目的に加え，水田や水田地帯は洪水防止機能，地下水涵養機能，土壌保全機能，水質浄化機能，生態系の保全機能，農村景観形成機能，農村文化の伝承機能などの多面的機能（☞ 第8章「農地の多面的機能」）を持っている．食料・農業・農村基本法においても，これらの機能が将来にわたって，適切かつ十分に発揮されなければならない，としている．

圃場整備は大規模な自然条件の改変を伴うため，既存の生態系や水文環境に対して一定の影響を及ぼすことは避けられない．しかし，作物の生産効率のみを追求するのではなく，前記のような多様な機能を適切に評価し，バランスの取れた国土の発展に寄与するような整備とするためにどのような方法があるのかを追求することは，今後の圃場整備のあり方における重要な視点である．

2．水田の土壌

アジアモンスーン地帯の水田の多くは，河川水を灌漑しやすい扇状地，三角州などの低地に分布し，畑地は水利用がしにくい台地や，水田に向かない急傾斜地に多く分布している．これらの立地条件の違いや湛水の有無により，水田と畑地の土壌には大きな違いが見られる．

1）水田土壌の分類

水田が立地するためには，灌漑用水の導入が可能であることと，一定の大きさの平坦な土地が確保できることが条件となる．大がかりな土木工事が困難であった時代には，大河川の下流域は洪水の制御が難しかったため，中小河川沿いの扇状地や小さな平野，あるいは地滑りによる階段状地形などに水田は立地し，近世になって大きな平野や干拓地に水田は広がっていった．一方，畑地は，水田が立

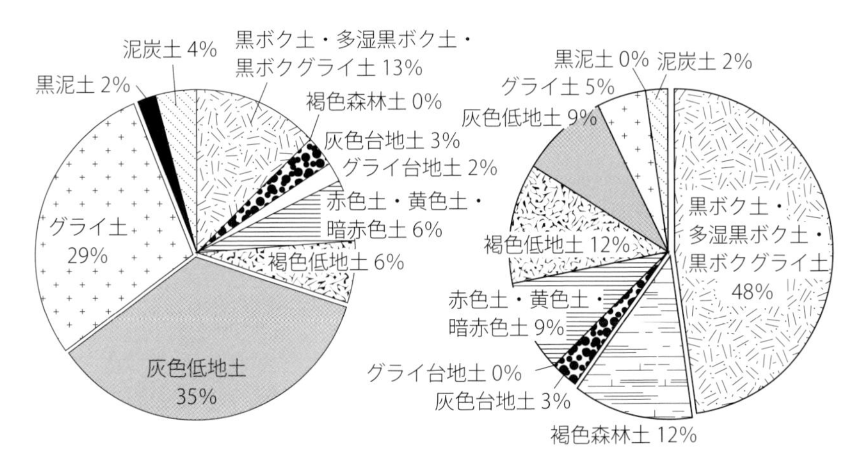

図 2-4　水田（左）と普通畑（右）の土壌群別面積割合の違い
（高田裕介ら，2011 のデータより作図）

地できない台地の上や傾斜地に広がった.

図 2-4 は，わが国の土壌分類法である農耕地土壌分類第 3 次案に基づき，全国の水田と畑を構成する土壌群の面積割合を比較したものである．水田の 63％は，グライ土（Gley soils）および灰色低地土（Gray Lowland soils）といった沖積低地に分布する土壌を有している．これらの土壌は，排水条件が中程度から不良であるため，水稲作での機械作業条件の改善や汎用化への対応のため，圃場整備により排水路の整備や,暗渠の設置が積極的に行われている.一方,普通畑では,グライ土と灰色低地土の割合は 13％にとどまり，火山灰に由来する土壌である黒ボク土（Kuroboku soils，Andisols）が 41％を占めている．黒ボク土は，非常に排水性がよいため，水田にすると浸透過多になりやすいうえに，台地上に分布しているため，灌漑水を導くのが容易ではないことが，畑地として利用されてきた理由である.

このように，水田土壌は，沖積低地に多くが分布しており，その断面形態は地下水位や湛水がどのように維持されるかによって左右される．地下水位と断面形態の関係については，図 2-5 のようになる．そのポイントとなるのは，有機物の酸化分解の起こりやすさと鉄の酸化還元による土色の変化である．泥炭土（peat soils）は，土壌断面の全体が植物遺体やその分解産物である有機物によって構成される．地下水が地表面近くに常時存在するため，微生物による有機物の酸化分解が進行しにくい．黒泥土（muck soils）は，地下水位が低下して，泥炭土の有機物の酸化分解が進むことにより生成される土壌である．表層には，酸化分解が進み黒色化した有機物の層が存在する．泥炭土と黒泥土は，無機成分（鉱質）をほとんど含まないため，鉄の還元によるグライ層は形成されない．グライ土は，

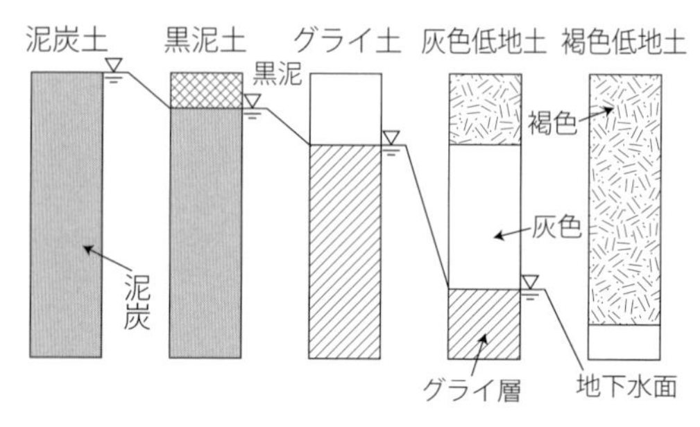

図 2-5　地下水位と水田土壌の断面形態との関係

地下水位が浅いところにあり，粘土鉱物や砂などの無機物から構成される土壌である．酸素が不足した環境での微生物活動により，土中の鉄が還元されて，2価鉄の化合物となるために，地下水位以下の土層は青みを帯びた色になっている．この土層は，グライ層（Gley horizon）と呼ばれる．さらに，地下水位が低下すると，地下水位の影響は小さくなり，湛水された田面水の浸透や落水が土壌の断面形成に大きな影響を与える．灰色低地土は，降雨や灌漑水の排水が不十分で，還元状態が年間を通して完全になくならない条件下で生成される灰色を帯びた土壌である．湛水期間中の作土の還元の進行により，鉄やマンガンが溶脱して下方へ移動し，酸化的な耕盤の下位に集積層を形成している．褐色低地土（Brown Lowland soils）は，地下水位がさらに低下し，作土が湛水期間以外は酸化的な条件に置かれる場合に生成する．透水良好で通気性が十分確保されるために3価鉄による褐色を帯びている．

2）水田土壌と畑土壌の違い

水田の土壌を特徴づける大きな要因は，湛水による還元の進行である．水稲栽培において，水田は3～4か月の間湛水状態に置かれる．そのため，土壌中の空気と大気との間のガス交換が抑制される．酸素が豊富にあるときには，好気性の土壌微生物が酸素を酸化剤（電子受容体）として有機物を分解してエネルギーを獲得する．この過程により土壌中の酸素は消費され，土壌は嫌気的な環境となる．酸素がなくなると，通性もしくは嫌気性微生物が酸素以外の物質を電子受容体としてエネルギーを得るようになる．還元が進行すると，土色は褐色系から灰色や青っぽい色に変化するが，これは，3価の鉄化合物（水酸化鉄）が2価の鉄（Fe^{2+}）に変化することによるものである．イネの茎や根には空気を輸送する通気組織が発達しており，還元的な条件下でも根の呼吸は維持される．また，田面近傍の数mmには，田面水に溶解した酸素が拡散し，薄い酸化層を形成している．

還元状態の土壌では，酸素不足のため好気性微生物による急速な有機物の酸化分解が抑制されるため，作物の残渣や投入された堆肥などに由来する有機物が蓄積する．これらの有機物中の窒素は，徐々に微生物によりアンモニア態窒素に変換（窒素の無機化，mineralization）されイネに吸収される．イネが土壌から吸収する窒素の約半分はこのような有機態の窒素の無機化により供給されるものである．

また，水田土壌のpHは，湛水前の値によらず還元が進行すると7付近に落ち着くことが知られている．畑地として利用するときには石灰などによるpHの矯正が必要な土壌でも，水稲栽培においてはpHの矯正は不要である．これには，土壌中での鉄の形態変化と有機物の分解により生じる二酸化炭素が関係している．土壌中に豊富に存在する水酸化鉄（Ⅲ）は，還元されて水酸化鉄（Ⅱ）に変化するが，この過程で水素イオンが消費されるため，pHを上げる働きをする．一方，有機物の分解で生じる二酸化炭素は，水に溶けて弱い酸性を示し，pHを下げる方に働く．両者のバランスにより，pHは7付近に落ち着く．酸化状態では鉄やアルミニウムとの結合態として作物に吸収されにくいリン酸も，還元状態では可溶化してイネに吸収されやすくなる．また，湛水中では大気中の窒素を固定する能力を有するラン藻類が繁茂するため，土壌に窒素が富化される．

畑地土壌では同じ作物（同じ科の作物）を連続して何年も栽培すると，病害などによる大幅な減収（連作障害）が起こるが，水田ではイネの連作が可能である．これは，土壌が嫌気的な環境に置かれるために障害の原因となる微生物が増殖しにくいためである．

3）水田における物質動態

土壌中の窒素は，微生物の作用によりさまざまに形態を変化させる．図2-6は水田と畑地の窒素の動態を比較したものである．

畑地では，無機化されたアンモニア態窒素や施肥により投入された窒素分は好気条件を好むアンモニア硝化菌により短時間で硝酸態窒素に酸化されるため，作物は主に硝酸態窒素を吸収して成長する．しかし，作物に吸収されなかった硝酸態窒素は，水とともに移動し地下水汚染の原因となる．土壌粒子の表面の多くは，負に帯電しているため，陽イオンを吸着しやすく陰イオンは吸着されにくい．アンモニウムイオンは陽イオンであるため，土壌に保持されやすいが，硝酸イオンは陰イオンであるから，土壌にほとんど保持されず浸透水とともに流亡してしまう．

湛水により還元が進んだ水田土層内部では，好気条件を好むアンモニア硝化菌が活動しないため，アンモニア態窒素の硝化は起こらず，浸透水による地下水の

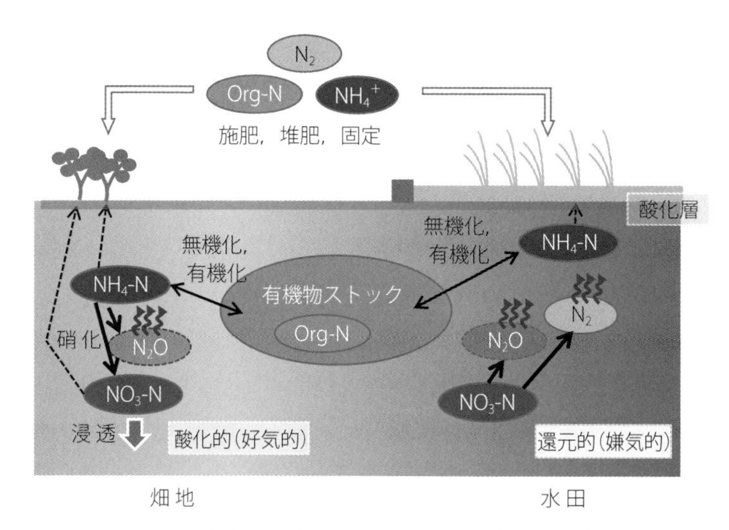

図 2-6　水分条件による酸化還元環境の違いと窒素循環

硝酸汚染の問題は発生しない．水田に施用された窒素は，効率よく水稲に吸収される．また，水田では，硝酸態窒素が存在すると，それを還元して窒素分子に変換する脱窒が起こる．水田の表層には，薄い酸化層があり，地表面に窒素肥料を施肥すると，この層でアンモニア態窒素が硝酸態窒素に変化する．この硝酸態窒素が土層内部の還元層に浸透すると，ここで脱窒が起こり，窒素として消散する．そのため，水稲作付け前に施用する窒素肥料（基肥）は，地表面に散布せず，土層によく混合することが必要である．

なお，水田土壌における炭素や窒素の動態は，地球暖化ガスである二酸化炭素，メタン，亜酸化窒素の発生にも関係し，作物生産のみならず，地球環境問題においても重要な現象となっていることは第１章で述べた通りである．

3．水田の灌漑

1）水田の水条件と灌漑

世界的な主要穀物である米を生産するために栽培されるイネ（rice，ほとんどの栽培種は *Oryza sativa*）は，イネ科の湿性植物であり，基本的に水分が十分ある土壌中でよく成長する．したがって，水が十分確保できるなどの条件が整えば，農地に水を湛え，すなわち湛水（ponding または flood）して，継続して水分を供給して栽培することが多い．土壌中や湛水の水に不足が生じないように，人工の水路を建設するなどして水源から人為的に水を輸送して，農地に水を供給することを灌漑（irrigation）という．イネなどを栽培するために湛水できる農地（水田という）に用水を供給することを，特に水田灌漑（paddy irrigation）という．またその過程で，水路などから水田に水を引き入れることは灌水（water application）という．

水田灌漑は，基本的にはイネが栽培される水田の土壌に用水を供給することで，イネの生育に必要な水を与えることを第一の目的とする．また，それと合わせて，用水に含まれる無機塩類の供給，温度の調節，土壌中の栄養分の動態の管理，雑草生育の抑制，病害虫の抑制，塩害の抑制（☞ 第 10 章 1.「乾燥地の灌漑と環境問題」）など，イネの生育環境を調整するさまざまな役割を果たす．特に，水田を湛水させることによって，安定してイネへ水分が供給できる他，保温など気温の変化を調節したり，雑草生育の抑制や土中の栄養分の分解の抑制が図れるなど，生育条件が比較的容易に改善できることから，世界的にも多くの水田で湛水がなされてきた．

水田稲作では，別の場所（苗代，nursery bed）で発芽および初期成長したイネの苗を移植する（田植え，transplanting）ことが多い．水田では苗が活着しやすくなるように，移植の前に作土層を水で飽和して耕起および砕土し，さらに移植やその後の湛水での管理がしやすいように土層表面を均平にする代かき（puddling）が行われる．このときにも大量の灌水（代掻き用水）が必要となる．

イネの成長において，苗の成長の初期段階と，幼穂が分化して葉の鞘に包まれて発育したあとに穂が外に出る出穂と，それに続く開花の時期には特に多くの水を必要とする．イネは，根元付近の節から枝芽を出して株を増やす（分蘖（ぶんげつ）という）が，穂が形成される芽が形成される有効分げつ期を過ぎると，イネの成長よりも収量の確保に生産の重点が置かれる．この頃に，湛水の継続で土壌が強度な還元状態になることを避け，土壌に一定の酸素を供給して根の健全化を図ると高収量に結び付くため，条件の許すところでは，湛水を排除して土壌をある程度乾かす中干し（mid-summer (term) drainage）が行われる．さらに，生育の最終段階では，

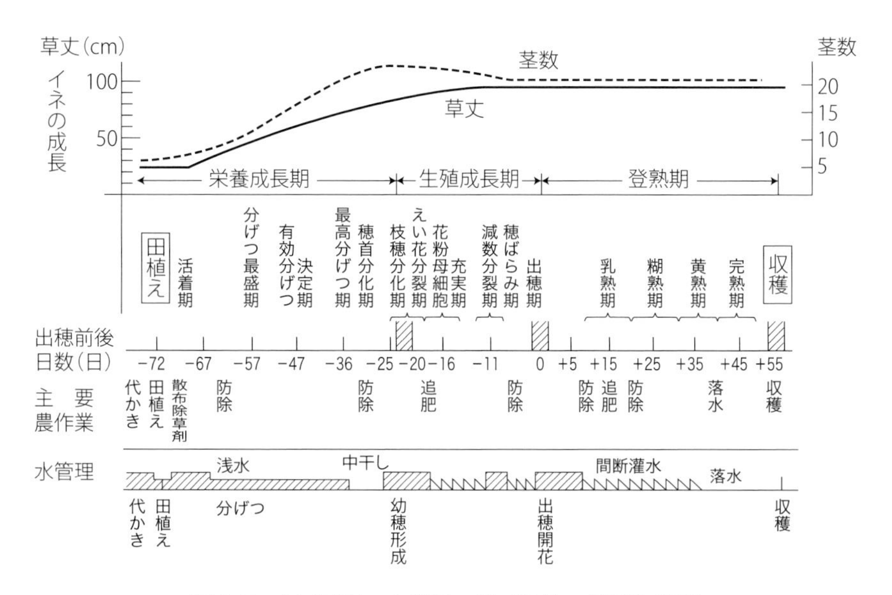

図 2-7　水田圃場の水管理の例（暖地・普通期栽培）
（丸山利輔・渡邉紹裕；村上幸止 原図，1979）

収穫のための機械が十分に走行できる地耐力を確保するために，適当な排水を行うこともある．

図 2-7 は，用水供給や排水に制約がない日本の圃場における標準的な水の掛け引き（water management practices）の例を示したものである．施肥や除草，薬剤散布，作業機械の走行などを総合的に考慮しながら高収量を得る水管理方式が示されていて，生育前期は継続的な湛水，後期は間断的な湛水がなされている．湛水の深さは，天候や水温，イネの生育などの状況によって調節される．

2）水田灌漑システム

水田では，通常は湛水されることなどから，多量の用水が継続的に供給されることが必要になる．そのためには，安定した水源から取水し，それを各水田圃場にまで運び届ける施設が必要となる．この施設系は，通常は，取水施設，送水施設（送水路），配水施設（配水路）からなり，用水を分配する分水施設（分水工）も必要となる．河川から取水する場合，堰を設けて水位を調節して水路に引き入れることが多いが，この取水用の堰は，水路システムの頭首に位置することか

図 2-8　日本の水田灌漑
左上：送配水システム，右上：小用水路，左下：頭首工（写真提供：農業農村工学会，撮影は田口　保氏）.

ら，沈砂池や余水吐けなどの付帯施設を含めて頭首工（head works）と呼ばれる．水源を安定にするために貯水することが必要な場合には，ダムや溜池といった水源施設も灌漑システム（irrigation system）を構成する．

こうした水利施設系を操作制御し，また維持管理する操作管理系も灌漑システムの重要な要素である．通常は，農家や集落ごとに形成されている水利組合や，より大規模な管理団体など，利水者からなる管理組織と，地域の関係行政機関などで構成されるさまざまなレベルの管理組織がこれを構成する．日本の場合は，多くの灌漑システムは，耕作者で構成される土地改良区（land improvement district）が中心となって，農地や他の関係施設の改善や維持管理を合わせ，また関係する地域環境の保全とともに，管理運営されている．

また，過剰な用水や水田地帯の雨水などを排除する排水施設系も，灌漑施設系と一体となって機能し，管理されることが多い．

3）水田灌漑用水量

水田灌漑は多量の用水を必要とするため，その必要水量や利用水量が注目される．この水量を水田用水量（paddy irrigation requirement）という．

水田用水量はさまざまな内容を持つので，その指し示している範囲や要素などを正しく理解することが求められる．まず，対象とする空間的な範囲については，1つの圃場，複数の圃場からなる水田群，共通の取水施設からの送水を受ける範囲の灌漑地区，そして同じ河川流域や水系の水田地区群を明確にする．その範囲によって，圃場で必要な水だけでなく，送配水中に蒸発や浸透で失われるために見込むべき水や，水田以外で必要な水が含まれることがあり，構成する要素が異なるのである．また，広域になると，水田からの排水が用水システムに取り込まれて再利用されることや，地区からの排水が下流地区で反復的に利用されることで，全体で必要な水量が少なくなる場合もある．

また，用水量は算定する目的によって意味が異なる．実際に用水を利用している過程の利用実績における水量を指す場合もあれば，灌漑施設などの建設や更新などの整備計画の前提となる一定の条件を想定したうえで必要と算定される水量（計画用水量）を指す場合もある．実際に利用している水量も，通常の気象条件での量と，異常な渇水や多量の降水などがあった条件での量には差が生じる．また，季節や生育期，日や時間帯などによっても細かく変動する．

日本のように，灌漑期間中に一定程度の降水がある場合，その多少によって，圃場や地区に供給すべき水量も実際の供給も変化する．灌漑必要水量の減少に寄与する降雨であり，その量は有効雨量（effective rainfall）といわれる．これも，計画用水量の算定時には貯水施設の規模に与える影響が，実際の利用時には降雨に伴う取水量や送水量の減量の程度と，それが貯水量や取水のコスト，地域の水環境に与える影響が重要となるなど，対象とする範囲や算定の目的によって，その指す内容や量が異なる．

水田用水量には，灌漑地区において水田灌漑以外に利用される水量を含むことがある．例えば，地区内で飼育される家畜飼養のために使われる営農飲雑用水がある．また，農産物や農機具の洗浄，集落の防火，集落の景観の形成や維持などに用いられる用水があり，これは地域用水（water for rural life and environment）と呼ばれている．

日本では，水田灌漑施設の計画および設計のための計画用水量の算定に当たっては，用水量の構成は図2-9のように考えられている．そして，10年に1回生

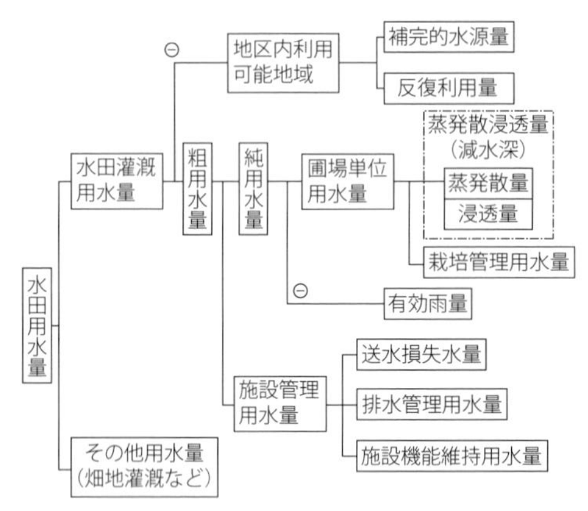

図 2-9　水田用水量の構成（計画基準）
⊖：負となる量の構成要素.

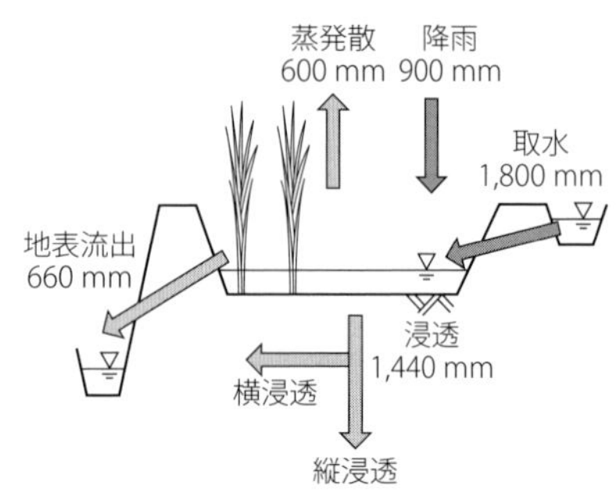

図 2-10　平均的な水田水収支
栽培期間は約 120 日，灌漑期間は約 100 日，数値は 1 作当たりの水量．浸透量は水田により大きく異なる．数値は水谷正一，1995.

じるような程度の渇水時に必要となる水量を算定することが基本となっている．水田の圃場における標準的な利用水量は図 2-10 に示されるように，単位面積当たりの水深に換算して 1 日 15 ～ 20 mm 程度で，灌漑地区レベルでは，さまざまな損失や管理に要する水量を含めて，同じく 20 ～ 25 mm 程度となっている．

4）水田灌漑と地域水環境

水田では，長期間継続してイネを栽培できることもあり，栽培期間を中心に毎年かなりの期間にわたって湛水がなされ，長期的に非常に安定した人為的な湛水域を形成している．また，水田灌漑は，長期の安定した湛水域を実現するための，大量用水を継続して供給する行為であると理解できる．

水田灌漑のための長期にわたる多量の用水供給は，地域や流域の水循環（hydrological water cycle）と大きな関わりを持つ．灌漑は自然の水の流れや循環に人為的に変更を加えるが，その自然の改変の程度が比較的小さい場合は，長年の継続によって灌漑システムは流域の自然のシステムに適合したものに調整され，自然によく馴染んで，その一部を構成する「第二の自然」ともいえる状態となる．長い時間をかけて開発され，維持管理が継続してきた近代以前の日本の水田灌漑は，地域の環境に大きな悪影響を生じることなく，その一部を形成してきたものが多い．特に水田からの多量の浸透水が地下水を涵養して，地域の安定した地下水流動を形成してきた例が各地で見られる．

水田での湛水と灌漑システムが，それが生み出す地域の水条件に適した野生生物に対しては生息の環境を提供することとなり，いわゆる水田生態系（paddy ecosystem）を形成してきたことは近年注目されるところである（☞第８章 3.「農村地域の生態系」）．例えば，収穫後の水田が湛水されていると，渡り鳥が水田に残った籾などを餌として食べるために飛来（着地）することができ，採餌場となることなども確認されている（図 2-11）．

一方，水田での湛水や多量の取水が，地域や流域の環境に悪影響を及ぼすこともある．例えば，水田の湛水によって，マラリア蚊など病気を媒介する昆虫の発生が増え，地球温暖化につながる温暖化効果ガスであるメタンの発生を増大させるといわれる．また，河川から多量の取水を行うと，取水地点より下流の河川では流量が極端に少なくなることがあり，下流の生物生育条件を含め生態系や水質など，さまざまな環境の劣化をもたらすという報告は多い．さらに，河川に設けられた近代的な大規模な取水堰などの施設が，魚類の遡上や流下を妨げて，その生態に壊滅的な影響をもたらしてしまった例も多い．

このように，水田灌漑は，近年では水田で栽培されるイネの生育の促進や生産の効率化の目的からだけでなく，広く生産環境の整備も含めて，地域の環境を保全管理する基盤として認識されるようになっている．

図 2-11　コハクチョウの飛来する収穫後の水田

4．水田の浸透

1）浸透のメカニズム

(1) 圧力水頭，重力水頭，全水頭

土中の水を動かす力は重力と水の圧力勾配である．図 2-12a のように，断面積が 1（単位面積）で厚さが Δx（体積は Δx，質量は $\rho_w \Delta x$）の体積要素の水に働く鉛直方向の力は，上面の圧力（$P(x_0)$），下面の圧力（$P(x_0+\Delta x)$），および重力（$\rho_w g \Delta x$）である．圧力分布 $P(x)$ を $x=x_0$ の近傍で直線近似して，力の和を体積 Δx で割って水の単位体積当たりで表せば，

$$下向きの力：-\frac{dP}{dx}+\rho_w g \qquad (2\text{-}1)$$

ここで，P:圧力（単位は Pa または Nm^{-2}）で，$\rho_w g$:単位体積の水に働く重力（9,800 Nm^{-3}）である．

である．また，図 2-12b のように水平方向については，重力が働かないので，

$$水平方向の力：-\frac{dP}{dx} \qquad (2\text{-}2)$$

容器内に静止した水のように重力場で鉛直方向に静止している水の圧力分布を静

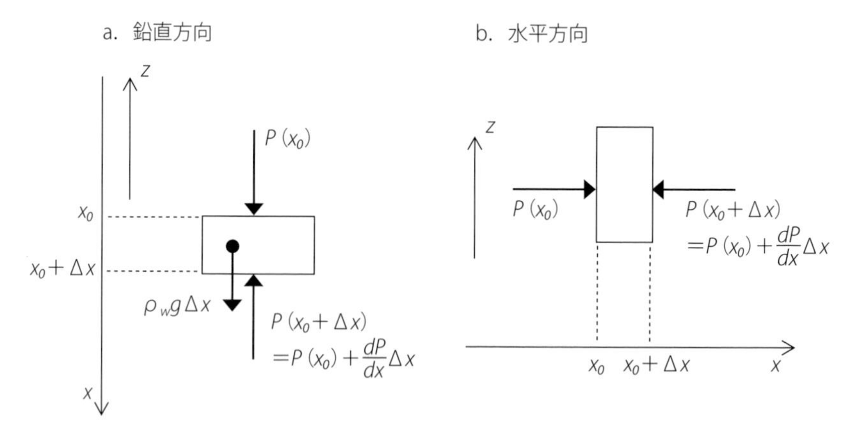

図 2-12　水を動かす力

$P(x)$：位置 x における水の圧力，ρ_w：水の密度（1,000 kgm^{-3}），g：重力加速度（9.8 ms^{-2}）．

水圧（hydrostatic pressure）という．静水圧の場合，水に働く力の合力はゼロで，圧力勾配と重力が釣り合う（$dP/dx = \rho_w g$）．水面（大気圧，$P = 0$）からの深さを h とすると，

$$静水圧：P(h) = \rho_w gh \tag{2-3}$$

であり，静水圧力（P）は水深（h）に比例する．容器の中に水だけがあっても，土と水があっても水の静水圧分布は変わらない．地球上では単位体積の水に一定の重力（$\rho_w g$）がいつも働くので，一般に水の圧力（P）を $\rho_w g$ で割って，静水圧における水面からの深さ h（$= P/\rho_w g$）で表示するとわかりやすい．このように，静水圧下の深さ（長さの次元）で表示した圧力（h）を圧力水頭（pressure head）という．また，基準点から測定点までの高さを z として，

$$H \equiv h + z \tag{2-4}$$

とおき，(2-1)式と（2-2)式を $\rho_w g$ で割って，水の単位体積当たりに働く力を $\rho_w g$ を単位とする無次元量にすると，

$$鉛直下向きの駆動力：-\frac{dh}{dx} + 1 = -\frac{dH}{dx} \tag{2-5}$$

$$水平方向の駆動力：\quad -\frac{dh}{dx} = -\frac{dH}{dx} \tag{2-6}$$

となる．ここで，高さ z を重力水頭（gravitational head）という（位置水頭ともいう）．また，圧力水頭と重力水頭との和 H を全水頭（total head）という．重力水頭 z の勾配は，図 2-12a のように流れの方向（x）が鉛直下向きならば $dz/dx = -1$ であるが，図 2-12b のように水平方向ならば $dz/dx = 0$ であり，全水頭の勾配 dH/dx は圧力水頭の勾配 dh/dx だけになる．

このように流れの方向によらず，全水頭 H の勾配（dH/dx）は圧力勾配（dh/dx）と重力勾配（dz/dx）の合力としての駆動力となる．なお，圧力（P）の単位には kPa（キロパスカル）や MPa（メガパスカル）がよく使われるが，(2-3)式より，10 cm 水頭が 0.98 kPa，10 m 水頭（ほぼ大気圧）が 98 kPa（0.098 MPa）である．

静水圧では圧力水頭は深さとともに増加し，その分，重力水頭が低下し，全水頭は深さによらず一定値であり，その値は水面の高さで決まる．

自由水面において水の圧力は大気圧であるが，大気圧の面が土中にある場合，

これを地下水面と呼ぶ．土中に地下水面が存在して土中水が地下水面の上でも下でも完全に静止している場合を想定する（図 2-13）と，地下水面より下の水の圧力は地下水面からの深さを水頭とする正圧で，間隙は水で飽和している．一方，地下水面より上の圧力は地下水面からの高さを水頭とする負圧（negative

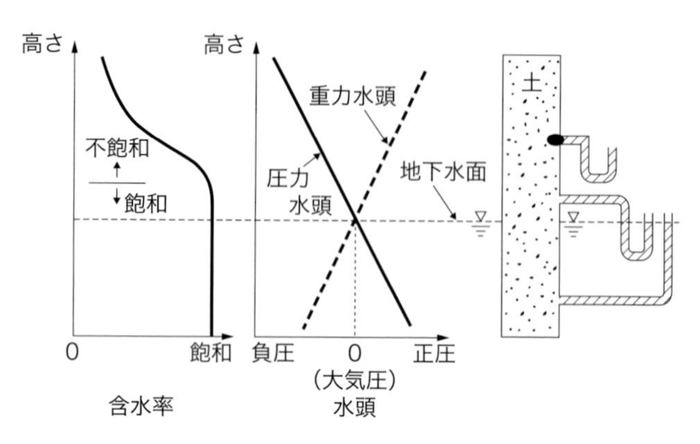

図 2-13　地下水面と静水圧分布，水分分布

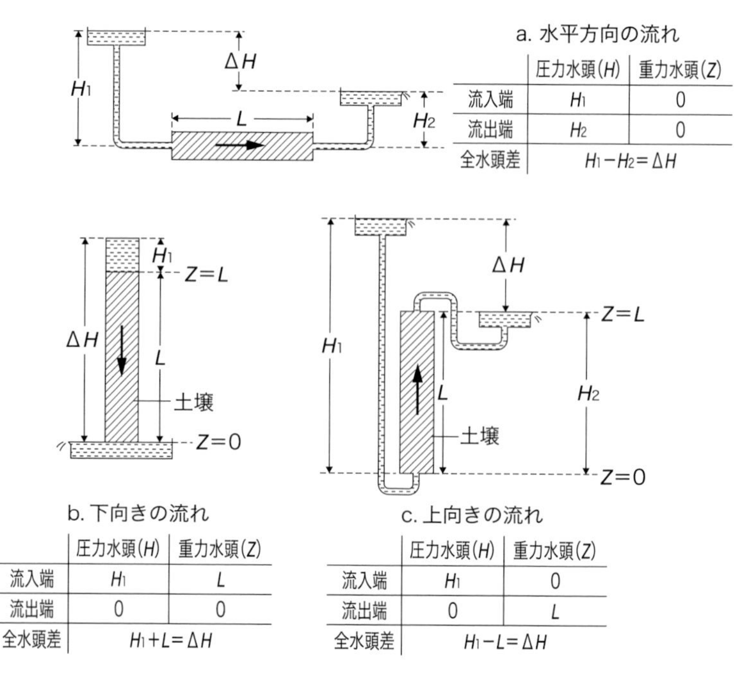

a. 水平方向の流れ

	圧力水頭（H）	重力水頭（Z）
流入端	H_1	0
流出端	H_2	0
全水頭差	$H_1-H_2=\Delta H$	

b. 下向きの流れ

	圧力水頭（H）	重力水頭（Z）
流入端	H_1	L
流出端	0	0
全水頭差	$H_1+L=\Delta H$	

c. 上向きの流れ

	圧力水頭（H）	重力水頭（Z）
流入端	H_1	0
流出端	0	L
全水頭差	$H_1-L=\Delta H$	

図 2-14　土壌カラムの飽和流

pressure）である．地下水面からある高さまでは，負圧にもかかわらず水分量が飽和である領域が存在する（負圧飽和）．この負圧が土の空気侵入圧を越えると，大きな間隙から順次空気が侵入して不飽和となり，負圧が高まるほど含水量が低下する．

静水圧では全水頭が深さによらず一定値であるが，全水頭に場所による差がある場合には，水は全水頭の高い方から低い方向に流れる．全水頭の分布を描けば，水の流れの方向と駆動力の大きさを知ることができる．図 2-14 の土を詰めたカラムにおいて，a. は水平方向の流れで圧力勾配だけで流れが生じる場合であり，b. は下向きの流れ，c. では上向きの流れとなる．このように，図 2-14 の 3 つのカラムは流れの方向は異なるが，いずれもカラムの流入端より流出端の全水頭が低く，その差は ΔH で勾配（dH/dx）は $\Delta H/L$ である．

（2）Darcy 式

土中を動く水の流れの大きさはフラックスで示される．フラックス（体積フラックス）とは，流れに垂直な単位断面積を単位時間に通過する水の体積のことであり，「単位時間当たりの長さ」の次元を持つ．図 2-15 のように土を均一に詰めた断面積 A，長さ L のカラムの両端に水頭差を与えて水を流すとき，経過時間 t の間に体積 Q の水が流れたとすると，フラックス q は

$$q = \frac{Q}{tA} \tag{2-7}$$

である．土中水のフラックスを支配する物理法則は Darcy 則である．土中水の

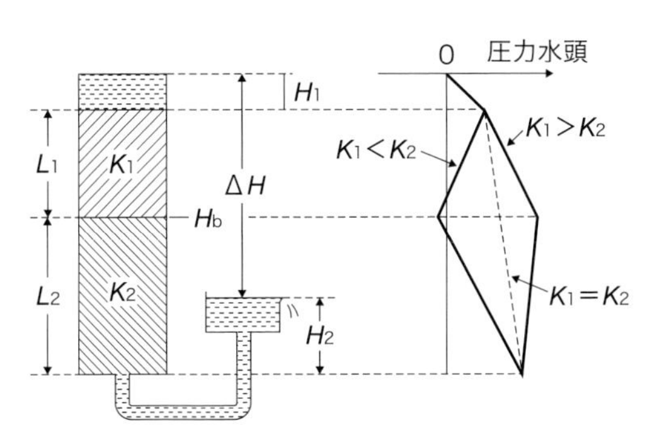

図 2-15　成層降下浸透における圧力分布

移動には，水に対してフラックスに比例する粘性抵抗力がフラックスと反対方向に生じ，駆動力と粘性抵抗力が釣り合う結果，フラックスが駆動力（すなわち全水頭勾配）に比例する．これを示すのが，次の Darcy 式である．

$$q = -K\frac{dH}{dx} \tag{2-8}$$

ここで，比例係数 K は透水係数（hydraulic conductivity，飽和透水係数）で，水の流れやすさを示す土の特性である．透水係数は，砂で 10^{-2}，ロームで 10^{-3} ～ 10^{-5} 程度，粘土では 10^{-6} cm/s というように，土壌によって，また密度によってオーダーが異なる．

土壌が飽和であれば，含水量は圧力によらないので，透水係数も圧力によらない一定値である．しかし，土壌が不飽和になると，含水率の低下によって透水係数のオーダーが低下し，水の圧力（負圧）に強く依存するようになる．そこで，飽和の場合，均一な土層内の透水係数は一定値で圧力分布は直線になるが，不飽和では，透水係数は圧力に依存し，土は均一でも圧力分布は一般に曲線になる．図 2-14 に Darcy 式（2-8)式を適用すると，a.，b.，c. のいずれの場合についても，透水係数 K が土壌カラム内で均一であれば，

$$q = -K\frac{\Delta H}{L} \tag{2-9}$$

となり，フラックス q は，カラム両端の水頭差 ΔH に比例する．

(3) 成層土層の降下浸透

水田土壌は，「作土－耕盤－下層土」という成層をなし，一般に透水係数の異なる土層で構成されている．そこで，図 2-15 のように，透水係数が K_1 と K_2 の 2 層の成層における下方浸透を考えると，2 層のいずれにおいてもフラックス q は同じなので，層境界の圧力水頭を H_b として，Darcy 式より

$$q = \frac{H_1 + L_1 - H_b}{R_1},\ q = \frac{H_b + L_2 - H_2}{R_2} \tag{2-10}$$

である．ここに

$$R_1 = \frac{L_1}{K_1},\ R_2 = \frac{L_2}{K_2} \tag{2-11}$$

(2-7)式の２式から H_b を消去して，

$$q = \frac{\Delta H}{R_1 + R_2} \tag{2-12}$$

この式から，２層の透水性に大きな違いがある場合，例えば $R_1 \ll R_2$（$L_1/K_1 \ll L_2/K_2$）であれば，(2-9)式は，$q = \Delta H/R_2$ と近似され，フラックスは透水性の小さな層の抵抗（R_2）で決まることがわかる．例として，下層が透水性の低い粘土の場合，上部層の透水性がどんなに高くても（$R_1 = 0$），降下浸透フラックスは粘土層に支配されて小さい．降下浸透フラックスは透水性の小さい層に支配される．

(4) 水 平 浸 透

土中の水平浸透が重要になるのは，図 2-16 のように，耕盤下に透水性の高い層（透水層）がある場合である．透水層内の圧力は鉛直方向にはほぼ静水圧（全水頭が深さによらず地下水位 H となる）になる．そこで，水平方向のフラックス q は地下水位勾配（dH/dx）に比例し，透水層内を飽和として深さによらず，次の Darcy 式（2-8)式で与えられる．透水層全体の水平方向の流量 Q（平面図上で流れに直交する単位長さ当たり）は，q の透水層内の飽和鉛直方向の総和（積分）であり，透水層内で鉛直方向に静水圧分布を仮定すると，次式となる．

$$Q \equiv \int_0^L q dx = -\int_0^L K dx \cdot \frac{dH}{dx}$$

$$= -T\frac{dH}{dx} \tag{2-13}$$

ここで，T は次式で定義される透水量係数（transmissivity）である．

$$T \equiv \int_0^L K dx \tag{2-14}$$

透水係数が均一な１つの透水層の透水量係数は

$$T = LK \tag{2-15}$$

である．一方，図 2-16 のように透水係数と層厚さがそれぞれ異なり，透水量係数が T_1 および T_2 の２層からなる透水層に対しては，

$$T = T_1 + T_2 = L_1K_1 + L_2K_2 \tag{2-16}$$

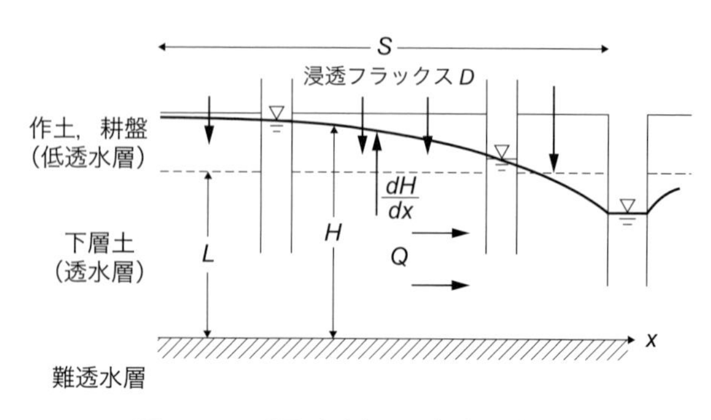

図 2-16　下層が透水層の場合の水平流

これより，各層の厚さが同程度で透水係数のオーダーが異なる場合，２層を並列に加えた透水量係数 T は透水係数のオーダーが大きな層（例えば砂礫層）に支配され，透水係数の小さな層は無視できることがわかる．

2）浸透の実態

水田は湛水してイネを生育させる農地であり，水田における浸透には次の特徴がある．

①根圏の水移動は主に飽和状態で生じる…湛水中は作土の水分は飽和であるが，落水後，表面の湛水がなくなれば作土の土水中の圧力は負圧となるが，蒸発散がなければ，代かき（paddling）された水田作土が落水後数日程度（作土に亀裂が入るまで）の重力排水で不飽和になることはほとんどない．作土が不飽和になるのは蒸発散による水分減少によるものである．

②圃場内でも場所により浸透量にバラツキがある…水田での浸透は，畦の近くの畦畔浸透（畦浸透ともいう）と水田内部の地盤浸透からなる．畦畔浸透は大きくなりやすいので，手間をかけて畦塗りしたり，畦シートを使って防止している．それでも乾燥による亀裂やザリガニなどの動物の穴により浸透が大きくなるので注意が必要である．

地盤浸透は土層の透水性と地下水位の条件によって左右される．扇状地や台地上の水田は地下水位も低く，土の透水係数も大きいので浸透量も大きくなりやすい．この場合，同一水田の中でも場所によって異なるという特徴がある．一般に畦畔の近くで大きいが，内部でもかなりバラツキがあることがある．水田の減水

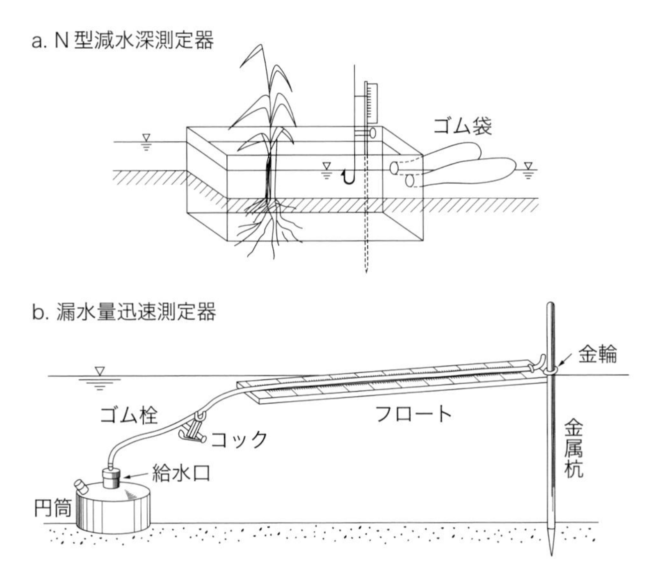

図 2-17　水田内の減水深，浸透量の測定
N型減水深測定器は，無底の箱内の水位低下量を測定する．側壁に薄いゴム袋を付けて，箱の内側と外側の水位が常に同じになるように工夫されている．（田渕俊雄氏，原図）

深は，N型減水深測定器（図 2-17）によって測定できるが，設置場所が全体を代表しているかどうかが問題である．浸透量にバラツキの大きい水田での浸透量を測定するために考案された漏水量迅速測定器（図 2-17）は，5分程度で1か所の測定ができるので，水田内の浸透量の平面分布を求め，浸透量の大きい場所を捜し出すことが可能である．一方，1枚の水田全体の平均浸透量は水収支の他の項目（灌漑水量，排水量，蒸発散量，降雨量，湛水深変化）を測定して算出できる．

③「作土－耕盤－下層土（心土）」という成層構造があり，それぞれ，透水性の異なる層となっている…代かき（湛水下での表土の撹乱）によって作土と耕盤の透水性は低く抑えられる（10^{-5} ～ 10^{-4} cm/s が代表的な値）が，下層土の透水性は水田によって多様で，地質によって大きく異なる．亀裂などの大きな水みちのない粘土質の水田では，耕盤下において浸透はないといってよいが，下層が砂の場合は透水性が高く，礫や亀裂であれば透水性はきわめて高い．

下層が粗粒土で飽和透水係数が高い場合には，耕盤下への有意な浸透が生じうる．さらに，地下水位が高く下層が飽和であれば，浸透フラックスに対して透水係数が大きいために下層土内の圧力分布は静水圧に近くなる(図2-18a). しかし, 地下水位が低いと下層土の上部は負圧となり, さらにこの負圧が下層土の空気侵入圧を越えると不飽和になる. 不飽和では透水係数は負圧の大きさに依存して著しく低下するため, 下層土上部に圧力勾配がほとんどない（重力だけで水が流れる）不飽和領域が形成される（図 2-18b). この場合, 浸透フラックスは作土－耕盤下の透水性で決まり, 下層の地下水位にはよらなくなる.

透水係数の高い下層土が飽和であれば（図 2-18a), 浸透フラックスは作土－耕盤層の透水性とともに, 下層土の地下水位に依存する. 透水性の高い下層土は水平方向に有意な流れを生じうるので, 地下水位は暗渠, 排水路などの境界条件やより広域な地下水条件で決まる. 排水路や隣接田の水位が低い畦畔近くでは当該圃場の下層の地下水位が低く, 浸透フラックスは多い.

下層土の水平流が, 田面から降下する単位面積当たりの浸透量である浸透フラックス（図 2-16 の D）に有効に働くかどうかは, 下層土の透水性とともに暗渠や排水路までの距離（暗渠間隔）で決まる. 一例として, 暗渠から最遠点までの距離（S）を 5 m（暗渠間隔 10 m), 暗渠付近の動水勾配を $dH/dx = 1/10$, 下層土である透水層の条件を $L = 100$ cm, $K = 10^{-4}$ cm/s として（2-6)式で計算される排水流量 Q を距離 S（D を集水する面積）で割って平均浸透フラックスを計算すると $D = 0.17$ cm/d であり, 蒸発散量（evapo-transpiration, 夏の晴天で約 0.5 cm/d）に及ばない. この例の条件では, 下層土の透水係数が 10^{-4} cm/s より小さければ, 下層土の水平流の影響は無視できるほどであるが, 10^{-3} cm/

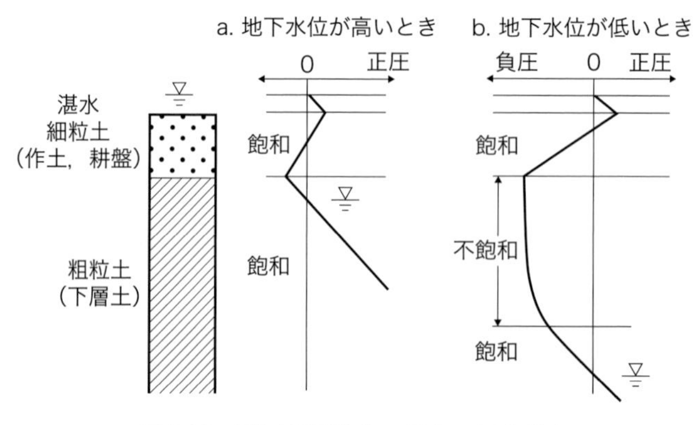

図 2-18　下層が粗粒土の場合の圧力分布

s 以上では蒸発散量に比べて大きな浸透フラックスを与えうる．

粘質土のように下層土の透水係数が小さければ，下層における水平方向の流れも浸透フラックスも事実上ゼロである．しかし，作土では，代かき後の透水係数は小さいが，落水後の蒸発散によって乾燥亀裂が生じると，その後の排水時の流路となる（再湛水によっても亀裂痕は残る）．特に，粘質土は亀裂のようなマクロポアなしには透水係数はきわめて低いが，乾燥による体積収縮によって大きな亀裂が発達しやすい．作土における連続した亀裂のネットワークは，暗渠排水時の水平流と暗渠直上での降下浸透流の流路となる．

上層（作土や耕盤）の飽和透水係数は測定されやすいが，水田の浸透量はむしろ見えにくい下層土によって大きく異なるもので，水田浸透量の多様性は下層土の多様性によるといえる．そして，沖積低平地の水田（下層に粘土層があり，上部層の透水性によらず浸透量が小さい），洪積台地や扇状地の水田（下層の飽和透水係数が大きく地下水位も深く，浸透量は作土・耕盤層の透水性に強く依存する）など，地勢的条件でおよその特徴が決まるものである．作土の透水性は代かきや乾燥亀裂の発達で大きく変わるが，作土の透水性が降下浸透量に影響するのは下層土の透水係数が大きい場合である．前述のように（(2-5)式），下層の透水性が低い場合，降下浸透量は作土の透水性にはよらない．例えば，下層土が厚い粘土で透水係数が 10^{-7} cm/s（0.1 mm/d）のレベルであれば，上層の透水係数がどれほど高くても，浸透フラックスは無視できるレベルである．一方，下層が砂で透水係数が 10^{-4} cm/s（100 mm/d）以上のレベルで地下水が深い場合，上層が細粒土で浸透を抑えていなければ湛水を維持できず，浸透フラックスは上層の透水係数にほぼ等しい．この場合には，作土の代かきが浸透フラックスを抑制する手段となる．

5．水田の排水

1）水田排水の目的

水田排水は，圃場の適切な水管理による土地生産性（land productivity）および労働生産性（labor productivity）の向上を主な目的とする．水田排水による土地生産性の向上は，①降雨イベント時における湛水被害の回避，②作物の水分環境の改善，③土壌の透水性，通気性，土壌構造などの土壌物理性の改良，④塩分など土壌中有害物質の除去などによって，労働生産性の向上は，①地耐力の増強による農業機械の利用状況改善，②排水施設の整備による排水管理労力の節減などによってもたらされる．

2）地区排水と圃場排水

水田の排水は，非農用地を含む地区全体を対象とする地区排水（block drainage）と圃場一筆を対象とする圃場排水（field drainage）とに分けて考えられる．前者は，排水区域全体からの流出水の地区外への排除を目的に計画される．これに対し，後者は圃場の地表および地中の過剰水の排除と地下水位の低下を主な目的とする．

3）地区排水の計画

地区排水は，大雨による過剰水の排除を基本に計画が立てられ，計画排水量を計算するための基準となる計画上の降雨規模（計画基準降雨）による流出水を作物に被害を与えることなく排水させることが目的である．地区排水計画では，目標とする地区内の水位（計画基準内水位）を超過しないことを目指す．水田が水稲栽培に利用される場合は，水稲の湛水被害の最も大きい穂ばらみ期において30 cm 未満の湛水が許容される（許容湛水深）．経済的な施設規模とするため，許容湛水深を超える計画としてもよいが，この場合にあっても，許容湛水深以上の湛水の継続時間（許容湛水時間）は24時間未満とする．一方，畑作物は湛水に弱いことから水田の畑作利用の場合は，無湛水を原則とする．ただし，畑作の

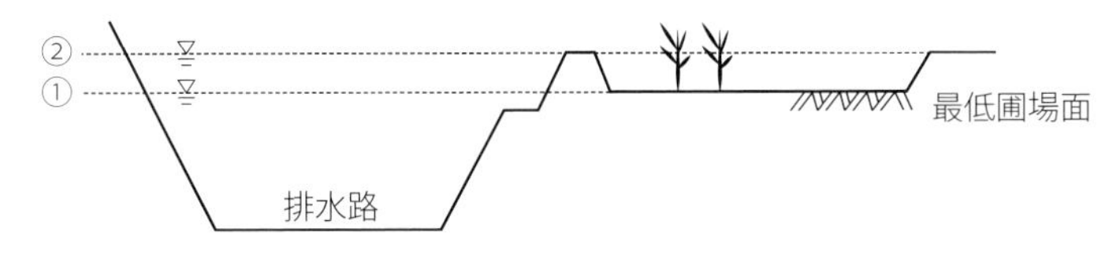

図 2-19　地区排水計画で目標とする地区内の水位
①畑地利用の場合の許容湛水位（最低圃場面．ただし，5 cm 未満を無湛水とする），
②水稲作付の場合の許容湛水位（最低圃場面＋許容湛水深 30 cm）．

場合は畝立てが行われることから，5 cm 未満の湛水を無湛水としている．計画基準内水位は，原則として最低圃場面を基準として決定される（図 2-19）．

地区排水計画は，整備にかかる費用と便益の釣合いによって計画規模の調整が必要であるが，基本的には前記要件を満たすことを目標とする．計画の立案に当たっては，計画基準降雨に基づき，排水解析を行う．計画基準降雨は，費用対効果を考慮して採用するが，20 年に 1 ～ 3 回程度の降雨規模が経済的に最適になることが多い．計画当初は，簡単のため 10 年に 1 回（10 年確率）程度の出水規模に対応するものをいちおうの目標とする．

地区の排水方式には，自然排水（gravitational drainage）と機械排水（pumping drainage）があるが，まず，施設の建設費，維持管理費が経済的な自然排水の可能性を検討する．地形勾配が緩い場合や，地区が低平地であるために排水先の河川水位（外水位）が高い場合など，自然排水では要件を満たさない場合のみ機械排水を採用する．

4）圃場排水の計画

圃場排水は地表排水（surface drainage）と地下排水（subsurface drainage）によって行われる．地表排水は，過剰な田面湛水を落水口（outlet）から小排水路に排除するものである．一方，地下排水は地表面の不陸などによって地表排水後に地表に残った水（地表残留水）が 1 日以上停滞するなど，土壌中の排水が悪い場合に暗渠あるいは明渠を通じて地表残留水を排除するものである．地表排水は地下排水と比べて排水強度が大きく排水能率が高いため，田面の地表水はできるだけ地表排水として排除し，地表残留水を少なくしたうえで，地下排水で排除するように計画する必要がある．

(1) 地表排水

水稲作付けの場合の地表排水の目安を表 2-1 に示す．落水開始後おおむね 1 ～ 2 日で地表水を排除することが望ましい．一方，畑地利用する場合は，計画基準雨量を 10 年確率の 4 時間雨量とし，この雨量を 4 時間で排除することを目安とする．近年の圃場整備では，畑地利用も想定した汎用化水田として整備されることが多く，より条件の厳しい後者の排水能力を持たせることを前提に排水計画が立てられる．

地表排水の効率は主に，落水口の数および構造，小排水路の水位，田面均平度，排水小溝の配置によって決まる．

a．落　水　口

落水口は田面湛水を隣接する小排水路に排水するために設けられる．圃場整備

表 2-1　地表排水日数の目安

灌漑期		非灌漑期	
除草剤，液肥施用時	1 ～ 2 日以内	耕起，砕土作業期	1 ～ 2 日以内
湛水直播芽出し時	1 日以内	乾田直播播種作業期	1 ～ 2 日以内
中干し期	2 ～ 3 日以内	乾田直播発芽期	1 ～ 2 日以内
灌漑終了時	3 ～ 5 日以内	収穫作業期	1 ～ 2 日以内
大雨時の湛水排除	1 ～ 2 日以内	畑作物（裏作，田畑輪換栽培時）	1 ～ 2 日以内
（10 cm 以上の湛水）		秋耕作業時	3 ～ 5 日以内

（農林水産省構造改善局：土地改良事業計画設計基準・計画・圃場整備（水田），2000）

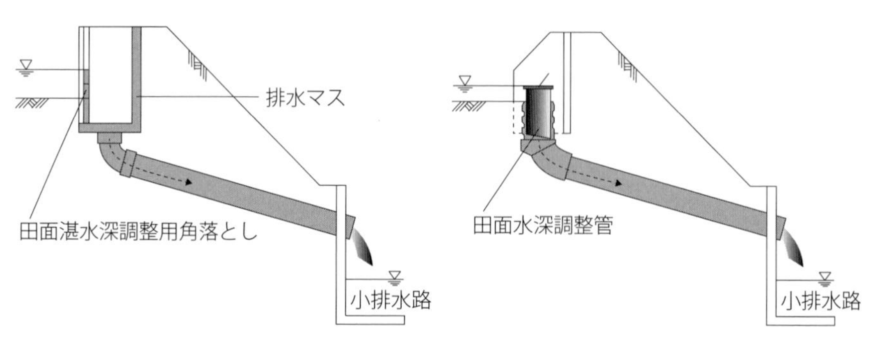

図 2-20　排水マスによる地表排水
角落としの高さを変えて田面水深を設定し，これを超える地表水を小排水路に排水する．

図 2-21　水位調整が容易なフリードレーン
田面水深調整管を上下させることで目標の田面水深を設定し，これを超える地表水を小排水路に排水する．

水田では，小排水路に接する辺に，50 m 以内に 1 か所を目安に設置される．田面湛水の迅速な排除には，落水口の敷高を田面下 5 ～ 20 cm とすることが望ましい．

未圃場整備水田では，農家が自ら塩ビパイプなどや市販の排水資材を設置することが多い．一方，圃場整備水田の場合，コンクリート製の排水マスなどが設置され，角落しによる越流方式とするのが一般的である（図 2-20）．農家は角落しの高さを変えることで，湛水深を調整する．この場合，幅は湛水深調整の便を考慮して 50 cm 以内にとどめることが望ましい．近年は水位設定を自在に行えるフリードレーンも普及している（図 2-21）．

b．小排水路の水位

小排水路の水位が高いと落水口からの流出が抑制され，圃場排水を阻害する．標準的には，小排水路の整備は低水路と高水敷を持つ複断面水路とし，前者で 1/2 年確率洪水水量水位を，後者で 1/10 年確率降水水量水位に対応するように断面形を決定する（図 2-22）．

c．田面均平度

田面均平度が低いと不陸による地表残留水が多くなり，地表水として落水口から排除できない．近年は，1 ha 程度の大規模面積の整備が行われているが，圃場面積が大きいと土の移動距離が長くなるため，均平度の確保が難しくなる．しかし，レーザブルやレーザレベラなどのレーザを利用した均平技術の普及によって，この問題は解決しつつある（図 2-23）．

d．排水小溝の配置

排水小溝とは中干し前などの排水を促進したい時期に，地表残留水を落水口に導くために田面に設置する溝である．恒久的な施設ではなく，農作業の一部として必要に応じて設けられるものである（図 2-24）．設置間隔は，圃場の排水環境

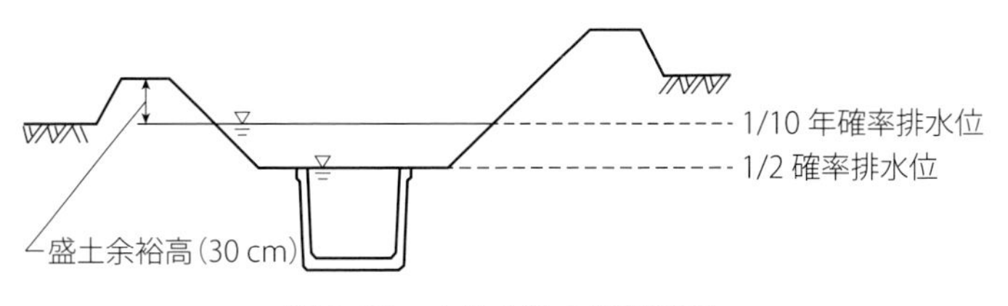

図 2-22　小排水路の設計断面

図 2-23　レーザブルによる整地工
（写真提供：新潟県農地部）

図 2-24　溝切りによって施された排水小溝
（写真提供：新潟県農地部）

によって異なるが，幅 15 cm，深さ 15 cm 程度の排水小溝を長辺方向に数 m ～ 20 m の間隔で設置し，排水小溝の末端は落水口に連絡させる．

一般的に，排水小溝を設置する作業を「溝切り」と呼ぶ．近年は溝切り用の機械（溝切り機）が普及しており，手押しタイプや乗用タイプの溝切り機を使って施工する．

(2) 地 下 排 水

地下排水は，地表残留水および過度の地中重力水を明渠（open channel）もしくは暗渠（underground drain）によって排除するものである．水稲作付けの場合には明渠は用いられないが，畑作利用する場合には畦畔の内側に明渠を掘削して落水口に連絡し，周囲の水田からの浸透水などを排除する方法がとられる．明渠のみでは十分な効果が得られない場合や水稲作付けの場合は暗渠が用いられる．その必要性は，土壌タイプ，降雨後 7 日以降の地下水位，降雨後の地表残留水停滞時間，地耐力，土壌の透水性から判断される．

a．暗渠排水の構成

暗渠排水の組織は通常，立上り管（stand pipe），吸水渠（lateral drain），集水渠（collecting drain），水閘（valve），排水口（outlet）などの各施設で構成される．排水が迅速に行えることと，維持管理が容易に行えることを基本に組み合わされる．

①**立上り管**…吸水渠の上流端に必要に応じて設けるもので，吸水管内の清掃

図 2-25　立上り管からの給水の様子
（写真提供：新潟県農地部）

用として用いる．吸水渠の通水が土砂などの堆積物で不良となった場合に，ここから給水し堆積物を洗い流す（図 2-25）．

②**吸水渠**…土壌中の水分を吸水する部分であり，疎水材，吸水管を用いる本暗渠の他に，吸水管や疎水材（backfill material）を使わずに掘削のみを行う無材暗渠や，吸水管は使わないが掘削後にもみがらなどの疎水材を充填する補助暗渠がある．補助暗渠は本暗渠と組み合わせて計画されることが多い．

③**集水渠**…吸水渠の水を集めて排水口に導く部分である．通常，集水管は数本の吸水管に接続するので，所用の通水能力を持たせる必要がある．

④**水閘**…暗渠流路の開閉を地上で操作するための装置である．地下水位の調節，逆流防止，暗渠内の堆積物の清掃などを行うため，集水渠の途中または末端に設置される．

⑤**排水口**…集水渠に集まった水を排水路に排出する吐出口である．排水を阻害しないように，排出先にある小水路の通常水位より高い位置に設けるのが望ましい．

以上の施設を組み合わせた一例を図 2-26 に示す．

b．吸水渠の構造と材料

吸水渠は，吸水管および疎水材から構成される．両方用いたものを本暗渠と呼ぶのに対して，それぞれを単独で用いる簡易暗渠と，どちらも用いない無材暗渠がある．給水管は必要な断面積，強度，耐久性および吸水性があって，施工性がよく，経済的なことが選定条件になる．素焼き土管や合成樹脂管などが用いられることが多い．素焼き土管は管の継ぎ目および表面から，合成樹脂管は，円形，スリット状あるいは網目状の吸水孔から吸水する．

疎水材は吸水渠の上部に耕盤層の高さまで投入される（図 2-27）．疎水材の役割は吸水渠への土砂流入の防止と吸水渠への流入の確保である．そのため，透水

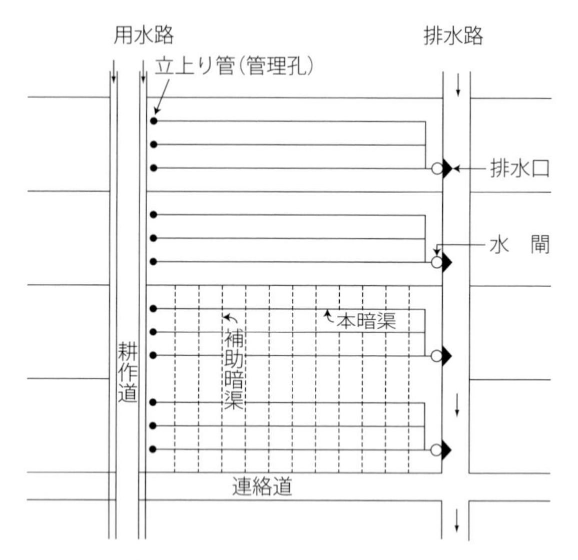

図 2-26　暗渠排水施設の配置例
（農林水産省構造改善局：土地改良事業計画設計基準・計画・暗渠排水，2000）

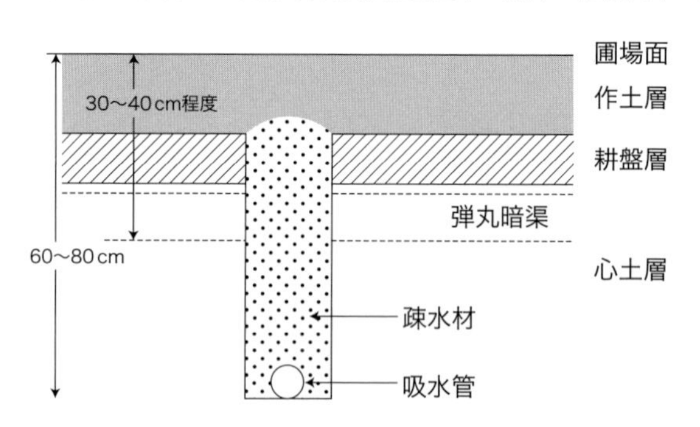

図 2-27　吸水渠の構造と弾丸暗渠
（農林水産省構造改善局：土地改良事業計画設計基準・計画・暗渠排水，2000）

性が高く，腐食しにくい材料が用いられる．疎水材としてもみ殻，砕石（砂利），火山礫，そだ，木材チップなどがある（図 2-28）．

c．暗渠排水の計画

水田の暗渠排水による地表残留水および土壌中の重力水の排除は，水稲作付けの場合は，機械の利用や適正な水管理のため，1 〜 2 日を目標に設計する．一方，畑作利用の場合には，1 日以内の排除を原則とする．こうした計画を達成するため，以下に示す基準に基づき暗渠を施工する．

図 2-28　暗渠排水施工の様子

左:トレンチャによる掘削と素焼き土管吸水渠の敷設, 右:疎水材（もみ殻）の投入.（写真提供：新潟県農地部）

①**吸水渠の深さと幅**…水田の吸水渠は農業機械の利用に支障をきたさない深さ（50 cm）に余裕深さを考慮して，60 ～ 80 cm 程度の深さを目安に施工する．吸水渠敷設用の溝の施工には一般的にトレンチャが用いられるが，大きな礫や転石が多い地区においては，バックホーが使われることがある．吸水渠の幅はトレンチャで掘削する場合 15 ～ 20 cm, バックホーの場合は 30 ～ 40 cm 程度となる．

②**吸水渠と集水渠の敷設勾配**…吸水渠および集水渠の敷設勾配は，管内に泥土が堆積しない流速 0.2 ～ 0.5 m/s を確保することを目標に，敷設勾配は 1/100 ～ 1/1,000 とし 1/500 が一般的である．

しかし，大区画圃場の整備においては，長辺長が長いため，前記の敷設勾配では暗渠排水の出口である排水口の設置位置が低くなることが多い．この場合，排水口は排水先の小排水路の通常水位より高い位置に設けるという条件を満たす必要があるため，小排水路の断面を必要以上に大きくせざるを得なくなり，これが，工費や施工後の法面の維持管理労力の増大を招く．近年では，立上り管からの給水によって管内の泥土を洗浄し，暗渠の機能を維持できるため，より緩勾配な吸水渠の設計技術が模索されている．

③**吸水渠の間隔**…吸水渠の間隔は，土壌の透水性だけでなく，地形や土地利用状況などを勘案して以下の方法で決定する．

・対象地区の近隣に同一土壌の実施事例がある場合に，そこでの設計値を参考にする方法.

・計画排水量，作土層の透水係数および厚さから暗渠間隔決定式を用いて算定する方法.

・暗渠排水実施地区のうち類似地において，暗渠排水試験を実施して，その結果に基づく計算によって算定する方法.

吸水渠間隔の下限値は 7.5 m とし，これより間隔を狭くせざるを得ない場合は本暗渠に加えて補助暗渠を設置して排水効果を確保する.

d．補助暗渠

本暗渠だけでは十分な排水効果が期待できない場合は，補助暗渠（supplementary drain）を施工する．補助暗渠は図 2-26 に示すように本暗渠に直交するように設置し，穿孔部分が本暗渠の埋戻し部の疎水材を貫通し，補助暗渠を通って本暗渠に流れるようにする.

代表的な補助暗渠として弾丸暗渠（mole drain）がある（図 2-29）．弾丸暗渠は，弾丸状の金属器具をトラクタなどに装着，牽引し，通水孔を設けるものである．施工能率が高く即効性があり安価であるといった利点があるものの，効果が持続しにくいという欠点がある.

この他，主に泥炭地で用いられる切断暗渠（cutting drain）がある．これは，切断部の土を外部に排出し，中空構造の通水孔を創出する工法である.

心土が硬くてきわめて透水性が低い場合には，サブソイラやパンブレーカと呼ばれる心土破砕機をトラクタなどに装着，牽引し，心土を破砕することで，透水性を高める工事が実施される.

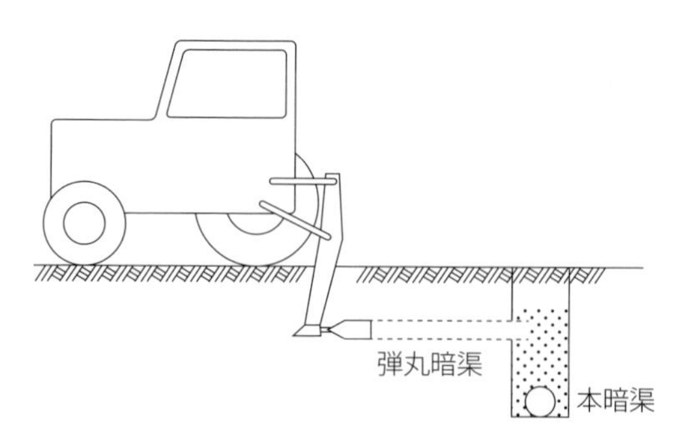

図 2-29　弾丸暗渠の施工例
排水路に直交する場合，施工深さ 30 ～ 40 cm，直径 6 ～ 8 cm.

5）田んぼダムによる地表排水量の抑制と水害の軽減

「田んぼダム」とは，水田からの落水量を抑制し，大雨時に水田に雨水を貯留することで，下流域の農作物や市街地の水害を軽減することを目的とした取組みである．2002 年に新潟県北部の村上市神林地区で圃場整備を契機に始まった．

水田の汎用化に伴って，近年の圃場整備では水田の地表排水は畑作利用に対応した排水強度が確保されているため，水稲を作付けする場合には不必要に大きな落水口断面積を持つことになり，ピーク排水量が増大する．これによって，大雨時には下流域の排水路および排水河川に流出水が集中し，溢水による浸水被害が生じる危険性が高まっている．さらに，近年の気象変動に伴って，ゲリラ豪雨と呼ばれるような短期集中の局所的豪雨の発生頻度が増加傾向にあり，雨水排除への対応が求められている．排水施設の増強などの対応策は継続的に実施されているものの，短期内での課題解決は財政的，技術的に困難である．

こうした中，既存の水田を利用した水害対策である田んぼダムが注目されている．田んぼダムは，大雨時に水田からの排水量を抑制し雨水を水田に貯めることで，排水路流量の集中を軽減するものである．①面的に広がる水田を利用して浅くかつ広く雨水を貯留し，大きな効果を生み出す（効果），②排水施設の増強などによる対応策と比較して，きわめて安価に実施できる（低コスト），③農家の合意が得られれば，すぐに実施できる（即効性），といった特徴を持つ．

田んぼダムの要は，落水量抑制機構である．水田の地表排水施設によって工夫が必要だが，コンクリート製の排水マスが設置済みの場合は，排水パイプの口径

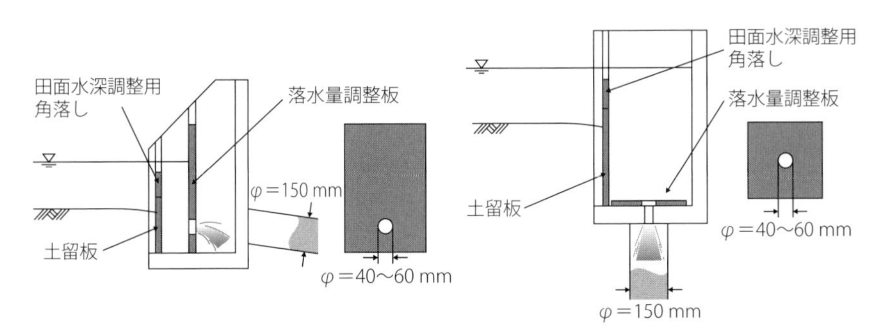

図 2-30　排水マスを利用した田んぼダムの流出抑制機構

よりも小さい孔をあけた合板を設置して，断面積を縮小するのが一般的である（図2-30）．近年利用が増えているフリードレーンに対応した落水量調整装置も開発

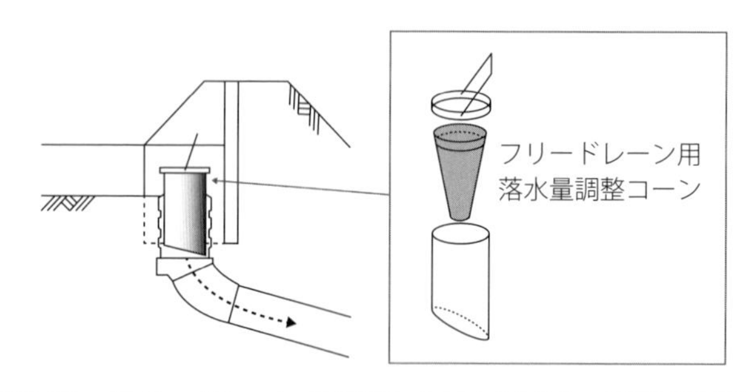

図 2-31　フリードレーンを利用した田んぼダムの流出抑制機構
新潟県見附市，見附モデル．

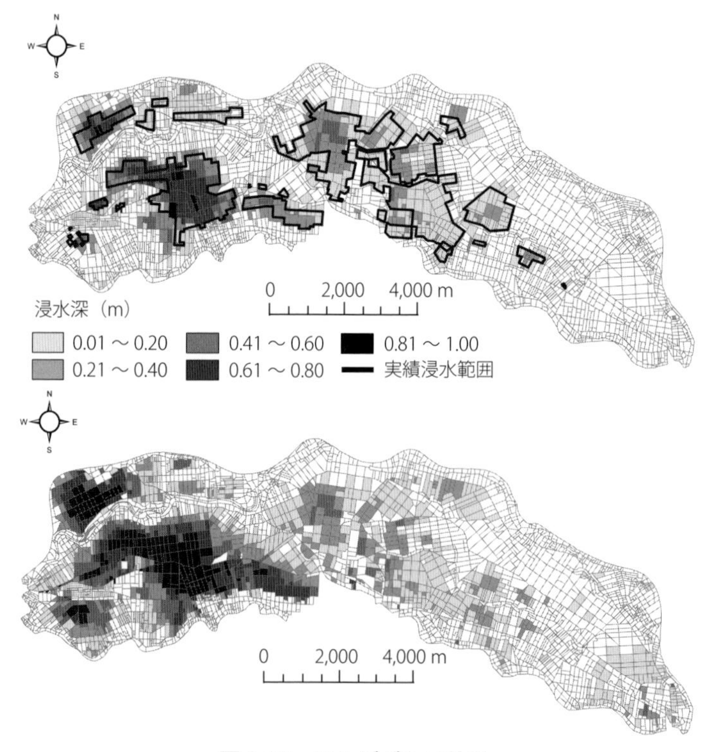

図 2-32　田んぼダムの効果
平成 23 年新潟福島豪雨災害における新潟県白根郷地区での実績．上：豪雨災害当時の田んぼダム実施状況に基づく計算結果（塗りつぶし）と実績浸水範囲（実線），下：田んぼダムを実施しなかった場合の浸水範囲の計算結果．（宮津　進ら，2012）

されている．フリードレーンの可動管の中に円錐形のコーンを逆さに装着して，断面積を縮小するものである（図 2-31）．新潟県見附市ではこの装置を圃場整備済み水田 1,200 ha に設置して，田んぼダムによる水害対策を実施している．

田んぼダムの効果は「平成 23 年新潟・福島豪雨」で初めて実証された．豪雨当時田んぼダムを実施していた新潟県内の 3 地区（長岡市深才地区，見附市貝喰川地区，新潟市白根郷地区）の実績浸水域と田んぼダムを実施していなかった場合のシミュレーション結果を比較した結果，浸水被害面積を 15 ～ 30％低減したことが明らかとなっている（図 2-32）．

2013 年現在，田んぼダムは新潟県内の水田約 1 万 ha で取り組まれている他，北海道や富山県などでも取組みの導入が進んでいる．

6．水田の地耐力

1）地耐力の測定方法

水田における機械化は，1960 年代より始まり，さらに，近年はこの機械の大型化が進展し，走行や作業の効率向上のため土の固さの維持，改善がますます求められている．また，大区画化などの圃場条件の変遷に対応し，機械の大型化による土壌緊密化による有効土層（effective soil layer）の層厚減少や不透水層の発生なども起こり，この問題土層の存在を知る意味でも土壌の硬度を知る必要性が高まっている．このような背景のもと，水田の排水の改良と機械の改良が行われている．

水田における農作業機械の運行は，湛水条件下や飽和に近い土壌水分条件下で行われるため，その走行可能性が問題となる．農作業機械導入初期には，畑作中心の機械を水田のような過湿な条件に導入したため水田で使えないところが多発した．機械の走行の可能性の判定は大きな問題となった．そのため，後述するような排水改良による地耐力の改良が農業土木事業の大きな柱の 1 つとなっている．走行性（trafficability）は走行能ともいわれ，地表に車両を走行させうる地盤の能力の大小のことである．走行性は，①地盤構成土の土壌条件と地表面の形状で決まる地盤条件，②機械の総重量や走行部の形状などに関係する機械条件，

③作業機の種類や走行速度などによる作業条件，④オペレータの熟練度である技術条件などにより左右される．農地環境工学的な立場からの走行性に関する課題は，必要時期に必要な走行性を得られるように圃場の地盤条件を改善することである．

走行性から見た地盤条件は，車両走行部の沈下やすべりに対する土の抵抗を含めた地盤支持力を意味するもので，一般的に地耐力（bearing capacity）という．

地盤中に抵抗物体を押し込み，貫入や回転の抵抗あるいは引抜き抵抗力を測定し，土壌の硬軟など地下の土層の性状を現地で測定することを一般にサウンディング（sounding）という．圃場の地耐力を測定する主な測定器には，試掘坑断面の硬度を測定する土壌硬度計と，試掘坑を掘らずに土層への貫入抵抗を連続的に測定するコーンペネトロメータ（cone penetrometer）がある．

山中式硬度計（図 2-33）は，野外において土壌硬度（soil hardness）を測定するため最もよく用いられる．硬度計の円錐部を土中に圧入すると，円錐部は土壌の硬軟に応じてスプリングを圧縮しながら本体内へ移動する．通常はスプリングの圧縮量である指標硬度の読み（mm）で硬度が表示されるが，必要に応じて円錐部分の底面積当たりの抵抗値（kgf/cm^2 または kPa や MPa）への換算値も求められる．指標硬度により，土粒子の充填度合いや植物根の成長の目安となる土壌の緻密度（compactness）が表される．

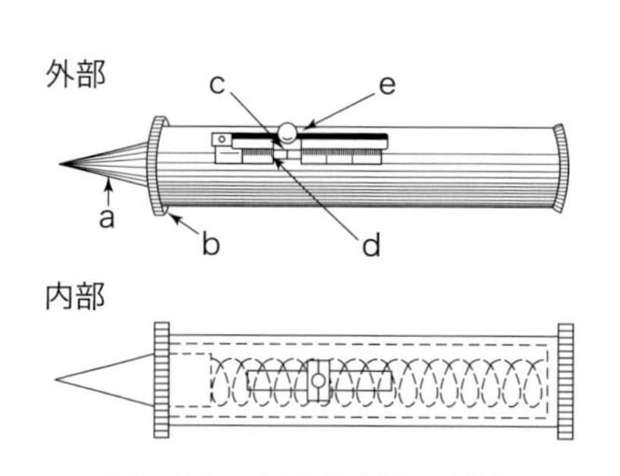

図 2-33　土壌高度計の構造

a：円錐部，b：ツバ，c：遊動指標，d：指標硬度目盛，e：絶対硬度目盛．

標準的な携行（portable）型のコーンペネトロメータ（図 2-34）は，地耐力測定の主な方法である．軽量で構造も非常に簡単で，押込みハンドル，プルービングリング，ロッドと先端コーンからなる．この型の他，先端角，底面積，ロッ

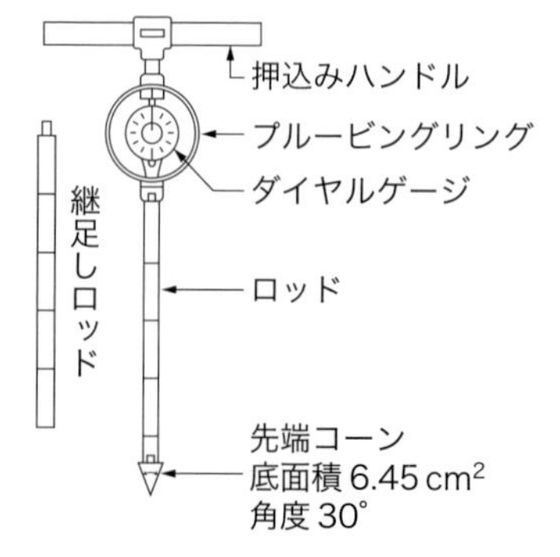

図 2-34　標準型コーンペネトロメータ

ドともにさまざまなものがある．最近は，ゲージ読取りミラー付きのものや指標硬度が自記記録できる製品もある．

コーンペネトロメータによる測定は，コーン貫入の際に生じるプルーピングリングのひずみを力に換算した貫入抵抗値(Q)を深度方向に連続的に行う．Qをコーン底面積（A）で除した値をコーン指数（corn index，$qc = Q/A$（kgf/cm^2 または kPa や MPa；kgf/cm^2 = 98 kPa)）と呼んでいる．貫入速度は 1 cm/s が標準であり，同じ土層でも貫入速度が速くなるとコーン指数は大きくなる．また，コーン引抜き後に残る孔は，地下水位の測定にも利用できる．

コーン指数による車両の走行性の判定法は WES（アメリカ陸軍の技術本部水路局，Waterways Experiment Station）の方法に由来している．軟弱地盤地帯における軍用車の走行の可能性の可否を判定するのが目的であった．わが国でも，農作業用機械や土木作業機械の走行性の簡易判定法などとして広く普及した．

2）コーン指数による走行性の判定

水田における必要地耐力は，導入機械の種類および作業内容や土層の状態などによって異なる．

田面に湛水のない春の耕うん，整地，播種や秋の収穫時の機械作業では，機械車輪は主として作土である表層で支持される．湛水中で行われる代かき作業は，作土直下の耕盤層により支持される．このような支持力層の考えに基づき，土地改良事業計画設計基準・圃場整備（水田）においては，機械の走行作業に必要な地耐力を，次のように２つの場合に大別している．

①耕うん時および収穫時の必要地耐力…田面から深さ 0 ～ 15 cm の間を 5 cm ごとに測ったコーン指数（単位，kgf/cm^2）の 4 点平均が 4 以上であることを目標とし，最小値は 2 以上であること．

②代かき時の必要地耐力…作土直下から 15 cm の間を 5 cm ごとに測ったコーン指数の 4 点平均が 2 以上であること．

ここに示されている基準は，大型トラクタ（ホイール型，40 PS 程度）やコンバイン（セミクローラ型，刈幅 3 m 級）による耕うん，収穫および代かきなど各種作業にほぼ支障がないと考えられるコーン指数の値である．

圃場整備後の地耐力測定は，測定深を 40 cm とし，測定個所数を 1 耕区当たり５点以上とする．測定値は１測点に対し，深さとコーン指数の傾向がほぼ同様の３回以上の平均値で表す．

3）排水による地耐力の強化

水田の地耐力は，同一水田であっても時期別にかなり変化する．一般に，代かき時に低下した地耐力は中干しで上昇し，再湛水によっていく分低下するが，秋の落水によって再び上昇する．中干しによる地耐力上昇が顕著であった粘土質水田などは，秋の落水時でも地耐力が大きくなる．

水田で地耐力が問題となるのは，排水の悪い粘質土水田あるいは泥炭地水田など，土壌基盤が軟弱な場合と作土の含水比が高まると機械がスリップしてしまう場合の２つがある．そのため，前者の場合は暗渠排水などによって地下水位を低下させるとともに，土壌の乾燥促進，泥炭地では客土が不可欠な対策である．後者の場合は，田面の均平を図って迅速な地表排水が求められる．

次に，落水期における地耐力の変化例を図 2-35 に示す．圃場は平坦地の圃場整備３～４年後の水田群である．土性はシルト質ローム系で，作土から心土層まで，深さ方向の土性の変化はほとんどない．地下水位は低く，1 m 以上である．153 mm の降雨ののち，経過日数とともに地耐力が回復している．作土での増加は規則的で顕著であるが，耕盤層以下では４日後以降大きな変化はない．一方，連続水田利用の圃場では，地耐力の回復は作土層において還元田よりも低い値の範囲で経過した．

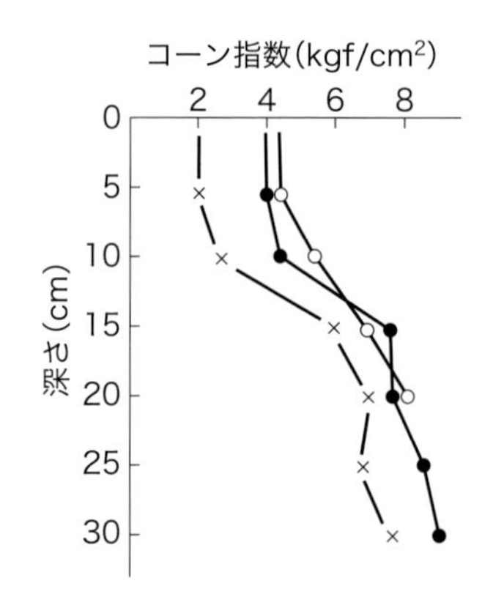

図 2-35 落水期の地耐力上昇例
降雨後日数…×：1 日，●：4 日，○：9 日．
（長田 昇・新垣雅裕，1975）

各種水田で調査された結果より，耕盤形成のためには地下水位を耕盤下 20 ～ 30 cm に低下させる必要があり，所要の地耐力を得るための地下水位は，田面下 40 ～ 50 cm が目安とされている．

7．水田の汎用化

1）汎用農地の意義

汎用農地あるいは汎用耕地（multi-purpose paddy field）とは，水田を畑地としても高度に利用できる耕地のことである．また，汎用耕地として土地基盤の条件を整備することを農地の汎用化（conversion of field into multi-purpose one）といい，その重要性がますます増大している．その背景には，農地が狭く，食料自給率（rate of food self-support）が低いわが国では，耕地の汎用化に向けた整備が求められる状況にある．さらに，最近は化石燃料の枯渇に対応した，かつ地球温暖化への対策としてバイオ燃料の生産の場としての利用が模索される時代となってきている．

わが国では,古くから用水不足対策,野菜や飼料の自給,有利な換金作物の導入,さらには忌地（連作障害）の解消や地力増進などを目的として田畑輪換（rotation from paddy to other crops）やムギなどの裏作を導入した二毛作が行われ，農地の利用率をあげてきた．このような水田と畑を輪換して使用する土地利用方式では,排水（drainage）や乾田化（reformation into well-drained paddy field）など,これらに適した農地の条件作りを心がけてきた．しかし，現在では耕地利用率（cropping rate of farm）が低下し，2012 年では 91.9％となっている．この利用率は水田で 92.3％，畑で 91.4％とほぼ同じ値になっている．水田および畑の別なく利用率が低下してきていることが懸念される．この原因は，農産物輸入量の増加，兼業化に伴う家族労働の減少，就業者の高齢化，米や農外収入に対するムギ・マメ類の低収益性（経営規模の零細性にも由来している）などによっているといえよう．

近年の汎用耕地化が急務になった原動力として，米の需給バランスとマメ類やムギ類などの穀物の自給率の低さという問題に起因している．米を主食とする日本では，米の生産諸技術が高く，多くの努力と資金の投入が行われてきた結果，米の潜在生産力は，1990 年で 1,385 万 t と推定（農水省）されている．一方，2012 年度の 1 人当たりの米の需要量（demand）は食生活の変化もあり，

表2-2　水田汎用化に伴うメリット（主として畑地転換との対比において）

メリット
1. 米の潜在生産力の確保 ①短期的には，需要の動向，気象災害などによる豊凶の変動に対応できる. ②長期的には，水田のかい廃が相当見込まれ，新たな投資を伴うことなくこれを補うためには一定の水田面積を確保しておく必要がある.
2. 現況水利施設の畑作物への活用（畑かん用水，営農用水など）
3. 畦畔の維持によるエロージョンの防止
4. 田畑輪換方式による作物生産および経営上の効果 ①連作障害の回避…湛水による防除 ②病虫害および雑草の抑制…生育適正の違い（慣性と湿性） ③増収効果…乾土効果など地力発現の増大 ④経営耕地の効率的利用…休閑期間の水田利用 ⑤複合経営効果…労働力の適正配分，危険負担の分散

（畑地転換対策委員会，1979）

56.3 kg/yで，1960年の114 kg/yと比べ，49％と半減している．現在の，国内の米の年間消費量は800万t台，不作時に備えた備蓄適正量は150万tで，生産調整により需給均衡が図られている．

一方，穀物（grain）の自給率は低く，これが原因で供給熱量ベースの総合自給率が約40％となっている．そのため，水田に畑作物を導入し改善する方策が農政上も重要な課題となっている．また，環境保全に果たす水田の役割は，治水，地下水の涵養の他，景観上の役割を持っており，汎用化可能な水田は持続性のある土地利用方式の1つでもある（持続的農業，sustainable agriculture）．さらに，水田農業は古くからの日本の伝統や文化形成の大きな柱を担っている．このように，汎用農地の造成および整備は自給率を向上させて，土地資源（land resources）を有効に利用し，将来にわたって希望の持てる農業を営むための基盤づくりである．畑地転換と対比して水田汎用化のメリットは表2-2のようになる．

2）水田の汎用耕地化と土壌の変化

水田の汎用化は，同一圃場において，稲作と畑作を交互に行えるような基盤条件を整備することである．近年では，大区画水田においても水田としても畑としても高い生産性を持つ，転換自由な耕地をつくることが求められている．そのためには，①水田と畑土壌の相違点を知り，そのうえで②汎用化に伴う土壌の変化を明確にすることが必要である．

(1) 水田と畑の土壌の違い

水田は，５月から８，９月に及ぶ灌漑期を湛水状態で過ごし，畑は周年非湛水状態で過ごす．この湛水という物理的条件により，水田と畑では土壌に供給される酸素の量が著しく異なる．これらの土壌断面の比較は，本章 2.「水田の土壌」，第４章 1.「畑地の構造と土壌」で詳しく記されている．

(2) 汎用化に伴う土壌の変化

水田を畑利用するとき，および畑利用から水田利用する過程における土壌変化の模式図を示したのが図 2-36 であり，次のことが明らかである．

水田から畑利用するときの転換によって，土壌の物理性は，①団粒構造の発達，②粗間隙の増加，③液性限界の低下と塑性指数の減少，沈定容積の減少，砕土率の増加，④固相率と気相率の増大，⑤透水性の増大などの方向に変化する傾向を示す．つまり，畑利用への転換当初は土壌の物理性が悪く（砕土率が低い），水田時の耕盤が透水性を不良にし，水の停滞や作物根の伸長を妨げる．しかし，経

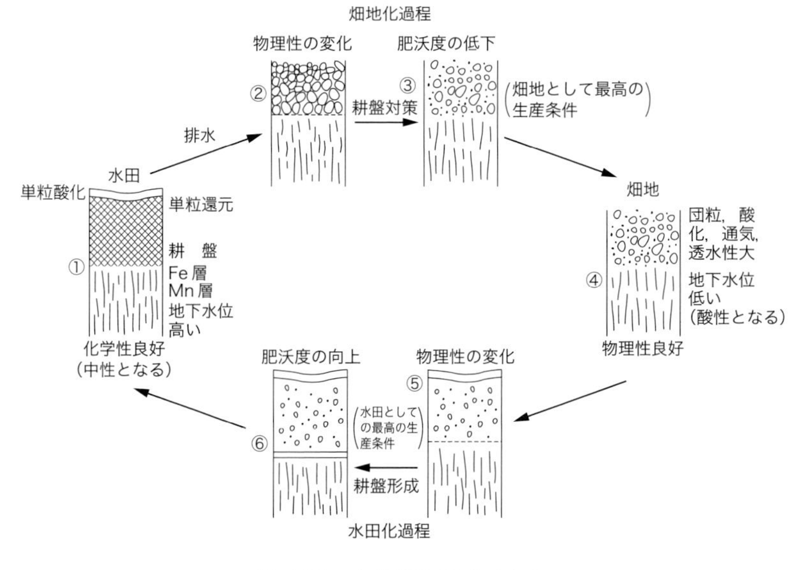

図 2-36　土壌変化のサイクル
（本谷耕一，1974 を一部改変）

年的に物理性は良好となるが，化学性，特に有機物の分解，土壌養分の溶脱などから肥沃度の低下をもたらし，生産力も転換後2～3年をピークとして，次第に低下する．

畑利用から水田への転換によって，土壌の物理性は，①乾燥亀裂の閉鎖，②耕盤の形成，③鉄やマンガンの下層への沈殿集積などの方向に変化する傾向を示す．また，転換後2～3年は無機窒素が増加する（乾土効果）ため，窒素肥料を減らしてよい．

乾燥亀裂の発生する水分は，土性により異なるが，粘質土では pF 1.2 ～ 1.9 の水分状態が報告されており，pF 1.8 ～ 2.0 に及ぶと急速に発達して耕盤以下の乾燥を促進する．乾燥亀裂の到達深さは 70 ～ 80 cm で心土層に及ぶ．

3）汎用耕地の計画と施工

汎用農地の計画および施工に当たっての技術的重要点を農業土木の課題から見ると，きめ細かい用排水管理のできることであり，次のものがあげられる．

①排水管理（地区排水，圃場排水など），②用水管理（灌漑方法，用水量，水源，反復利用，水利権など），③施工方法と土壌の変化（暗渠排水を含む土層改良方法や有効土層確保など），④転・輪換の規模，集団化の程度と圃場の区画形状，⑤圃場における土壌物理性や水分制御の技術，⑥農地や水路の保全（多様な利用に対する農地組織（☞ 第3章 1.「水田システム」）．

4）輪作と用水量

異なる性質の作物を計画的に組み合わせ，一定の順序で循環的に同一の土地に作付けていく輪作（crop rotation）は，労働配分の合理化や危険分散が図れる他，地力維持効果，病害中抑制効果があり，古くより世界的に実施されている．最近は自給率の向上を目的に計画的に水田でもこの作付体系が取り入れられてきている．しかし，日本においては減反政策などの観点より，水田において一定間隔でイネと畑作を交互に作る田畑輪換が一般的である．諸外国に比べ水資源の制約の少ないわが国（☞ 第4章 2.「畑地の灌漑」）では，輪作地（畑地）を再び水田に戻したときの還元田の用水量の確保が重要である．特に，代かき用水量，普通期用水量（日減水深）がともに増加する事例が多い．この増加の主な原因は，水田を畑地転換することにより土層が乾燥し，土層内に亀裂が発生するからである．この亀裂が浸透を促進するので，用水量が増加する．また，還元田の用水量は転換畑時の耕盤破壊の程度により大きく影響される．特に，下層の透水性が大きい場合には，耕盤破壊は漏水過多に結び付いて危険である．

汎用耕地は，水田としても利用されるので，畑地灌漑の施設を大幅に導入することは経済的に無理である．したがって，地表灌漑（畝間灌漑，ボーダー灌漑など）や，条件によっては，新たに研究されつつある地下排水組織を利用した灌漑方式が実施され始めている．この場合も，亀裂の発達の程度が灌漑量に大きく影響する．

(1) 代かき用水量

代かき用水量は，乾燥土壌への初期浸入量であり量的に多いため，還元田は継続田（継続して水田利用されている圃場）に比較してどの程度増大するかを把握しておくことは，輪作導入地区の水田用水量計画に際してきわめて重要である．調査によって，①前作が畑であった還元田の代かき用水量は，土壌条件と水理条件の組合せにより差がある．一般に，連続水田の値と比べ１～２倍以上に増大する．②還元田の代かき用水量は，転換畑時の作物の種類や転換年数などによって異なることなどが明らかにされている．また，代かき用水量は地域による代かきの慣行の相違などによっても大きく異なる．

(2) 普通期用水量（日減水深）

還元田の減水深は，畑地転換を行ったときに形成された土層内亀裂の消長の影響を受ける．表 2-3 は，各地区の日減水深測定結果を前作のみに着目し，期別ごとに比較した結果を示したものである．この表から，前作が畑であった還元田の日減水深は，連続田のそれに比べてほとんど差がない場合から２倍以上の場合まであるが，中干し後に増大する例が多く認められることがわかる．

水田を主体とする地域に転換畑（輪作）を導入するときの地域の用水量を，農地面積約 1,000 ha の湖沼干拓地で調べた結果，圃場ごとの用水量は変化したが，地域の用水量の全量または期別変化に大きな差は生じなかった．還元田における用水量は条件により値が異なるので，用水量を決めるには，現地における調査ま

表 2-3　前作のみで比較した日減水深

調査地区	還元田		水　田		還元田 / 水田		備　考
	中干し前 (mm/d)	中干し後 (mm/d)	中干し前 (mm/d)	中干し後 (mm/d)	中干し前 (倍)	中干し後 (倍)	
城　端	8.4	21.4	7.9	11.5	1.06	1.86	1973年調査
	12.4	―	5.2	―	2.38	―	1974年 [1)]
波　田	33.0	―	13.0	―	2.54	―	1972年
	39.0	47.0	21.0	24.0	1.86	1.96	1973年
糸　貫	34.0	51.0	33.0	43.0	1.03	1.19	1973年
	66.0	37.0	41.0	37.0	1.61	1.0	1974年 [2)]
寺　谷	―	―	2.8	4.8	3.21	0.63	
	9.0	3.0	13.0	11.3	0.69	0.27	1973年 [3)]

前作のみで比較とは，前作が畑であったか，水田であったかで，それ以前の利用経歴は無視して比較したものである．[1)] 活着期の測定値，[2)] 中干し前の測定値は代かき直後，[3)] 減水深である．（農業土木学会畑地転換対策委員会，1979）

たは類似地における調査が必要である．

第3章

水田の圃場整備

1．農地システム（農地組織）

農地システム（農地組織，field system）とは，水田の区画，形状，用排水路や農道の配置などを，農作業が効率よく行えるようにしたシステムを指す．

1）区画の標準的な構成

圃場整備を行う際の農地の区画配置は，用排水路や農道の配置との関連から階層構造を持っており，大きな順に①農区（farm block），②圃区（field block），③耕区（field lot）に区分される（図 3-1）．「農区」は，その周囲を農道によっ

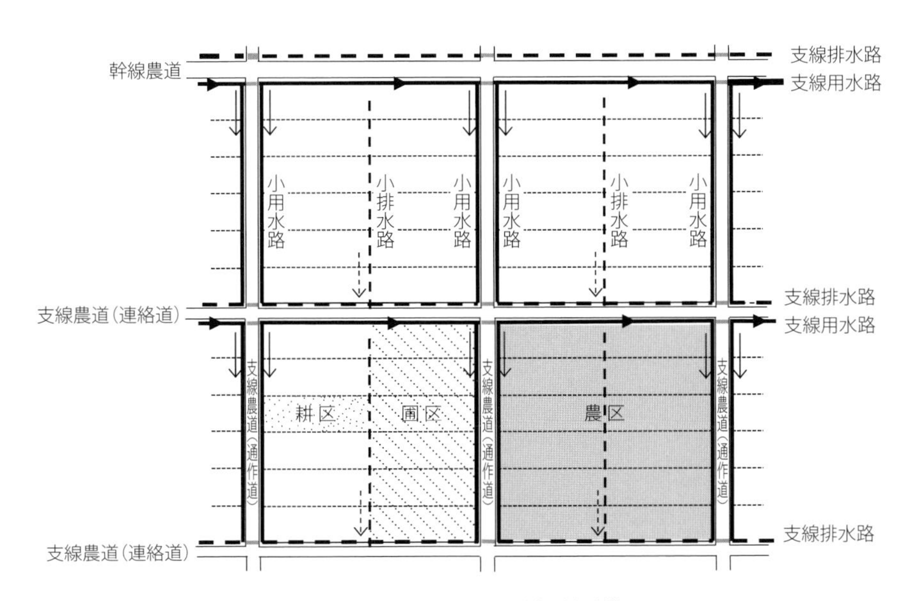

図 3-1　農地システム（農地組織）

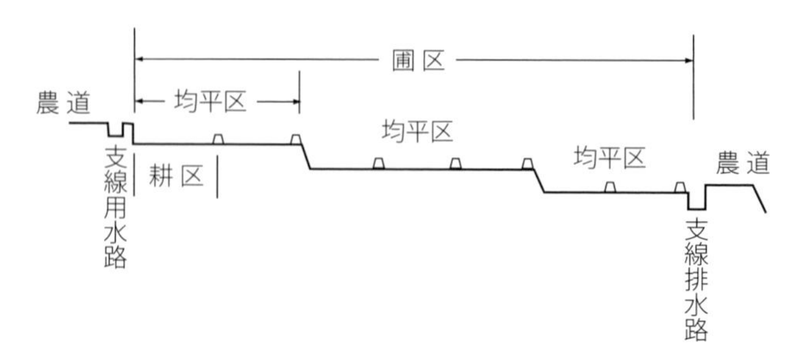

図 3-2　整備前の地形の傾斜と均平区の設定

て囲まれた区画である．一般的には，農区の中央に小排水路が配置される．1つの農区が小排水路によって分けられた場合，それぞれを「圃区」と呼ぶ．圃区は，農道と小用水路，小排水路によって囲まれた区画である．「耕区」は，圃区を畦畔によって細分化した区画である．水田を数えるときに「枚」という単位が慣習的に用いられるが，1枚の水田とは，通常1つの耕区を指す（筆については☞ 本章 2.「換地処分」）．耕区それぞれは，小用水路，小排水路，農道と接し，隣接する耕区と畦畔により区分けされているので，水管理や作業を独立して行うことができる最小単位である．通常，1つの耕区内は平らに仕上げ（均平），湛水深が場所により大きくばらつくことのないようにする．整備前の地形の傾斜が緩い対象地区の場合には，圃区全体を均平とするが，傾斜が急な場合には，1つないし複数の耕区単位で均平となるように整備する（図 3-2）．このような耕区の集まりを均平区と呼ぶ．耕区の大きさは，効率的な作業管理や適切な用排水管理を行えるように決定するが，移動が困難な構造物や地形条件による整備コストについても同時に検討する必要がある．

2）畦　　畔

耕区の周囲には，湛水を可能にし，隣接する水田との境界の役割も果たす畦畔（けいはん）（levee，bund）を設ける．畦畔は，多くの場合土で固めた高さ 30 cm 程度の土構造物であるが，除草の不要なコンクリートの畦畔も普及している．湛水期間中は，圃場内の移動が困難であるため，畦畔は栽培管理のための通路としての役割も持っている．排水路に沿った畦畔（図 3-3b，溝畔と呼ばれる）の外側の法面は，小排水路に向かって傾斜している．また，地形が急な地域では，隣接耕区との間

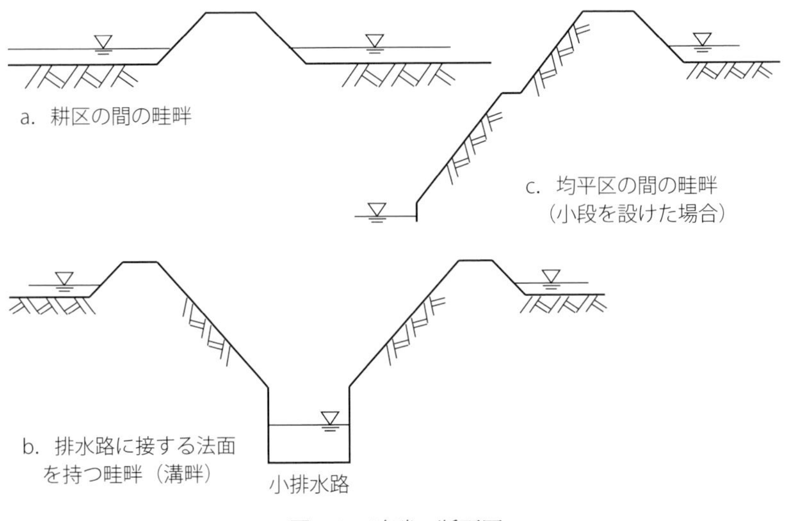

図 3-3　畦畔の断面図

の高低差が大きくなる．そのため，畦畔には大きな法面が形成される．このような大きな法面を持つ畦畔では，湛水が畦畔をくぐり抜けて，小排水路や隣接耕区へ流出しやすくなる．漏水の増加は，当該耕区の用水量の増大につながるとともに，隣接耕区の排水不良や畦畔法面の崩壊をもたらす．このような漏水を避けるため，畦畔の透水性が上がらないように土をよく締め固めて畦畔を造成することや法面保護が必要である．また，畦畔からの漏水を防ぐため，畦の表面に泥土を塗り付ける「畦塗り（あぜぬ）」と呼ばれる作業や，漏水個所への「波板（なみいた）」の打込みが営農時に行われる．

3）用 排 水 路

水源となる河川などから取水された用水は，幹線用水路（main canal），支線用水路（branch canal），小用水路（farm ditch）を経て各耕区に灌漑される．不要な水は，地表水の出口（欠口）や地下排水設備（暗渠）を経由して小排水路（farm drain）に流れ込み，支線排水路（lateral drainage canal），幹線排水路（main drainage canal）を経由して排水河川に排出される．重力により田面への用水の供給と排水を行うためには，用水路の水面は田面より上にあり，排水路水面は田面より下にあること（☞ 図 2-1）が要件となるが，古くから地形の特徴を積極的に活用した利水が行われている．しかし，地形条件から十分な高低差が確保できない地域では，ポンプを利用した用排水システムが広く導入されている．用水路と排水路が分離されていないと，各耕区単位での自由な水利用が困難となる．そのため，圃場整備においては，傾斜地を除き用水路と排水路は別々に設置される．

小用水路は，地形勾配を利用した開水路（明渠，open channel）が中心であったが，近年ではポンプによる配水システムの増加とも関連して，管路（パイプライン，pipeline system）が広く普及している．小用水路の管路化の利点は，用地の節減，農道ターンへの対応，配水の均等化，水管理労力の軽減，水路の維持管理の軽減などである．一方で，工費の増加，電力経費の増加，補修経費の高額化，水田生態系への影響などがデメリットとしてあげられる．また，小排水路の管路化も徐々に進んでいる．小排水路を管路化すると，通常であれば排水路により二分されてしまう農区を１つの圃区に一体化でき，倍の長さの長辺を持つ耕区を創出することができる．

圃場の用水の取入れ口は，水口（みなぐち）と呼ばれ，主に耕区の短辺長に応じて，１か所もしくは複数設置される．小用水路が開水路の場合には，水路の横穴から必要に応じて用水を採り入れられるようになっている．小用水路が管路の場合には，水口にバルブが設置され，その開け閉めにより水管理を行う．バルブにかかる圧力は，通常 20 〜 50 kPa（2 〜 5 m 水頭）程度である．水口付近の流速が大きいと，周辺の水稲の倒伏や地表面の洗掘につながるので，大流量が必要な場合には，水口の幅を広げたり，複数設置したりする必要がある．落水口は，水尻（みなじり），落口（おちくち），欠口（かけぐち）などとも呼ばれ，水口同様１か所もしくは複数設置される．１か所の場合には，耕区短辺の下流側に通常は設ける．落水口は堰の構造となっており，その高さの調節により湛水深を調整するのが一般的である．落水口の敷高（調節できる高さの下限）は，畑作導入時の排水性の確保を考慮して，田面より 15 〜 20 cm 程度低くなるよう設計される．

4）農　　道

農業生産性の向上には，農地内での作業効率だけでなく，農地への耕作者や農作業機械のアクセスを改善することが重要である．農道は，集落から農地への耕作者や農業機械の移動，農地への安全な出入りといった基本的な役割を担うとともに，農地内への資材の供給や，農地からの収穫物の搬出など，作業場としての機能も併せ持っている．農道は，その主たる機能の違いに基づき，幹線農道（基幹的農道，trunk road）と支線農道（圃場内農道）に分けられる．幹線農道は，集落と圃場区域，圃場区域相互間，一般道路と圃場区域．圃場区域と加工流通施設を結ぶ主要な農道を指す．支線農道は，幹線農道から分岐し，圃区，耕区に連絡する農道で，農作業のための行き来，営農資材の搬入，収穫物の搬出に用いられる．さらに，支線農道は，通作道（縦支線農道，branch road）と連絡道（横支線農道，connecting road）とに区別される（図 3-1）．通作道は，耕区の短辺に直接接し，幹線農道と各耕区を結ぶ役割を果たす．連絡道は，通作道を結び，農地間の移動を可能とする．

圃場内農道のうち，非農用の一般通過車両が多く通行する２車線の幹線農道については，一般の道路と同等の基準（道路構造令）に準拠して設計が行われる．一方，その他の圃場内農道の形状や構造は，農作業機械の安全な走行や効率のよい圃場内作業を可能にするために，農道の特殊性を考慮した基準に基づいた設計が行われる．例えば幅員は，農業用車両の車幅を考慮して決定する．幹線農道の幅員については，トラックや乗用トラクタのすれ違いを考慮し 5 ～ 6.5 m とし，支線農道の幅員は，コンバインの走行を考慮して 3 ～ 4 m 程度とする．水稲栽培に必要な水深を確保するための路面高は，田面を基準として 30 cm 以上は必要である．一方，農業機械の圃場への出入りの安全性，進入路を付ける場合の傾斜やつぶれ地率，圃場内の風通しなどを考慮すると，支線農道の路面高は，低い方がよい．具体的な農道の設計については，本章 3. 5)「道路工」を参照のこと．

５）区画計画の考え方

計画に当たっては，土壌，地形，傾斜などの土地条件，用排水の水利条件，道路および集落の位置，営農や耕地の分散，減歩や事業費，将来展望などの条件を総合的に判断して，最適な区画計画を立てる．

(1) 耕区の形状と面積

耕区の形状は，長辺長と短辺長を用いて表すが，長辺とは，用水路側の端から排水路側の端までの長さ，短辺とは，長辺に直交する方向の長さを意味する．大区画水田では，正方形に近い耕区が存在するが，この場合も，長辺，短辺は，前記のように定義する．耕区の形状と面積には，①圃場機械の作業効率，②給排水のしやすさおよび地耐力，③圃場の地形や土壌，④農家の農地所有面積および経営面積，⑤集団化の意向や換地の難易度などが関わる．

a．作業能率

水稲を含め，一般的な作付体系では，作物は列に沿って植えられる．水稲やムギではこの列を条と呼ぶ．作業性と圃場への灌水，排水を考慮して，一般的には条は耕区の長辺に沿った向きにとられる．ただし，耕区の用水路側と排水路側の両端部分（枕地と呼ばれる）では，短辺方向に植えられることも多い．長辺長が長いほど，面積当たりの旋回回数を減らすことができ，作業効率は向上する．ただし，移植や施肥では苗や肥料の補給が必要であり，また収穫の際にはコンバインのタンクからの籾の排出が必要となる．補給や繰出し作業は，農道に沿った場所にトラックを横付けして行われるため，1工程が極端に長いと，適切なタイミングで補給や排出が行えず非効率となる．

一方，耕区短辺長については，平均的な農家の土地所有面積との関係から30～40 mがこれまで多く採用されてきたが，特に緩傾斜の地区では，営農組合や法人などの担い手による大規模な営農に合わせ，短辺長をさらに80 m以上に拡大した整備が広く行われている．この場合，畦畔からの追肥や農薬散布は難しくなり，管理作業車の乗入れや，ヘリコプタ，ラジコンヘリなどの利用が，水田の効率的な管理に必要となる．

b．用　排　水

代かき前に耕起された水田に導入される灌漑水は，土壌を飽和しつつ，一部は下方へ浸透し，蒸発しながら，まだ濡れていない部分へ進んでいく．湛水部分の先端は水足（みなあし）と呼ばれる（図3-4）．水足が圃場内部に進行していくと，徐々に湛水部分の面積が増大する．そのため，単位時間当たりの下方への浸透量や蒸発量は，水足が進めば進むほど大きくなる．結果的に，水足の進行速度は，水足が前進していくにつれ低下していく．圃場面全体の浸透量と蒸発量を補っても十分足りるだけの水量で灌漑を行わないと，水足は圃場末端に永遠に届かぬことになる．そのため，灌漑能力や長辺長は，浸透速度を考慮して適切な範囲に定める必要がある．

収穫の際はコンバインの走行が可能な地耐力（☞ 第2章6.「水田の地耐力」）

図 3-4　代かき前の灌漑水の水足
黒い部分まで灌漑水が到達している．

を確保することが必要である．そのため，水田では十分な排水性も重要である．長辺長が長いと排水距離が遠くなり，地表面に残留する水が増加する．田面水の排除に必要な時間を１～２日以内とするためには，耕区の長辺長は，200 m 程度が上限とされる．

c．圃場の地形条件

傾斜地では，耕区の長辺を等高線に平行にとり，短辺はこれと直角方向にとることにより整地の際の土工量が少なくなり，経済的である．各耕区は平らでないといけないので，畦畔部分には高低差が生じる．地形が急傾斜のときには，短辺長を大きくとると，切盛土量が増加するとともに，畦畔には大きな高低差を持った法面が発生するため，つぶれ地の増加や除草作業量の増大，法面保護の必要性などが増大する．このような傾斜地の整備方法については，本章 6.「傾斜地での整備」に詳述する．

d．農地所有面積，経営面積

2013 年度の農業構造動態調査によれば，１経営体当たりの経営水田面積（経営耕地面積のうちの田）は，北海道では 10.35 ha，都府県では 1.43 ha となっており，増加傾向にある．農業経営体を家族経営体と組織経営体に分けると，都府県での平均経営水田面積は，それぞれ 1.2 ha，19.3 ha となる．従来は１農家 1 ha 程度の経営を想定し，それを３区画程度に分割することを念頭において，30 m × 100 m の標準区画（３反区画）が都府県では採用されてきた．しかし，現在は 10 ha 以上の経営を想定した大きな区画の水田の整備（☞ 本章 5.「大区画水田の整備」が作業効率の向上のうえで必要となっている．

(2) 圃区，農区の形状と面積

圃区，農区の形状および面積は，耕区の配置，用排水路，圃場機械作業の利便性などから決定される．圃区の長辺長（小用排水路に沿う方向の距離）は，地形と小用水路の許容延長が主たる制約条件となる．小用水路の延長は，同一圃区内の圃場への用水の均等な配分に支障をきたさない距離として 300 ～ 600 m が適当であるとされている．圃区の短辺長は，通常は耕区の長辺長と一致するので，耕区の用排水管理や防除方法に適する長さとなる．現在は 100 ～ 150 m が採用されている．

2．換地処分

1）換地処分とは何か

区画整理や農用地造成を行うと，従前の区画割は大幅に変わり，道路や用排水路も一新される．これに伴って，従前の区画に帰属していた土地に関する権利（所有権や地上権など）も新しい区画に移す必要がある．換地（かんち）制度（replotting system）とは，工事前の区画の土地（従前地という，old lot）に対し，これに対応するものとして定められた工事後の土地（換地という，substitute lot）を法律上同一のものと見なし，その間の権利の帰属関係を一挙に確定する法律制度である．従前地と換地との対応関係を定めたものを換地計画（replotting plan）といい，換地計画に基づいて権利の帰属を確定することを換地処分（replotting disposition）と呼ぶ．

換地制度は，土地改良法に基づく圃場整備事業や土地区画整理法に基づく土地区画整理事業のように，土地の区画形状を全面的に変更する事業に限って，土地の権利関係を一挙に確定する手段として特別に認められている制度である．

仮に換地制度によらないで新旧の土地の権利関係の確定を行おうとすると，不動産登記法に基づいて，従前の土地一筆（いっぴつ）ごとに分筆（ぶんぴつ）と合筆（がっぴつ）を繰り返し，さらに民法の相互契約に則って，所有権の移転やその他の権利の消滅，設定を行わなければならない．圃場整備地区内の膨大な数の筆について，このような分筆と合筆，所有権の移転とその他の権利の消滅，設定といった手続きを踏むことは事実上不可能であり，ここに換地処分の基本的な役割がある．

ここで，筆というのは法律上の土地の単位のことで，土地を人為的に区切り境界を定めて地番を付したものをいう．１つの筆を２以上の筆に分割することを分筆，２以上の筆を１つに合わせることを合筆という．また，所有権の移転とは，ある筆に設定されていた所有権を他の筆に移動することで，所有権以外の権利（地上権，永小作権など）の場合には，元の筆に設定されていた権利をいったん消滅させ，新しい筆にその権利を新たに設定するという手順を踏む．所有権やその他の権利は，登記簿に記載する（これを登記という）ことによって公示され，社会的に公認される．

なお，換地という用語は，本来は工事後の新しい土地のことを指すが，慣用的には，換地を定める行為や換地計画に基づいて権利の帰属を確定する換地処分，あるいは，これらの総体を表す用語として用いられることも多い．

２）換地処分の意義

(1) 農地の集団化

わが国の農地所有の特徴は，農家の経営（所有）農地が多数の小耕区に分散していることであり，この状態を分散錯圃と呼ぶ．従来の圃場整備の重要な目的は分散錯圃の解消，すなわち各農家の分散した経営農地の集団化（farmland consolidation）であった．

農地の集団化の効果は次の通りである．第１に，耕区から耕区への移動時間が短縮されるから，農作業の効率が大きく向上する．第２に，集団化を徹底するほど，より大きな標準区画が採用できる．第３に，大きな標準区画を採用できれば，農業の効率が向上するだけでなく，道路と水路の密度が小さくなり，畦畔も減らせるので，減歩が小さくて済み，工事費も減らせる．

(2) 担い手への農地利用集積

稲作における担い手（大規模経営体）の育成が農政の最重要課題とされている

現在，圃場整備の目的は個々の農家の経営（所有）農地の集団化に加えて，特定の担い手への農地の利用集積，すなわち，農地の貸借や農作業の受委託によって担い手に農地を集中させ，かつ担い手の経営農地を集団化することに，より重点が置かれるようになっている．

換地計画は，農家の生産手段であり，かつ最も重要な財産でもある農地の再配置を決める計画であるため，農家の関心はたいへん高く，農家同士が話し合う機会が必然的に多くなる．また，圃場整備後の地域の農業のあり方や担い手問題を話し合うためにも絶好の機会となる．現代の圃場整備では，工事の前に担い手への農地利用集積計画を作成することを定め，そのための体制作りや財政支援を行っている．すなわち，担い手の利用権が設定されている土地や担い手が作業受託している土地を，担い手の所有地と合わせて集団化するといった調整を図っている．

(3) 非農用地換地

土地改良法の換地制度では，農用地だけでなく，非農用地を取り扱える仕組みが用意されている．これを非農用地換地（replotting of non-agriculrural land）といい，圃場整備地区内に非農用地として工事を施行する区域として非農用地区域を設け，そこに換地を受けた土地については，農用地以外の用途に利用できるようにしている．これによって，新たに公共施設用地や住宅用地などの非農用地を生み出したり，従前から存在した宅地や墓地などの非農用地（これを特定用途用地と呼ぶ）を圃場整備地区に編入して，農地の区画割に都合がよいように，その位置を移動したり，形状を変更したりすることができる．

換地処分による非農用地の生み出しには，通常の用地買収に比べて，次のような利点がある．第１に，特定の土地所有者だけに非農用地の提供が偏ることを避けることができる．通常の用地買収では，非農用地の予定地の土地所有者だけが用地を売ることになるが，換地処分なら，売りたい人の土地を薄く広く集めることができる．第２に，これと表裏をなすが，土地を売りたい人が多数いる場合，通常の用地買収では予定地の土地所有者だけしか土地を売ることができないのに対し，換地処分の場合には，より多くの人が売却機会を得ることができる．また，こうした土地売却希望を満たすことによって，圃場整備後の農地の売却や転用を未然に防ぐこともできる．第3に，非農用地の取得者にとっては，自分が望む位置に希望の面積の用地を，しかも土地所有者と個別の用地交渉なしで取得することができる．第4に，農地利用者にとっては，非農用地の計画的な配置を通じて，非農用地の立地が農地に及ぼす悪影響（例えば，幹線道路が圃場の区画や道水路を分断したり，住宅や工場が農地と混在すること）を最小限にとどめることができる．

以上，換地制度は，非農用地の計画的な配置と合理的な用地取得を可能とすることを通じて，地域の土地利用秩序の形成に寄与するのである．

3）換地処分の基本構造と換地手法

換地処分の基本的な構造は，従前地と換地との間に対応関係があることである．すなわち，ある特定の従前地Aに対して，それに対応する特定の換地A'が必ず存在するということである．ただし，換地制度の中には，対応関係のない特例扱いもある．従前地に対して換地を定めない場合や，逆に対応する従前地がない換地を定める場合などである．図3-5に，従前地と換地との対応関係に応じた換地の定め方の種類を示す．この換地の定め方のことを，慣用的に換地手法と呼ぶこ

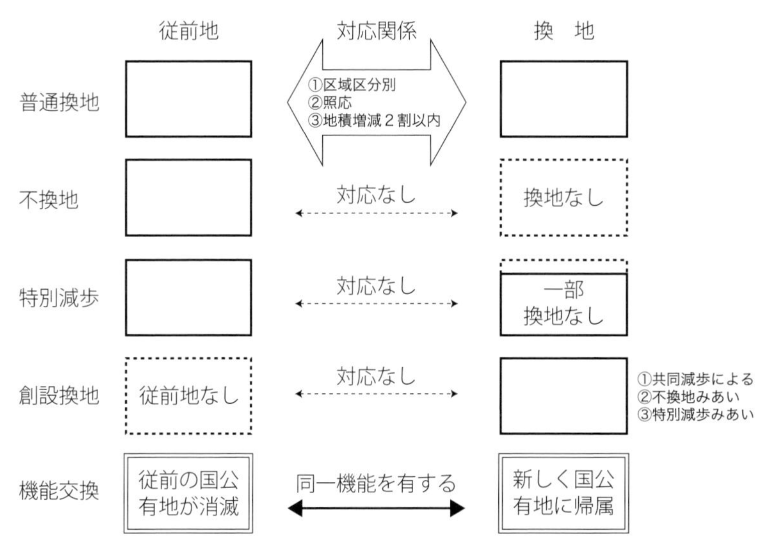

図3-5　さまざまな換地手法
（森田　勝，2000，p.31を参考に作図）

とがある．

（1）対応関係がある場合

従前地との対応関係に立って換地を定める際には，次の３つの要件を満たす必要がある．

①区域区分別の原則…圃場整備事業において非農用地区域を定めたときには，非農用地区域とそれ以外の区域とに分けて換地を定めなければならない．この原則は，従前の農用地（および開発して農用地とする土地）は非農用地区域外へ，従前の非農用地は非農用地区域内へ，それぞれ換地を定めなければならないというものである．

この原則の例外に，異種目換地（replotting to non-agricultural zone）がある．これは，従前が農用地である土地の換地を非農用地区域内に定めるという方法である．例えば，事業参加農家が，自己用の住宅や分家住宅あるいは農業用倉庫などの用地を確保するために，非農用地区域内に換地を受けたり，公共施設，工場，住宅団地などに売却する目的で，非農用地区域内に換地を受ける場合に用いられる．

②照応の原則…換地を定めるに当たっては，用途，地積，土性，水利，傾斜，温度その他自然条件，および利用条件を総合的に勘案して，従前地と照応していなければならない．

③地積増減２割未満の原則…従前地面積（地積）に対する換地面積（地積）の増減の割合が２割未満でなければならない．地積の増減が２割以上の場合は，特別増歩（減歩）換地と呼ばれる．

（2）対応関係がない場合

①不換地と特別減歩…不換地（non-allotting）とは，従前地に対して換地を定めないことをいう．不換地は，従前地の所有者の申出または同意によって行われる．不換地の申出または同意者に対しては，換地を定めない代わりに清算金が支払われる．

特別減歩（special land reduction）とは，従前地の一筆の一部を特別に減ずることをいい，一筆の一部を不換地とすることと同じ効果を持つ．不換地と同様，従前地の所有者の申出または同意によって行われ，減じられた分に対して清算金が支払われる．

②**創設換地**…創設換地（created subsititute lot）とは，対応する従前地の定めがないのに，換地計画のうえでは換地と見なされる土地をいう．創設換地を生み出すためには，それに当てるための原資が必要である．原資となる土地の生み出し方の違いによって，ⓐ共同減歩による創設換地，ⓑ不換地みあいの創設換地，ⓒ特別減歩みあいの創設換地の3つに分けられる（図3-6）．また，創設換地の用途が非農用地であるものを創設非農用地換地，農用地であるものを創設農用地換地という．実際に多いのは創設非農用地換地である．

共同減歩（communal land reduction）とは，圃場整備の際に新設される道路や水路などの土地改良施設などの用地に当てるために，関係権利者の従前地面積の一定の割合を強制的に減ずることをいう．共同減歩によって生み出される土地を原資とする創設換地が，共同減歩による創設換地である．共同減歩は，事業参加資格者の2/3以上の同意があれば，その他の権利者も含めて全員に強制的に

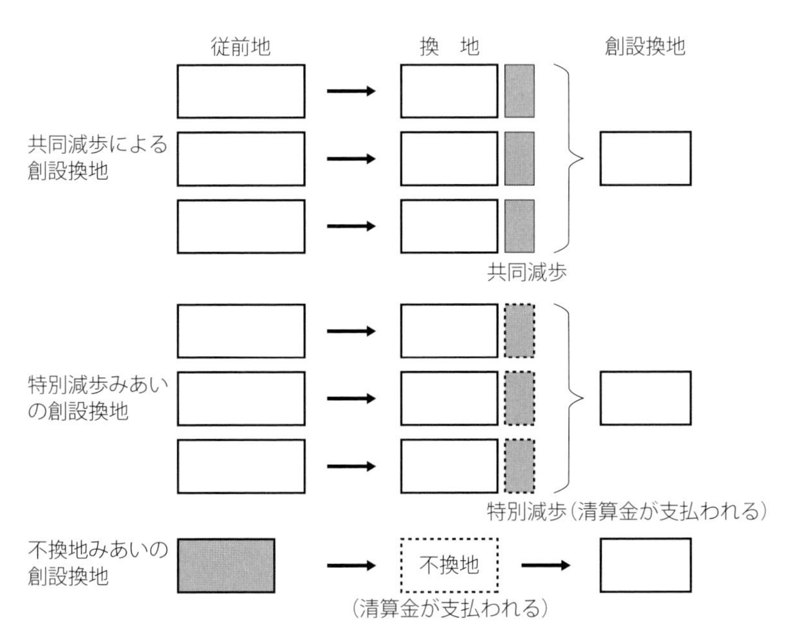

図3-6　創設換地の生み出し方法
▒部分は原資である．

課せられるため，その適用対象は，当該圃場整備事業で新設する土地改良施設，および事業区域内の農業者の大部分が利用する施設に限られている．また，共同減歩による創設換地を取得できる者も，土地改良区，市町村，農業協同組合など，営利を目的としない団体に限定されている．

これに対し，不換地によって生み出される土地を原資とする創設換地のことを，不換地みあいの創設換地という．次に述べる特別減歩と一緒にして，不換地・特別減歩みあいの創設換地と表現することもある．不換地・特別減歩みあいの創設換地は，共同減歩と違って，本人の申出または同意に基づいて行われるため（強制的でないため），その用途に制限はない．実際，一般道路（国道，県道，市町村道，高速道路），河川，学校，公園・緑地，官公庁施設，農協施設，民間の住宅団地や工業団地，商業サービス施設など，多くの種類の用地が生み出されている．ただし，創設換地の取得者は，この場合にも土地改良区，市町村，農業協同組合，国，県など，営利を目的としない団体に限られている．

なお，特別減歩は関係権利者の同意に基づいて一律均等に土地を集めることができ，実質的には共同減歩と同じ効果をあげることができるため，合意に基づく共同減歩ともいわれる．

③機能交換…機能交換とは，工事前に存在していた道路，水路などの公共施設が工事によって廃止され，工事後にそれに代わるべき同じ機能を持った公共施設が設けられたときに，廃止された公共施設の敷地（国公有地）を所有していた国または地方公共団体の所有権をいったん消滅させたうえで，代わりとなる公共施設の敷地を，改めて同じ国または地方公共団体に帰属させる処置のことをいう．工事前後で機能が保存されていれば，面積の増減があってもよく，清算の対象とはならない．

機能交換の対象となる公共施設は，道路，水路，ため池，堤，河川，池沼などで，敷地は国公有地であっても，機能的には土地改良施設であるものが多い．

３．圃場整備の土工

近年，国民の意識が物の豊かさから心の豊かさへと変化しつつあり，農村地域が潤いと安らぎの空間としても期待され，自然環境の保全や良好な景観の形成，文化の伝承などの農村の持つ多面的機能に対する期待が高まっている．このため，食料・農業・農村基本法の基本理念に多面的機能の発揮が掲げられるとともに，農業生産の基盤整備に当たっては，環境に配慮することが明記された．

また，平成13年に改正された土地改良法では，農業農村整備事業の実施に際し，原則として環境との調和に配慮することが位置づけられ，可能な限り農村の二次的自然や景観などへの負荷や影響を回避，低減するとともに，良好な環境を形成，維持し，持続可能な社会の形成に資するように自然と共生する環境創造型事業に転換を図ることになった．

1）工事の手順

ここで述べる圃場整備の土工（earthwork）とは，機械化営農，水田の高度利用に対応できるように，古い耕地組織を近代農業経営に適した新しい農地組織に

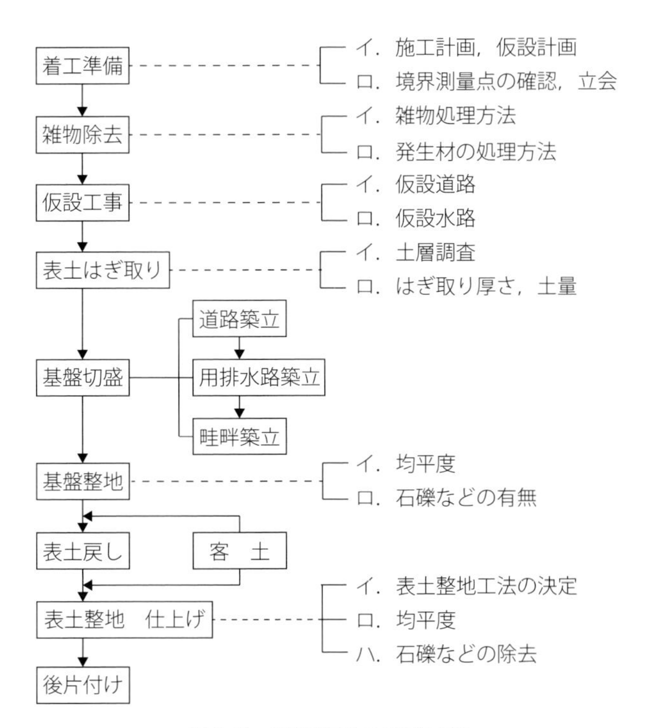

図 3-7　圃場整備の標準工程
（土地改良事業計画設計基準 計画 ほ場整備（水田），2013）

つくり変える水田造成の作業工程をいう．圃場整備の実施により，農地の集団化，優良農地の確保および保全，農業の生産性の向上および農業構造の改善を図り，急激な農業情勢の変化に対応しうる高生産，低コスト・省力化農業の展開と良好な農村環境の整備による地域の活性化が期待できる．近時の工事では，水田の持つ多面的機能が効果的に発揮されるように，農村景観や生態系の保全に配慮した高度な整備が求められている．

水田の造成および整備工事は広い面的造成工事（面的工事）が主体であり，一般土木工事に見られる路線工事（線的工事）とは，基本的にその技術を異にしている．

圃場整備，開田土工の一般的な工事の手順は図 3-7 に示す通りであるが，画一的なものはなく，地区の実情に応じて工事が最も効率的に施工されるように配慮する．

圃場整備または開田に当たって必要な，主な作業工程は次の 6 つである．

①開墾作業（land reclamation），②排水路工（drainage canal construction），③整地工（land grading），④道路工（road construction），⑤用水路工（irrigation canal construction），⑥畦畔工（levee construction）である．ここでは，機械施工を前提とした土工について述べる．

2）開 墾 作 業

開墾作業は，圃場の再整備には必要とされない．この作業は開田および開畑の場合に必要であり，両者の基本作業は同じである．原野の自然状態の植生（vegetation）を処理する工程には，立木の伐採，下草刈取り，抜根などがある．植生の処理方法には，殺草剤散布，刈払い，火入れがあるが，時期，環境条件に制約があるので，原位置処理の方法として，機械によるすき込みがよいとされている．抜根にはレーキドーザ（rake dozer）が主力であるが，抜排根工程で表土が失われやすい．近時ではバックホー（back hoe）施工が盛んに行われる．バックホーはレーキドーザの横押しに比べて引抜きであるから，効率的に作業が進むだけでなく，抜根直後に上下振動を与えて根に付いた表土を振るい落とすことが可能である．

3）排水路工

水田の圃場整備地区には，排水不良地帯を含むことが多い．一般に，圃場整備工事の開始に先立って，仮設工事として地区外からの侵入水や地区内の降水の排除および湿田部の地下水位低下のために仮排水路工事を行う．その施工は秋から冬にかけ，少なくとも本工事施工の半年以前から着手する必要がある．機械施工に必要な地盤支持力を得るため，排水路工によって地下水位を低下させ，排水を促進して土層の乾燥を行うことが先決である．排水路工によって地耐力の向上のみならず，切盛土工が著しく容易になる．排水路の掘削は，低位部から高位部へ向かって進める．

4）整　地　工

整地工は,基本的には計画した水田区画の本体を造成するための工事のことで，主に作土確保のための表土扱い，心土部分の基盤切盛，基盤および表土の均平整地，畦畔の築造を指す．圃場整備土工の中心となる工程である．

(1) 表土扱い

表土は，農民が長い年月をかけて栽培の目的で培養してきたものであり，収量に大きな影響を与えるため,各種条件により表土扱いが不要と判断される以外は，原則として表土扱いを行う．表土扱い（surface soil treatment）は耕起の対象となる作土を確保するために実施される工程で，基盤切盛前に従前の水田の表土部分をはぎ集める作業（表土はぎ）と，基盤の切盛・均平整地後に表土を戻す作業（表土戻し）からなる．

表土扱いは運土量が大きく整地工事費に占める費用割合がかなり高いため，次の条件では表土扱いの省略も検討する．①切土・盛土深が 5 cm 以内の平坦な地区の場合，②下層土が表土とほぼ同質で，表土扱いを省略しても整地後に有効土層厚が 30 cm 以上となり，肥培管理により作土にできる場合，③作土の肥沃度が低く作土と心土の混合でかえって地力増進になる場合，④排水不良な軟弱地盤や湿田，急傾斜地水田などで表土扱いが困難な場合．

表土扱いの方法には，地形や面積などの関係から，図 3-8 のように，はぎ取り

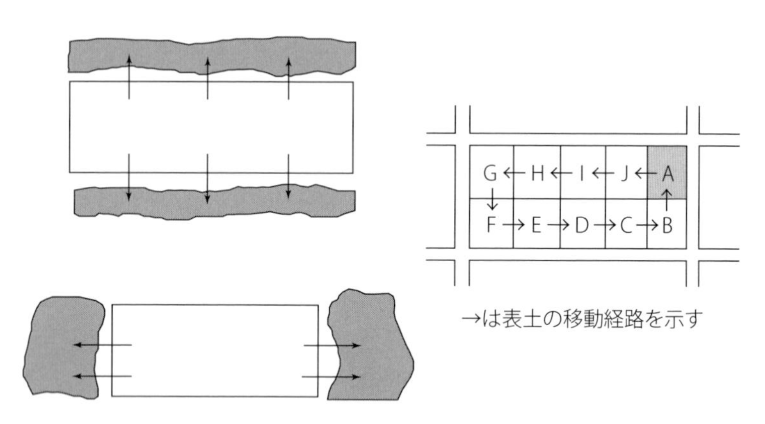

図 3-8　表土扱いの方法
左：はぎ取り戻し工法，右：順送り工法．（土地改良事業計画設計基準 ほ場整備（水田），2013）

戻し工法と順送り工法とがある．

はぎ取り戻し工法は，計画した区画からはぎ取った表土を一時集積し，それをまた元のところに戻す工法である．計画田面と長辺方向の隣区との標高差が 0.5 m 未満の場合はそこを一時集積場所とし，0.5 m 以上の場合は，運土量はやや大きくなるが，短辺方向の隣区を一時集積場所とすることも検討する．また，計画区画内に計画田面標高に対し ± 5 cm 以内の旧田面がある場合はそこを一時集積場所にすることもできる．

順送り工法は，計画区画ごとに表土を順にはいで隣接する区画に送っていく工法である．区画の表土はぎが隣接する区画にとっては表土戻しになり，はぎ取り戻し工法と比べて運土量が約半分になるため，費用が安く済む．図 3-8 で，B 区画の表土を A 区画に預け，B 区画で基盤切盛・均平を行ったのち，C 区画の表土をはいで B 区画に入れ，B 区画の表土均平を行う．次いで，表土をはいだ C 区画の基盤切盛・均平を行い，D 区画の表土を C 区画に入れて均平整地する．順次このようにして，最後の J 区画は A 区画に預けてあった B 区画の表土を使用する．A 区画のみは前記の表土はぎ戻し工法で行う．各計画区画の田面標高差が 0.5 m 未満の平坦な地区または運土区域（圃区および農区）で，1 区画内で基盤の切盛が処理される場合に適した方法である．

(2) 基盤の切盛

基盤の切盛（cutting and banking）は，表土はぎを行ったあとの基盤について，計画した区画の計画標高に合わせるように高い部分の土を切り（切土），低い部分に盛る（盛土）工程をいう．圃場の透水性や地耐力などの物理的性質はこの工程でほぼ決まり，完成後の不良個所の補正はきわめて困難であるため，十分留意して施工する．また，計画耕区内では，切盛土量の収支がゼロになるように計画する．道路用土，排水路掘削土量も，この収支に含める．

基盤切盛作業は，以下の点に留意して施工する必要がある．

①**不同沈下対策**…盛土の厚さ圧縮，圧密による不同沈下を防止するため，転圧の効果が及ぶ 20 ～ 30 cm の高さごとに層状に土を「まき出し」してブルドーザで転圧する（履帯転圧）．ただし，盛土部は時間の経過とともに全体として沈下することが多く，それを見込んであらかじめ基盤の計画標高より高く「余盛り」をしておくことも検討する．余盛りの程度は土質，施工条件，施工方法によって異なる．

②**透水性の抑制**…心土が砂質土や火山灰土で透水性の大きい漏水田となっている場合は，基盤切盛の際に透水性を抑制する措置が必要になる．

③**法面処理**…傾斜地や大区画化により法が高くなる場合は，法面保護の重要性は増大する．特に法面が盛土で盛土高が大きくなる場合は，地盤沈下や法面崩壊を生じやすいため，まき出しの層ごとに十分な履帯転圧を行う必要がある．

④**含水比**…降雨による含水比の増大が問題となるため，できるだけ最適含水比に近づけるよう，降水の即時排除，日光や風通しによる乾燥などを図る必要がある．

⑤**湧出水対策**…急傾斜地での切土の場合，山腹から湧出水のある場合が多いため，湧出水を全面に広がらせないように排水路に導くなどの措置が必要になる．

⑥**石礫処理**…表土中の石礫は耕作の障害となるから取り除く必要があるが，心土中の石礫は基盤を強化する効果もあるため，基盤面以下に深く埋め込むようにする．

⑦**旧排水路対策**…旧排水路の埋立ては，排水を完了してから盛土して行う．旧排水路は工事後の不同沈下の原因となる場合が多いため，対策を考慮した施工が

求められる．

⑧**旧道路対策**…旧道路が整備後に水田区画となる場合は，作物の生育に支障がないように下層まで十分な心土破砕を行うなどの措置を検討する．

(3) 基盤整地

基盤整地は表土整地と違って表土戻し後では手直しができないことから，表土整地の均平以上の精度を心がける必要がある．基盤均平が悪いと，表土均平をしても作土厚の不均一などによって生育むらが生じる原因となる．

また，盛土部の不同沈下による不陸を表土均平で修正すると切土部の表土が薄くなり，切土部の心土が礫質土壌の場合，問題となる．そのため基盤整地では，その後の不同沈下などを考慮して，まず均平精度 ±10 cm 程度の荒整地を行って，その後排水路掘削による排水効果で沈下が収まったあとに，目標とする ± 3.5 cm の仕上げの均平整地をするのが効果的である．

基盤均平が終わったあとに，畦畔造成，次いで，表土戻し作業および仕上げ均平を行う．

(4) 畦畔造成

畦畔工では畦畔本体と畦畔法面を建設する．畦畔本体は原則として土構造物とし，用土が不良の場合を除き付近の水田土壌で築造する．コンクリート畦畔や合成樹脂などの畦畔は機械作業の障害になる場合が多いため，採用に当たっては十分留意する必要がある．

畦畔本体の機能は基本的には水田の湛水を保つことで，圃場管理作業のための通路などとして使う場合もあるため，上幅 30 cm，高さ（畦畔内高）30 cm が標準である．また，寒冷地では深水灌漑や凍上による崩壊を考慮して上幅 50 cm，高さ 40 cm 程度にまでしてもよい．なお，水路と田面との間の畦畔は溝畔（こうはん）と呼称されるが，構造としては取水口または落水口があるだけで他の機能は畦畔と変わらない．

傾斜地では畦畔法面が大きくなるが，その構造および形状の決定には，不透水性（湛水維持，畦畔法面の軟弱化防止，下流水田の過湿防止），安全性（すべり崩壊防止），法面安定性（法面の浸食防止）などを総合的に考慮する．

(5) 表土戻し，表土均平

基盤整地後に表土戻し（replacing of surface soil）を行ってから表土の均平作業が行われる．この表土均平の精度は，湛水時に水のかからない部分（不陸）がないように整地し，水稲栽培上および地表排水のための要件として少なくとも田面平均標高の± 3.5 cm 以内の精度を目標とする．

(6) 仕上げ作業

田面は不陸のないように整地する．地表排水をよくするため均平面を用排水路側に区分し，それぞれの均平標高が同一か，田面傾斜を付けて排水路側を低くする．また，1 区画内で切盛施工がある場合には，切盛によって生じる不同沈下を考慮して特に均平に留意する．均平作業については，従来より用いられている通常のブルドーザで可能であるが，広い範囲の均平の場合，レーザレベルブルドーザを用いると作業性が高まる．均平精度は，従来のブルドーザでは区画が大きくなるほど低下する傾向にあるが，レーザレベルブルドーザでは区画が大きくなっても均平精度の低下はほとんど見られない．

5）道　路　工

農道の種類は，その主たる機能や配置によって基幹的農道と圃場内農道に分けられる．圃場内道路は，主として圃場への通作，営農資材の搬入などの農業生産活動に利用される農道であり，幹線農道，支線農道および耕作道に細分される．農道は，農業生産および農村生活の基盤であり，かつ社会資本であることから，その計画の設計に当たっては，次のような事項について検討する必要がある．

①**計画交通量**…農道を整備するとき，幅員（road width）や構造を決定するための基礎となる将来（一般に 10 年後）の日交通量を計画交通量（traffic volume in planning）といい，農業交通量と一般交通量からなる．

②**設計速度**…運転者が円滑かつ安全に走行できる速度のことであり，曲線半径（transition of curve），視距（sight distance），縦断勾配（longitudinal slope），片勾配など，農道の幾何構造を設計するうえで基本となる走行速度である．設計速度（design speed）は，農道の種類および機能に応じて 50，40，30 km/h のい

ずれかの値で適切に決定する．ただし，地形の状況，その他やむを得ない場合には 20 km/h とする．また，幹線農道では，将来の交通状況にも耐えられる設計速度と安全設計が重視される．

③**線形**…線形（alignment）とは道路の中心線が立体的に描く形状であり，平面的に見た形状を平面線形，縦断的に見た形状を縦断線形という．平面線形は，直線，円，緩和曲線によって構成され，縦断線形は直線および縦断曲線によって構成される．道路線形を構成しているこれらの要素を線形要素と呼ぶ．線形要素は，農道の設計速度に応じて決定される．曲線半径，緩和曲線，縦断勾配の限界値を表 3-1 に示す．

④**曲線半径**…交通車両が安全に走行できるとともに，走行の快適性を配慮し，屈曲部には曲線形を挿入する．この曲線形の半径（曲率半径）は，設計速度に応じ表 3-1 の値以上とする．

⑤**緩和区間**…計画交通量 500 台 / 日以上の農道の屈曲部には，緩和区間（transition curve）を設けることが望ましい．この緩和区間の長さは，設計速度に応じて表 3-1 の値以上とする．直線区間から曲線区間へ直接移行すると，乗り心地や安全性に悪影響を与える．そこで，直線から所定の曲線の曲率へ徐々に変化する区間を挿入する．

⑥**視距**…視距には，制動停止視距と追越し視距の 2 種類がある．制動停止視距は，設計速度に応じた走行速度で走行してくる車が車線の中心線上 1.2 m の高さから当該車線の中心線上にある高さ 10 cm の障害物を発見して，その手前で安全に停止するために必要な距離をいう．追越し視距は，対向交通のもとで安全に追越しを行うに必要な視距をいう．

⑦**幅員**…一般的には，車道幅員と路肩幅員からなる．幅員は農道の種類および

表 3-1　設計速度と線形要素

設計速度	最小曲線半径（m）		望ましい最小曲線半径（m）	緩和曲線の長さ（m）	縦断勾配（%）	
	一　般	特　例			一　般	特　例
50	100	80	150	40	6	9
40	60	50	100	35	7	10
30	30		65	25	8	11
20	15		30	20	9	12

（土地改良事業計画設計基準 設計（農道），2005）

性格に応じて地域特性，経済性などを考慮し，計画交通量，路上を走行する農作業車および一般車両など計画交通機種の種類，歩行者および自転車の交通などを検討のうえ決定する．車道幅員の決定方法には，計画交通量による方法と計画交通機種による方法があるが，一般には計画交通量により幅員を定める．ただし，計画交通量が 500 台 / 日未満の農道や，将来的に相当数の大型農業機械の導入が計画される農道では計画交通機種により幅員を決めることができる．

⑧**路面高**…農道の機能（農業機械の出入りや道路保持および水稲栽培に必要な水深確保）および路盤などの保全を考慮して決定する．農道ターン方式の農道では，路面高が法面傾斜角や法面の長さに影響を与える．支線農道の路面高（road height）は田面より 30 cm 以上とする．ただし，幹線農道では近接する水田の最高水位より 50 cm 以上とする．

⑨**縦断勾配**…幹線農道の縦断勾配は，一般の場合 8％，特別の場合 12％を限度とする．支線農道の縦断勾配は幹線農道に準ずるが，地形勾配が急になる場合は，道路を等高線方向に入れるなど，迂回させることも検討する．なお，耕区短辺に接する通作道については，区画の配置，段差などに応じて縦断勾配を与え，通作道から耕区への出入りを容易にする．

⑩**横断勾配**…路面の横断勾配（cross grade）は，路面に降った雨水を側溝などに導くために必要である．一般に，農道の横断勾配は，アスファルトまたはコンクリート舗装道の車道部は 1.5％，土砂系舗装道では 3.0 ～ 6.0％，歩道などは 2.0％を標準とする．また，横断形状は，車道については，車道中央を頂点として両端に向かって下り勾配とする．

⑪**路床用土**…路床用土（earth for road bed）は舗装および路面上の荷重を支持するものであるから，路床土の良否はその上部に設ける舗装の厚さに大きな影響を与える．一般的には幹線道路については地区外からの搬入土を，支線農道については一連工事の中の流用土を用いることが多い．

⑫**舗装**…農道の舗装目的は，構造上は路面に加えられた荷重を安全に路床に分散，伝達することにある．舗装の目的として，一般道路が路面を平滑にして自動車交通の走行性，快適性の確保を目的としているのに対し，農道においては，それ以外に農産物輸送時の荷痛み防止，砂塵および飛散砂利による農産物，農地，農業施設などへの被害防止など，営農阻害の原因を除去する目的も大きい．

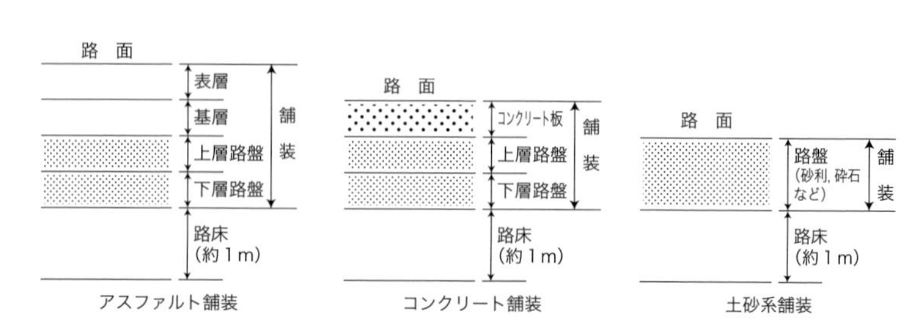

図 3-9　舗装工種別舗装断面の構成例
（土地改良事業計画設計基準 設計（農道），2005）

このため，舗装工種の選定に当たっては，農道の種類，利用形態，地形条件などを勘案し，交通の安全性，快適性，経済性，施工性および維持管理を検討し，それぞれの工種の特性を十分考慮して適正に選定する．

農道を舗装という観点から分類すれば，図 3-9 のように分類される．土砂系舗装は，路床の上に砂利，砕石などで層（路盤）をつくり，その表面を路面として用いるものをいう．他の工種に比べて経済的であることから，交通量の少ない支線農道で用いられる．アスファルト舗装は，骨材を瀝青材料で結合してつくった表層を持つ舗装をいい，一般に表層，基層および路盤から構成される．一般にコンクリート舗装より工事費が安く，維持補修は容易であるが，維持費は高い傾向にある．コンクリート舗装は，コンクリート板を表層とする舗装をいい，表層および路盤から構成される．コンクリート舗装道は，アスファルト舗装より工事費が高く，破損した場合の修理が困難である．このため，急傾斜地の水路兼農道などの特殊な場合に用いられることもある．

6）用 水 路 工

用水路の計画に当たっては，用水の圃場内への配水が確実かつ省力的に行えるよう，水路形式，構造，断面，田面との高低関係および水路延長を検討しなければならない．用水路の種類は，その主たる機能や配置によって幹線用水路，支線用水路および小用水路に分けられる．ここでは，主に小用水路について述べる．

用水路は原則として排水路と完全に分離する．ただし，傾斜地の開水路方式の場合には用排兼用水路方式の導入についても検討する．水路形式には開水路または管水路があるが，その構造は建設費や維持管理の難易度などを総合的に検討のうえ決定する．また，用水路を開水路とする場合は，土水路を含めて検討するが，一般に，地盤の透水性が大きく，地盤または水路用土が洗掘，崩壊しやすく維持管理が困難な場合は，ライニングかＵ字フルームを用いる．また，支線用水路は，粗度係数を小さくして断面を小さくすることや維持管理の便を考慮し，ライニングを行うのが原則となる．

小用水路の断面はピーク用水時点（代かき期，乾田直播初期灌水時など）に対応できるよう，最大通水量より定める．ピーク用水時および平時の用水補給は，いずれも１日 24 時間灌漑を原則とすれば断面は経済的になる．しかし，近年の用水需要の変化として需要が短時間に集中する場合がある．この場合には何らかの検討が必要である．

開水路の場合，用水路底高が田面より高すぎると機械の耕地内進入に支障をきたすのみでなく，各耕区の水口に特別の洗掘防止施設を必要とするようになる．一方，底高が低すぎると耕区への取水が困難になる．したがって，底高は田面に比べて－5 ～＋10 cm の範囲とすることが望ましい．また溝畔高は，最大でも道路路面高までとする．

また，農業用排水路においては，生産的側面からの機能の他，地域の環境との調和への配慮も不可欠になる場合がある．このときの基本的な考え方は，①景観に配慮した計画，②魚類などの生息環境の確保，③動植物の保護など農村地域の良好な水辺環境の創出がポイントとなる．近時の圃場整備では，地域の特性に応じて創意工夫を凝らした，環境との調和に配慮した水路工が実施されるようになっている．

4．床締め，客土

浸透量が過大な水田では，灌漑用水の利用が非効率になるとともに，薬剤の効果が低減したり，用水が低温の場合には，頻繁に用水が供給されるので田面水の水温が上がらなかったりといった問題が発生する．水田の浸透量を抑制する手段として，床締め（subsoil compaction）と客土（soil dressing）がある．床締めは地盤を機械的に締め固めて透水性を低下させる方法である．客土は，砂質で透水性が高い水田において，粘土やベントナイトのような細かい粒径の資材を混合することにより透水性を低下させる方法である．また，客土は，浸透抑制とは逆に，粘質土の排水性を向上させるための砂客土や，汚染土壌対策（☞ 第6章 4.「農地の災害復旧」），養分が欠乏した土壌の改良などでも行われる．

1）床　締　め

(1) 目　　的

浸透量が過大でその抑制を必要とする既存の水田や，排水改善などによる乾田化により浸透量が増大すると予想される水田が対象である．重量物により基盤となる心土層を転圧することにより土の間隙率を低下させ漏水を抑制する．

(2) 土の締め固め

土の水分（含水比）を変えながら，同じエネルギーで土を締め固めたときの乾燥密度の値を調べる土質試験を「締め固め試験」と呼ぶ（JIS A 1210）．乾燥し過ぎていても，濡れ過ぎていても，土はよく締まらず，最も密に締まる含水比（最適含水比と呼ばれる）が存在することが知られている．土木工事における土の締め固めでは，最適含水比付近に土の水分が管理される．転圧により，大きな圧縮変形を起こすか，ほとんど起こさないかは，土の種類によって異なる．圧縮されやすい土は，荷重を支える能力，すなわち支持力が低く，圧縮されにくい土は，支持力が高い土といえる．支持力が高い土では，強く転圧しても間隙の変化が小さいため，透水性を抑制する効果は期待できない．転圧の効果が土層のどこまで及ぶかは，転圧する圧力（接地圧）のみならず，転圧する範囲にも依存する．同じ接地圧の機械であれば，接地部の面積が大きいほど，圧縮応力は深くまで伝播する．

(3) 床締め工法

床締めには，表土の上から締め固める表土締めと，表土をはぎ取り心土を直接締め固める心土締めの2つの方法がある（表3-2）．表土締めでは，施工機械により表土と心土が締め固められたのちに，表土は耕起されるため，浸透抑制に関与する心土の締固め層の厚さが薄くなり，効果は小さい．そのため，心土締めの方が確実な効果が期待できる．火山灰土のように構造が発達していて，心土の支

表 3-2　床締め工法の比較

	工法		
	表土締め	心土締め	
		直締め	破砕転圧
表土はぎ	不　要	必　要	必　要
施工の難易	容　易	圃場整備の工程に織り込めば容易	圃場整備の工程に織り込めば容易
適する心土の状態	心土表層部の支持力が低く心土下層部の支持力が高い	心土表層部・下層部とも支持力が低い	構造の発達している土（主として火山灰土）
工事費	小	圃場整備の工程に織り込めば小	圃場整備の工程に織り込めば比較的小
浸透抑制効果	三工法の中では最も劣る	普　通	三工法の中で最も優れている

（土地改良事業計画設計基準 計画土層改良，1984 を一部改変）

持力が高く，締固めが難しい場合には，「破砕転圧工法」が行われることがある．この工法は，締め固める土層をプラウやロータリでいったん破砕し，土壌構造を破壊したあとに転圧して締め固めるものである．破砕と転圧の組合せによる土の密度の増加は大きくないが，高い透水性の原因となっていた間隙の連続性が破砕により断ち切られるため，透水性は顕著に低下する．

道路工事などで用いられている締固めのための機械は，①転圧式，②振動式，③衝撃式の3種類に大別される．しかし，広い田面全体を効率的に締め固めるためには，転圧式のローラか履帯（クローラ）型のブルドーザが通常用いられる．畦際や角地では小型の振動型機械も利用される．

圃場整備において，ブルドーザのような大型土工機械を走行させると，心土上部が強く転圧されたり，練り返されたりすることにより，透水性は自然に低下する．そのため，近年では意識的な床締めを行わなくても，水田の基盤の透水性は小さい値となる傾向が見られる．

2）客　　土

(1) 客土の定義

客土とは，現在の作土に何らかの問題がある場合に，他の場所から土壌を搬入して作土として利用することである．対象となるケースとしては，①作土厚が不足する場合，②泥炭土，火山灰土，重粘土，極端な砂質土などの特殊土壌，③漏水田や老朽化田，④地盤が低くかさ上げが必要な場合，④重金属や放射性物質により汚染された水田の復元（☞第6章4.「農地の災害復旧」）などである．

(2) 客土工法

客土工法は，搬入工法と流送工法に大別される．ダンプトラックにより客土を土採り場から施工圃場へ搬送する「搬入工法」は，道路が整備されていれば小規模な工事から利用できる．しかし，ダンプトラックによる重量物の大量輸送は，距離が長くなると膨大なコストがかかる．そのため，工事規模が大きい場合には，泥土状にした客土用土を，ポンプにより圧送する「ポンプ客土」が採用される．また，土採り場と圃場との間の水路の条件が整っている場合には，水路を利用して用土を流下させる「流水客土」が行われた事例がある．これらの客土工法の特徴を表3-3に整理した．

表3-3　客土工法の比較

		工　法		
		搬入客土	ポンプ客土	流水客土
全体的特徴		• ダンプトラックによる搬入 • 道路状況よければ融通性高い	• 土取場と客入間の地形に左右されず，道路や鉄道などを横断する客入土の送出し可 • 客入直後から十分な浸透抑制効果 • 施設費の割合が高く小規模には不向き	• 工事費安価 • 多量の流送用水 • 均平散布に難
項目別特徴	客入地	制限なし	水田またはほぼ水平な畑	水田または水平畑
	運搬土量に対する適否	大小問わず	小規模には不適	小規模には不適
	運搬距離	制限なし	10 km以下	制限なし
	地　形	制限なし	制限少ない	1/300程度以上の勾配
	道　路	完備の要	関係なし	関係なし
	水の供給	不　要	造泥用水として輸送土量の4倍程度の水が必要	造泥用水と流送水路が必要
	電　力	不　要	土取場と運搬経路に必要	土取場に必要

（土地改良事業計画設計基準 計画土層改良，1984に一部加筆）

(3) 客土用土の選定と必要土量

客土用土は，土採り場から採掘され利用される．土採り場は，客土工を行う圃場に近いこと，必要な土量が確保できること，用土の物理性や化学性が作物の栽培に悪影響を及ぼさないこと（作土として客土を利用する場合）などが選定の条件となる．なお，客土用土として他の農地の耕土を利用できることはまれであるため，作付け前には化学性の矯正や有機物の付加などを図る必要がある．客土に必要な単位面積当たりの土量（重量）については，計画する客土層厚とその密度（客入時の水分で）から算定する．

5．大区画水田の整備

1）水田大区画化の事例

1 ha 以上の水田を大区画水田と呼ぶことが多いが，わが国においては 8.8％程度にとどまっている（2012 年）．30 a 程度以上で見ても 63.2％と全体の 2/3 弱である．

大区画水田は，さまざまな機会にさまざまな方式で整備されており，その例を図 3-10 に示す．圃場整備事業の草創期には，三潴(みづま)（福岡県），野尻（富山県），高須輪中（岐阜県）の 3 地区に大区画のモデル水田がつくられ，作業効率の測定などが行われたが，その規模は所有規模および耕作規模に対応したものではな

表 3-4　水田の整備状況

	面　積 （万 ha）	整備率 （%）
田　耕地面積	246.9	−
30 a 程度以上の区画	156.0	63.2
うち排水良好	106.8	43.3
うち 1 ha 程度以上の区画	21.7	8.8

資料：農林水産省統計部「耕地及び作付面積統計」（平成 24 年 7 月 15 日時点）．
　　　農林水産省農村振興局「農業基盤情報基礎調査」（平成 24 年 3 月 31 日時点）
注 1）排水良好とは，おおむね 4 時間雨量 4 時間排除の地表排水を有し，かつ地下排水条件の良好（地下水位 70 cm 以深）な田．

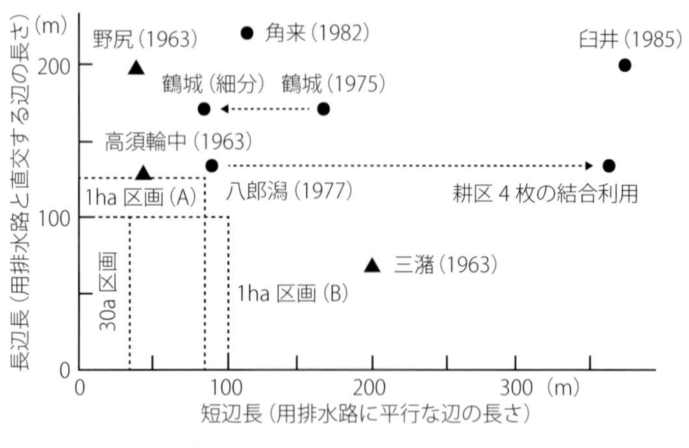

図 3-10　水田区画の長短辺長

く，長くは続かなかった．

1990 年以降，大区画圃場整備事業では，1 ha 規模での水田が多くつくられた．その形状は，長辺 125 m ×短辺 80 m，長辺 100 m× 短辺 100 m などであった．最大級の事例としては，千葉県佐倉市臼井地区の 7.5 ha 水田（長辺 200 m× 短辺 375 m）がある．

一方，圃場整備時においてそれほど大きい区画ではなくても，圃区均平がなされていれば，後々に農家自身の手によって畦畔を撤去することで大区画化が可能となる．30 a 区画の水田を何枚かつなぐ例は全国各地で見られる．もともとの単位区画が大きい場合は，さらなる大区画化も可能となる．例えば，秋田県大潟村の 5.2 ha 区画（長辺 145 m ×短辺 360 m）は，145 m×90 m の区画を 4 枚つないだものである．

また，大区画圃場整備事業において，複数の所有者が 1 圃区を構成している場合にも，畦畔（あるいは仮畦畔）を設置しない場合がある．この場合には，受委託などにより大区画のまま維持される事例もある（詳細は後述）．

なお，ここで長辺長と呼ぶのは，物理的に長い辺ではなく用排水路に直交する辺の長さを意味している．そして，短辺長は用排水路に平行する辺の長さである．一般に用排水路は主傾斜方向に配置されるため，図 3-10 において主傾斜は横軸方向にある．そのため，耕区の結合利用を行うためには，きわめて平坦な立地でなければならない．あるいは，結合利用を見込む場合には，初めから用排水路を

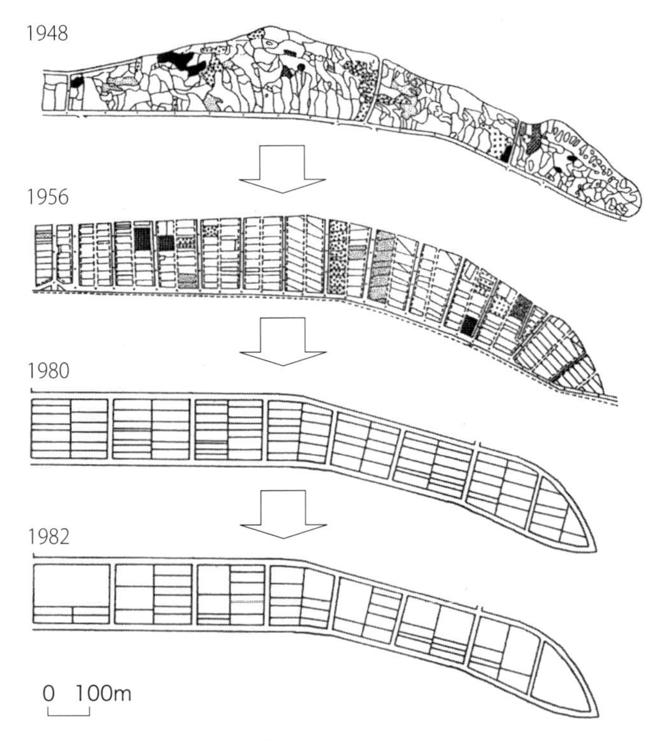

図 3-11　角来地区における水田区画化
（新澤嘉芽統・小出　進，1963 に追記）

主傾斜方向と直交するように配置するのである．

ここで，千葉県佐倉市角来地区の水田に注目する．同地区では最初の圃場整備（1956 年）では 1 反区画（54 m × 18 m）に整備された．その整備により集団化と整形区画とが可能となったが，1980 年には 30 a 区画で再整備が行われた．そのときの区画形状を図 3-11 に示すが，多くの区画は時間をおかずに結合利用された．

またその際には，小排水路の埋設も行われたが，それについては後述する．

2）水田大区画化の整備技術

水田の大区画化に関連する整備技術について，畦畔撤去による耕区の結合については，すでに述べた．これによって耕区の短辺長を伸ばすことができる．一方，耕区の長辺長を伸ばすためには，用排水路の密度を下げるしかない．具体的には，長辺長を100 mではなく，125 m，150 m，170 mなどとする．いくつかの県で標準とされつつあるが，土壌や均平度によっては用排水管理に支障をきたすことになる．

用排水路までの距離を変えないで長辺長を伸ばす方法を，図3-12に示した．a.は一般的な用排水路の配置であるが，圃区均平と畦畔撤去とが可能であれば，1圃区＝1耕区とすることができる．さらに，b.は排水路を暗渠化した場合である．排水路を地下に埋設することで地上部を有効利用でき，長辺方向の機械作業距離を2倍にすることができる．ところどころに落水口や水閘などが必要であるが，これらの密度を下げることができる場合にはさらに機械作業性が向上し，圃場内部での落水口や水閘を省略する条件が整えば，1農区＝1圃区＝1耕区となる．角来地区の大区画水田は，このようにして実現した．c.は両側に用排水路を配置した場合で，図3-10の野尻地区および臼井地区はこの方式の採用によるものである．野尻地区では圃区均平を採用しなかったので細長い耕区となったが，臼井地区では圃区均平・耕区の結合も併せて行われたため，巨大な区画が実現した．

さて，水田区画が大きくなると，どの部分の標高が高いか低いかを把握することが難しくなり，さらにそれが把握できても均平のための土の運搬距離が長くなるため，一様に均平することが難しくなる．しかし，近年では，レーザーブル（レーザ測量による自動排土板コントロール付きのブルドーザ）やレーザーレベラが普及してきたことから，この問題はほぼ解決に近づいている．ただし，均平のためにブルドーザの走行回数があまりに増えると，その部分が必要以上に固く締め固

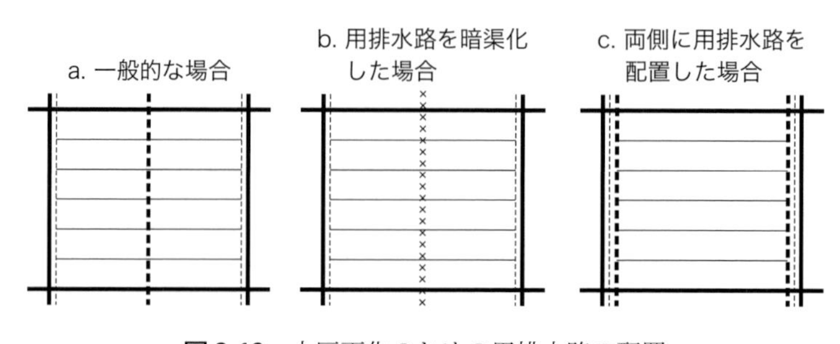

図3-12　大区画化のための用排水路の配置
━━：道路，--------：用水路，━ ━ ━：排水路，×××××：排水路（暗渠化）．

められることになるため，均平手順に工夫が必要である．また，均平そのものがうまく行われた場合であっても，元の高低差が大きいときには，均平のための切盛土量が大きいため，不等沈下を引き起こす恐れが大きい．したがって，大区画水田では均平についてよりいっそうの注意を払う必要がある．

3）経営条件と水田大区画化

アメリカやオーストラリアの稲作農家のように，経営規模が数十〜数百 ha ある場合には，経営規模は区画規模の決定要因にならない．しかし，日本のような零細な経営規模では，経営規模が区画規模を直接的に制限する．すなわち，経営規模は区画規模の絶対的上限である．なぜなら，水田が 1 か所に集まっていても，経営規模よりも大きな区画を作ることはできないからである．実際には，水田が 1 か所に集まっていることも少ないので，区画規模は経営規模の数分の 1 程度の大きさとならざるをえない．

1980 年代までのわが国の水田圃場整備は，自作農経営を前提としていた．すなわち，小規模経営体の集まりであった．経営規模が小さいときには，区画規模が小さくならざるを得ない．そこで，比較的大きい区画をつくっておきながら，

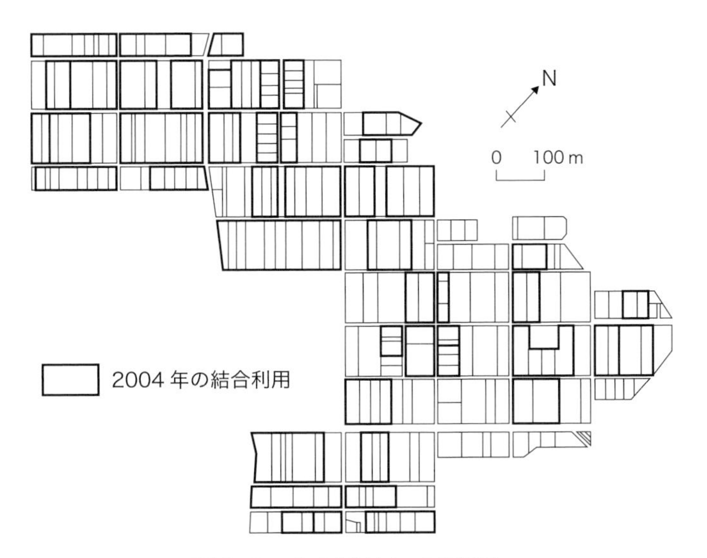

図 3-13　上南畑地区の区画割り

その中に仮畦畔が設置され，短冊状の畦区が設定されることも多かった．あるいは本格的な畦畔が後日つくられることもあった．

一方，上南畑地区では，仮畦畔をつくらないという合意が成立し，それを遵守する努力が続けられた．図3-13において，1つの圃区の中に畦畔は原則として設置していない．したがって，1圃区は複数の耕作者が共通の水管理を行っており，そのことは品種の選択にも影響を与えている．そして，共通の水管理が誘因となって1圃区内での受委託（一部作業受委託を含む）が進行した．図中の太い線は耕作者がまとまり，結合利用のなされている部分を示している．

1つの水田圃場整備区域の中が，1つのもしくは少数の大経営体で構成されていれば，区画規模は自由に決定できる．角来地区では当初，100戸あまりの農家が経営のほぼ2/3を2戸の営農者に全面委託して大経営体を実現した（図3-14）．

さらに臼井地区でも当初，工区内の全面積を2戸の営農者に委託した．これらの集約化のもとで，大区画水田をつくることができた．

以上のような先進事例に対し，わが国の経営条件の現状は，小経営体の集まりでも大経営体でもなく，この混在にある．この形態は，過渡期の形態と位置づけることができ，この条件下での整備を考える必要がある．

水田圃場整備事業においては，それぞれの規模の経営体ごとに集団化が図られ，それが換地に反映される．その際，大経営の方式が，自作（飯米農家あるいは中核農家）か受委託（中核農家）か組合（共同作業）かによって，その調整・配置計画も異なってくる．地域の中にこれらが混在する場合は，それをうまく配置す

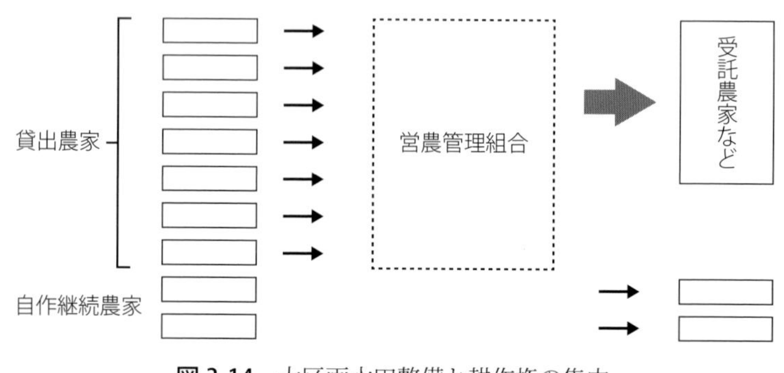

図 3-14　大区画水田整備と耕作権の集中

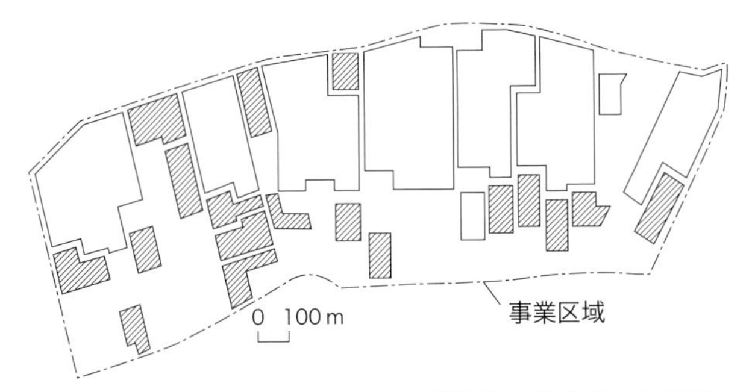

図 3-15　圃場整備事業における耕作権の集積計画と配置
□：営農集団の耕作水田，▨：中核農家の耕作水田.

る必要がある．図 3-15 はその一例である．中核農家への集積は所有農地に隣接するよう配置し，集落をベースにした組合の耕作する部分は，少し遠いが 1 か所にまとめられている．そして，比較的小規模な自作農地は，集落の近くに配置されている.

4）区画規模の決定要因

経営規模が最大区画規模を制限することは前項で述べた．経営規模を十分に大きくすることができた場合でも，立地傾斜が区画規模を制限する．わが国の水田の立地傾斜は 1/100 以上が過半を占めるが，仮に傾斜が 1/100 であっても水平距離 100 m に対し垂直距離が 1 m となるため，傾斜方向の辺長を 100 m とすると段差が 1m にもなる.

さらに，土壌，風，作業機械，均平精度などが，適正な区画規模の範囲を小さく絞り込んでくる．例えば，生育初期の強い風は，吹寄せによって大区画に不利に働く．図 3-10 の鶴城地区は，一度大きく整備したあとに内畦畔を入れて小さくした例である.

土壌は用排水特性（用水到達時間，用水の均一的配分，排水の迅速さと均一さなど）を通じて，やはり上限を下げる方向に働く．図 3-10 に示した事例においても，長辺長がそれほど長くない（短辺長の方が長い場合が多い）のは，用排水における制約などがあるからである．しかも，長辺長を長くした場合には，用排水路を両側に配置することが多い．野尻地区（整備当時）および臼井地区では用水路および給水栓は両方の短辺沿いにあり，排水路も両側に配置されている．したがって，用水到達距離はそれほど長くならず均一な水配分が可能となっている．

一方，機械作業性からは大きいほど効率がよい．特に，長辺長が長いほど（より正確には作業方向の辺長が長いほど）機械の旋回回数が少なくなり，効率的である．同じ面積であっても，正方形ではなく長辺方向に長く整備されるのはこのためである．

このことは，長辺長が同一であっても旋回の手間を少なくすることができれば作業性は向上するということである．この考えで整備されたのが，農道ターン方式である．農道ターン方式は，田面から耕作道に至る範囲の傾斜を緩やかにし，そこで旋回を行うようにした方式である．しかし，この部分が潰れ地となるため，採用例が少ない．また，圃場内の周辺部のみを一部休耕するいわゆる額縁休耕の場合も，機械作業性から見れば，農道ターン方式と同様の効果が得られる．

なお，現行の機械を前提にした場合，移植の苗や収穫した籾の積載量が長辺長を制限する場合もあるが，より長くした長辺長を前提に機械を調節すれば済むことであり，これは絶対的な制約にはならない．

5）さらなる大区画化の可能性

大区画水田の割合は，未だ10％に達していないが，営農の集約化さえ行えば，整備技術そして先例はすでに多くあるため，平坦地における大区画水田整備はさらに進むと想定される．しかし，圃場整備の事業費は安く抑える必要があるため，

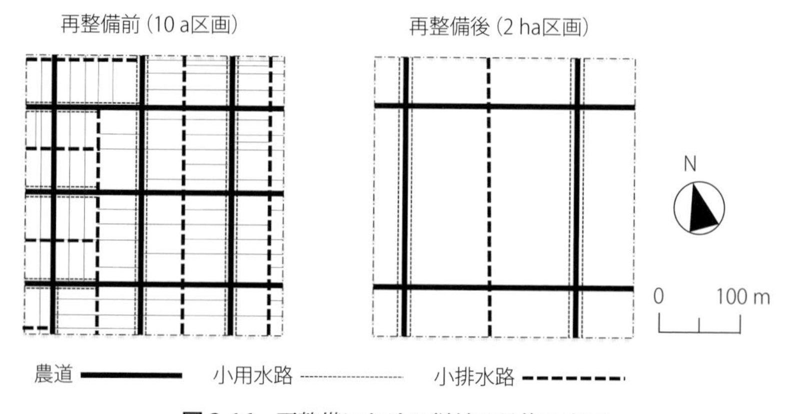

図 3-16　再整備における従前の骨格の利用

従前区画の骨格を活かした整備が考えられる．図 3-16 はその一例であるが，1 反区画での整備済み水田において，従前の道路・水路骨格をできるだけ活かしながら，2 ha 区画を実現している．

6）アメリカの水田

アメリカ，オーストラリア，ブラジルなどの水田基盤は典型的な大区画水田である．しかし，その立地や整備の考え方は，わが国とは異なっている．

自然の地形は平坦・水平ではなく，起伏がある．その土地を農地として利用する際には平坦化を図るが，わが国の畑地では緩い傾斜が残っている（残している）ことが多い．一方，水田では 1 耕区を完全に水平にすること，あるいは，ほぼ水平で排水路側を少しだけ低くすることを整備目標としてきた．

しかし，アメリカなどの水田では 1 区画が大きいため，完全に水平にするには移動土量が多すぎること，そして完全に水平にしてしまうと落水時の排水性が悪くなるため，緩い自然傾斜を残していることが多い．図 3-17 はカリフォルニア州の水田区画の平面図および断面図である（整備前，整備後）．農道で囲まれた区画（おおむね 16 ～ 64 ha）は，1 農家が耕作し，中畦（levee）が設置される．この中畦によって，各湛水区画（plot）内の高低差を一定以下（7.6 cm 以内）に抑えることができる．1970 年代以降，圃場整備が行われるようになったが，その場合も日本の水田整備とは異なり各湛水区画内を水平にはしないで，緩い傾斜を残していることが特徴的である．

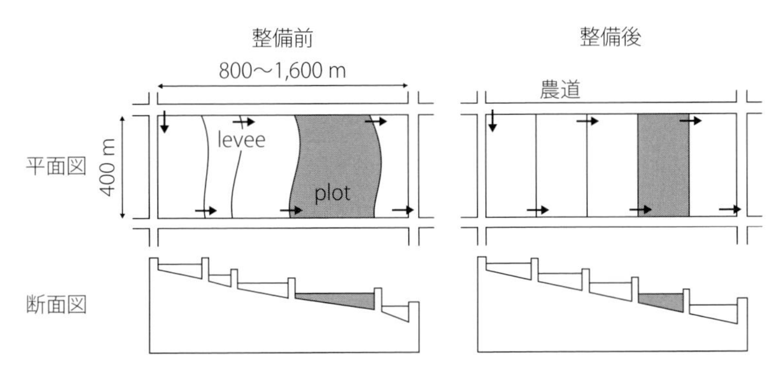

図 3-17　カリフォルニア州水田基盤の形状と整備前後の比較
矢印は用水の流れを示している．

６．傾斜地での整備

１）傾斜地水田における整備の観点と必要性

(1) 傾斜地水田と棚田（整備の観点）

傾斜地水田とは，地形の傾斜が 1/100 以上にある水田を指す．また，特に傾斜 1/20 以上のものは急傾斜地水田と呼ばれ，これが棚田（rice terrace）と称される（図 3-18）．

傾斜地では，勾配と等高線の湾曲により複雑な地形が形成されるため，水田の区画形態は一般に，これに合わせて狭小で不整形となり，区画間には段差が生じる．平坦地と比べ，生産効率は相対的に低位となる一方，国土保全や生態系保全，文化的景観，さらには地域維持の観点などから重要性が認識される．したがって，整備においては，平坦地とは異なるこれらの観点への配慮が求められる．

図 3-18　長野県姨捨（おばすて）の棚田

(2) 耕作放棄地の発生要因と整備の必要性

耕作放棄地の増大は全国的課題だが，特に中山間地域の傾斜地ではその勢いが強く，求められる各種多面的機能への影響が危惧され，急ぎ対応が求められる．

傾斜地水田の耕作放棄の要因について表 3-5 に示した．耕作放棄地の発生要因

表 3-5　傾斜地水田の耕作放棄と拡大の要因

素　因	耕作放棄につながる農地の物理的要素＝耕地条件の悪さ	
	1）機械利用の良否	①機械搬入の良否（区画と道路との関係） ②機械作業の良否（区画の規模および形状など）
	2）通作の便の良否	①距離 ②幅員および路面の状態など
	3）水利条件の良否	①自由な水掛け引きの抑制（取水および排水） ②共同体的利用や管理規制の質および量（幹線導水路）
	4）土壌条件の良否	湿田（強粘土質）など
	5）日照条件の良否	斜面方位および周辺植生など
誘　因	耕作放棄の動機形成要素（インパクト）	
	1）外的要因	生産者を取り巻く条件（生産調整など）
	2）内的要因	生産者内部の条件（労働力の減少など）

周辺への拡大	内　容
直接的影響	隣接する耕作放棄地から受ける影響 病害虫，鳥獣害，日陰田の発生など
間接的影響	耕地管理の共同性による影響 道路および水路などの維持管理不良

（木村和弘：山間急傾斜地水田の荒廃化と全村圃場整備計画，農業土木学会誌 61（5）1993 より一部改変）

は素因と誘因に分けられる．素因は農地の物理的要素で耕地条件の悪さであり，誘因は耕作放棄の動機形成要素（インパクト）である．一般に，耕作放棄は過疎化および高齢化などの労働力不足が主要因と捉えられがちだが，これらの誘因が生じたとき，生産者は耕作地のうち，より条件（素因）の悪い農地から放棄する．例えば区画に道路が沿接せず，隣接区画を超えて機械進入させねばならない区画や用排水の不便な区画が放棄される（図 3-19）．さらに，一度発生した耕作放棄地は周辺に直接・間接的に影響し，拡大する．

図 3-19　農道の接続しない棚田
（南　良和：秩父三十年「山間水田での自動耕うん機 1967.7」，平凡社，1993）

よって作業機械の搬入条件の確保とこれに伴う機械利用が可能な区画規模・形状の確保，自由な水掛け引きを可能にする水路条件の改善など，耕作放棄の素因となる耕地条件の改善整備が，傾斜地水田を保全する最も基礎的な対策となる．

2）長方形区画と等高線区画

(1) 地形の湾曲と区画形態（長方形区画が傾斜地で引き起こす問題）

傾斜地では平坦地より遅く整備が導入されてきた経緯もあり，平坦地整備技術の適応による対応が模索されてきた．各種の工夫はあったが，基本的には長方形区画（rectangular plot）の採用が支配的であった．

地形に湾曲がある傾斜地で長方形区画を採用すると，傾斜方向（区画の短辺方向）の区画間段差だけでなく，隣接する区画側（区画の長辺方向）へも段差が生じる（図3-20，3-21）．段差によるつぶれ地（unusable land）の発生は耕作面積の減少に直結するのに加え，地形に適合しない区画形態の造成は運土量（切盛土工量）を増大させ，工事費もかさみ非経済的となる．さらに，現実には水張面は不整形で作業性の悪い区画も多く発生する．また，切盛土工量が大きいと，地震などの地盤災害時の安全性への不安，そして近年は環境や景観面からも問題視される．しかし，今なお傾斜地では長方形区画が採用される地区は多く，課題といえる．

図3-20　傾斜地での長方形区画

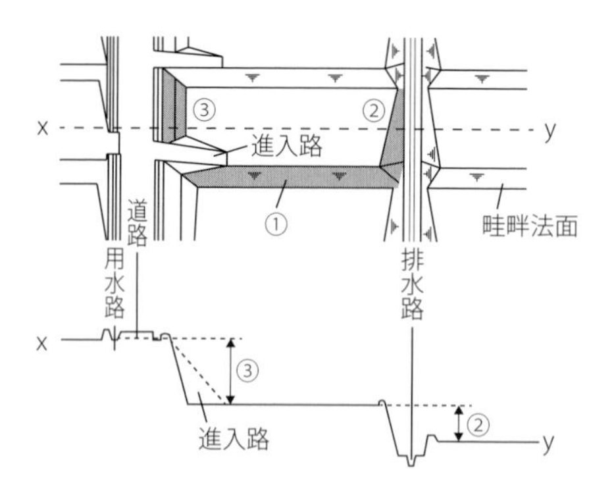

図3-21　長方形区画により生じる段差と進入路

①長辺で接する区画間の短辺方向の段差．②長辺方向に排水路をはさんで接する区画間の段差．③長辺方向に道路をはさんで接する区画間の段差．（有田博之・木村和弘，1997）

(2) 等高線区画

現在，農林水産省の土地改良事業計画設計基準「ほ場整備（水田）」では傾斜地の整備には等高線区画の採用が推奨される．等高線区画

（contour lined plot）とは，地形に調和的に区画長辺を等高線に沿わせて，長辺を曲折させて配置する区画である．

一方，区画を等高線に忠実に適合させすぎると瓢簞（ひょうたん）形や過度な折線形の区画となり，耕うんや田植えなどの機械作業に重複や欠株などの支障が生じる．これに配慮したのが，平行畦畔型等高線区画（parallel levee type contour lined plot）である（図 3-22）．基本は，①区画の短辺幅が一定（区画長辺が平行畦畔となる），②長辺の曲折部は機械作業の支障にならない角度（150° 以上）とすることである．なお，図では曲折部は折線だが，曲線でもよく，その方が景観にもよい．

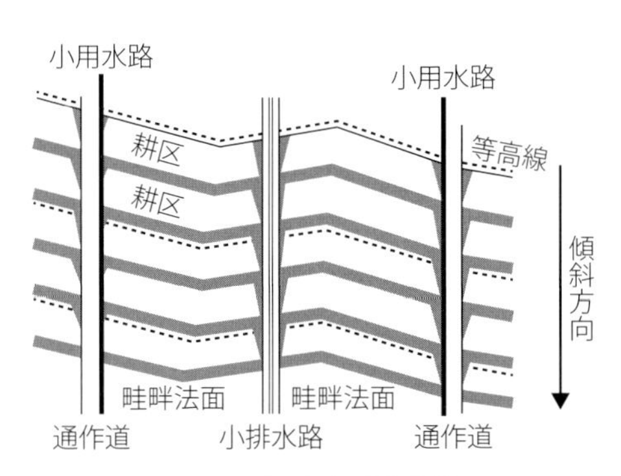

図 3-22　平行畦畔型等高線区画
（農林水産省，2000）

等高線区画の特徴を図 3-23 に示した．長方形区画で課題だった土工量の増大による経済面や防災面の問題の軽減，さらに隣接する長辺方向の区画間段差が生じにくいため，将来の再区画整理（additional land readjustment）では長辺方向の区画の合併および拡大が可能となる．また，後述する作業環境の安全面や維持管理面，環境や景観面においても

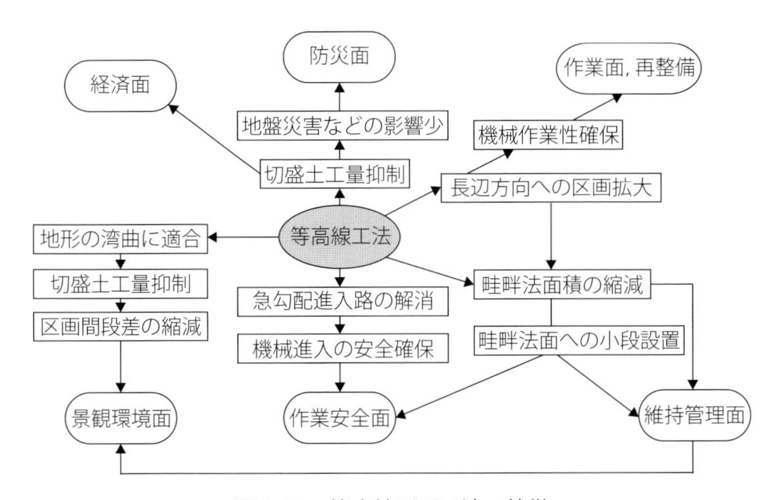

図 3-23　等高線区画工法の特徴

優位性を持つ.

(3) 傾斜地の道路，水路および畦畔の整備のあり方

具体的な整備では，以下の点に留意して計画立案することが望ましい.

①**道路**…等高線区画の採用を前提に道路配置も検討する. 配置は碁盤目状に拘泥せず，勾配が基準限界（12%）を超過しないよう，主傾斜を直登させず，斜めに迂回するなどの工夫も必要である. 先述の通り区画に沿接する支線農道では区画との段差解消を最大限に重視し，勾配を柔軟に対応させるべきである.

また，山間地域の傾斜地では，水田団地の周囲は樹林の場合が多い. 農地周辺の樹木は日陰や通風などの影響を与え，また，近年は鳥獣害につながる要因としても認識される. これらの対策として，水田団地の周囲に周回道路を配置し，周辺環境も含めた管理にこれを用いるのが合理的である. 獣害防止柵が設置される個所では柵の管理面でも有効となる. また，樹林帯との間に道路幅員分の空間が生じることで，獣害に対する緩衝帯的機能も期待できる.

②**水路**…傾斜地の水路は，平坦地で一般的な，幹線－支線－小水路といった3段階体系にこだわらず，地形に応じて幹線から直接小水路といった2段階での対応も検討する. また，平坦地の整備では用・排水路は分離する必要がある. 1/50以上の傾斜地では用排兼用水路でも耕区短辺に沿って水路水位差が大きく，上流側で取水し下流側で排水することで，自由な水管理が可能となる. さらに，同一耕作者が連続する区画間では田越し灌漑を併用することで，用水節約的となり，水管理面でも合理的な場合がある.

③**畦畔**…傾斜地では畦畔は崩壊せぬよう堅固に築立されねばならない. 盛土の各種方式を図3-24に示した. aの方式では，重要な縁端部下層（斜線部）の転

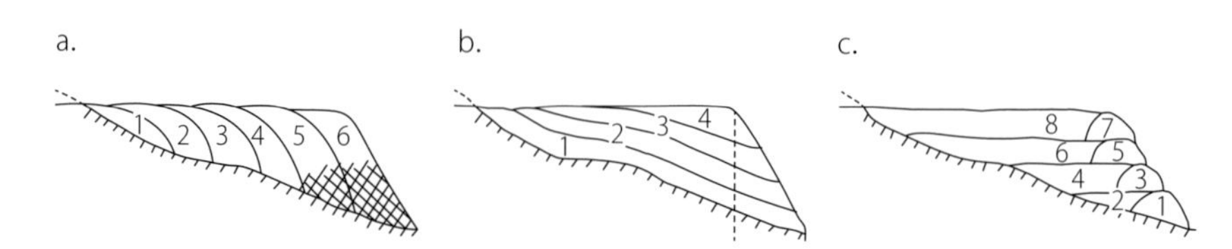

図3-24　盛土の各種方式

a：押し出し方式，b：成層盛土方式，c：縁線寄土転圧・裏込め撒出し転圧方式.（岩手大学農地造成研究会，1993を一部改変）

圧が不十分になる．b の方式は法面に撒出しむらが出る．また，法面を重機のバケットで叩き，転圧および整形する例が多いが，これだけでは堅固な法面にはならない．そこで，c の番号順のように，まず盛土の先端部に土を寄せて転圧し，次にその内側を土で埋めて転圧することを繰り返す方法が望ましい．すなわち，1 → 2 → 3 → 4 → 5 → 6 → 7 → 8 の順である．これにより各層が鉛直方向に十分転圧され，法面崩壊が予防される．

3）安全な農作業環境の形成

耕作放棄の素因は耕地条件の悪さだが，これは労働作業環境の劣悪性にもつながる．作業環境の劣る産業および現場の持続はありえない．そこでは作業事故の発生が懸念される．農作業事故の件数は 40 年来，年に 400 件前後で推移し続けている．死亡事故は乗用型トラクターによる転落や転倒が多く，傷害事故を含めると動力刈払機が最も多いとされる．事故は人，機械，作業環境の各要因とその複合で生じるが，作業環境の改善は持続的営農に不可欠な必要条件といえる．

(1) 区画への進入路

図 3-21 で示したように，道路と区画間に段差が生じると進入路が必要になる．長大な進入路は作業機械の転倒および転落の要因となる（図 3-25）．進入路の発生を防ぐには，長辺方向に区画間段差の生じない区画配置にすることである．等高線区画は道路を挟む区画長辺方向の段差が解消されるため，進入路の発生を抑制する．また，道路と区画が接するように道路の勾配を田面標高に合わせ柔軟に変化させること，進入路が必要な場合もその位置を，農作業上からは区画端に配置されるのが望まれるが，可能な限り段差が小さくなる場所にすることなどの工夫も求められる．

図 3-25　長大な進入路

(2) 畦畔法面の除草作業と法面形状

傾斜地の整備では傾斜方向の区画間段差の解消は免れない．そこに大きな畦畔法面（levee slope）が形成され，維持管理労働として年間３～４回程度の除草作業が行われる．持続的な除草作業が美しい畦畔法面の景観を創出，維持する．一方，夏季の暑い時期に足場の悪い法面上の作業は重労働で，生産に直接関係しないこともあり敬遠されがちである．また，動力刈払機による作業事故も多い．しかし，除草作業の粗放化に起因して畦畔法面の崩壊が発生する例もあり，管理作業は不可欠とされる．

除草作業では斜面での足場の確保が重要である．安定した足場が作業の安全性に寄与する．農林水産省の土地改良事業計画設計基準「ほ場整備（水田）」で示される除草作業の安全に配慮した法面形状を示した（図 3-26）．作業負荷が最も高いのは法先部（法面下端）である．下部の水田は湛水しているため，法面が軟弱化するうえ，生育するイネに注意しつつ，湛水面に刈草が落下しないように作業される．法先と法面中段への小段設置はこれら作業の安全と省力に効果が大きい．整備の実施時に，農家は小段によるつぶれ地を嫌うこともあるが，導入後の評価は高い．法先部の除草は，法面下流側の水田耕作者が実施する地域も多く，また，小段は下流側のイネ生育管理などの見回り用としても利用できるため，土地所有者の意向のみで小段の採否を決定すべきではない．地域内の除草作業の安

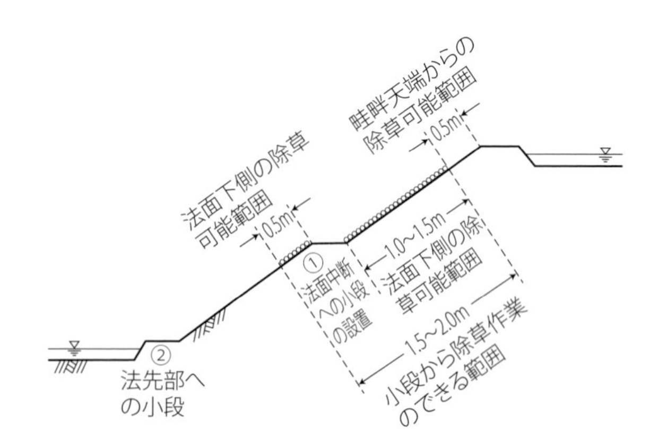

図 3-26　除草作業の安全に配慮した畦畔法面への小段設置
（有田博之・木村和弘，1997）

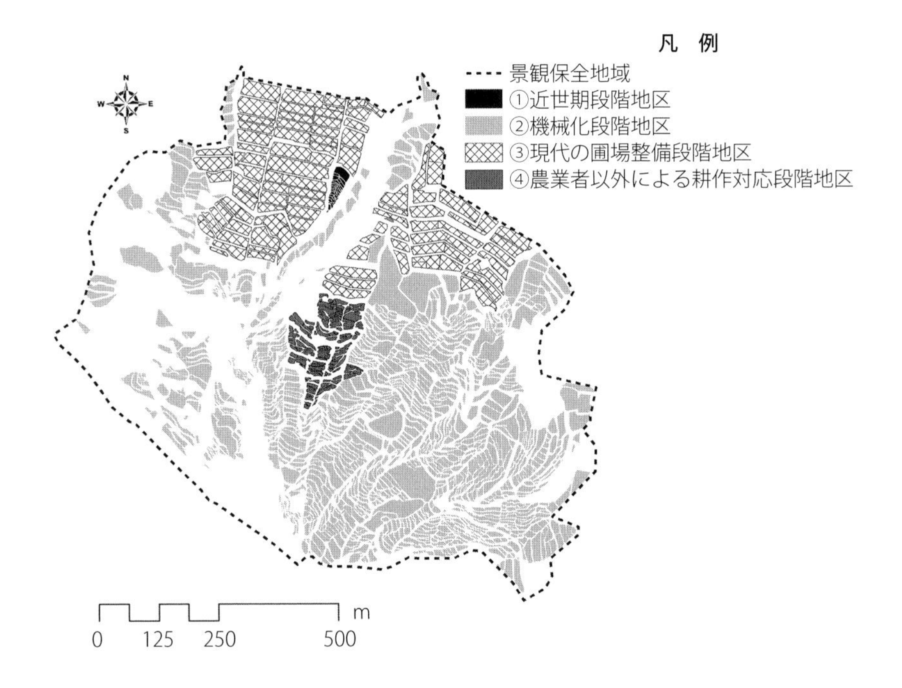

産業遺産価値区分	整備水準と地区名称	区画形態の特徴	産業遺産価値と改変許容度合	備　考
①近世期段階	伝統的形態保存 名勝：四十八枚田地区	過去の事業導入はなし．狭小・不整形区画で多くは道路および水路との接続なし．畦畔幅 30 ～ 40 cm，高さ 10 cm 未満多い	近世・江戸期（棚田創成期）からの区画形態に最も近い．現状を維持し，改変不許可	手作業（くわ，すき，牛，馬による耕うんなど）
②機械化段階	農業継続型部分整備 名勝：上姪石地区，その他無指定地区	圃場整備事業は未実施，不整形区画多い．田直し，畦畔嵩上，道路と水路の新設および改修は継続して実施	小型機械導入を前提とした作業体系変革期を象徴する区画．名勝指定区域を除き，基盤整備は最大 10 a 程度まで許可	軽トラック，小型トラクタの使用
③現代の圃場整備段階	農業継続型全面整備 整備地区	等高線型区画を含む圃場整備の実施．道路および水路が区画に接続．進入路の解消．畦畔法面の除草作業に配慮した小段の設置	共同体的規制から個別管理への変革，中型機械化体系への移行を象徴する区画．作業環境の安全性に配慮された区画形態．生産性重視からの変革も象徴．隣接する区画間の畦畔除去可	大型トラクタ，コンバインなどの使用
④農業者以外による耕作対応段階	景観保全型整備 名勝：姪石地区	オーナー制度の実施を前提に復田整備．耕作放棄以前の区画を基本に一部区画を合併．畦畔の天端幅と高さは，来訪者を想定し築立．用水管理簡易化のため自動給排水設備設置	「受益者＝農業者」という考え方を前提としない画期的整備内容による区画．原則改変不許可	農家でない人たち，棚田応援団，棚田の魅力にとりつかれた人々

図 3-27　姨捨棚田のゾーニングによる地区保全計画

全と持続から，設計者や現場技術者は作業環境への安全意識を高め，これらの作業環境形成を勧め，整備を実施することが強く望まれる．

4）棚田の保全と整備

(1) 文化的景観

これら地域への社会的な要求は高まり，特に急傾斜地水田の「棚田」に象徴されるように各種保全活動も活発化し，景観保全に関しては「名勝」や「重要文化的景観」（☞ 第8章2.6)「農地景観の顕彰」）といった文化財指定地域も増えている．棚田は耕作の継続がなされて初めて意味を持つ．耕作条件の劣悪さによって耕作放棄化が増加する中，最低限の作業条件の改善を望む作業者と，歴史・文化性を踏まえて現状形態を維持すべきとする非作業者との間でのコンフリクトが課題となっている．これを緩和し，これらに配慮した整備技術が必要とされる．整備の必要性を理解，共有し，整備前の段階で両者の主張に可能な限り調和的な設計計画により検討する必要がある．実態を踏まえた将来の営農形態を描き，これを実現するための整備完成予想図などを従来の平面図ではなく，3次元などのよりビジュアルな形で提示，議論する必要がある．文化財として名勝指定されながら耕作放棄化が進展した長野県姨捨地区では，これらの方法技術を用いて地元の農家や委員会，文化庁との合意が目指された．多くの棚田地域では今後，従来の技術に加えて，こうした整備支援技術の開発と活用が求められている．

(2) 地区区分（ゾーニング）による農地の保全

従来からの圃場整備の実施による地域住民の農地保全・耕作だけでなく，近年は都市住民との交流による棚田オーナー制度などによる保全農地も少なくない．いずれにせよ，地区ごとあるいは地区内をその特性を考慮して目的別に地区区分（ゾーニング）し，これに合わせた保全方法で適切に対応することが求められる．

重要文化的景観に選定された長野県姨捨（おばすて）地区では，現況農地の区画形態の歴史的段階性を基本に地区内を，①近世期段階，②機械化段階，③現代の圃場整備段階，④農業者以外による耕作対応段階の4つに区分し，今後はこれに基づいた整備と保全を図ることとした．こうした地区区分を早期に実施し，必要な整備を踏まえた保全策を急ぎ講じなければ，多くの傾斜地の農地は失われる可能性が強い．

第4章
畑地の灌漑と排水

1．畑地の構造と土壌

1）畑地の構造

畑地とは，水田のように栽培期間中に湛水状態を維持することなく作物を栽培する農地である．わが国においては梅雨や台風のような一時的な豪雨が見られるものの長期にわたる雨期が存在せず，河川や湖沼の近くの湿地や低平地を除けば，国土の大部分において降雨による表層土壌の湛水は一時的なもの（数時間～数日以内）にとどまる．このような場所では，水田として利用するために必要な長期間の湛水状態を可能とするためのさまざまな工夫，用水の確保や耕盤層の形成，畦畔の確保などをするよりも，畑地として利用する方が楽であるといえる．しかし，国土の狭い日本では，古くより単位面積当たりの獲得カロリーの高い米が主食であったため，用水獲得や栽培方法の工夫によって水田として利用できる場所についてはことごとく水田として開発されてきた．

畑作においては，圃場を長期間にわたり湛水状態にすることはない．これは，湛水により表層土壌が水で飽和すると，土壌内部に空気が届かなくなり，根が呼吸できなくなるためである．水稲は，根に空気を送り込む組織を自ら発達させ，湛水条件に適応しているが，畑作物は，湛水状態が続けば枯死するのが一般的である．つまり，水田が「湛水状態を維持する」農地であるのに対し，畑地は「湛水状態を許さない」農地でなければならない．そのため，畑地には水田で必要となった耕盤層のような難透水層や畦畔，水平性などがあるとかえって障害となる危険性が高い．特に，土壌水分量が高い状態となることを嫌う（湿害に弱い）作物を作る畑地では，降雨を農地から速やかに排水する必要があり，深い層の土壌まで密度を低くして地下浸透を促進するとともに，傾斜を付けることで地表排水も促進する必要がある．水田では圃場整備による転圧や代かきによって人為的に耕盤層を確保するが，畑地においても農業機械や作業者の踏圧により深さ数十cmに透水性の悪い層（硬盤層，すき床）ができることが知られている．この硬盤層には機械走行の安定性確保の役割が期待されるものの，過度の硬盤層の発達は，湿害や根菜類の生育抑制の危険性を高める．そのため，硬盤層を破壊するために通常よりも深くまで耕うんする深耕（☞ 第5章2.3)「土層改良の種類と工法」）が行われることがある．

水田ではイネを中心に，湛水条件下で生育可能なイグサやハスといった限られた品目の作物が栽培されるのに対して，畑地で栽培される作物は，栽培期間や栽培時期，栽培方法が非常に多種多様である．畑地の分類として，同じ個体から実や葉などの収穫が複数年可能である果樹，クワ，チャなどの木本性永年作物を栽培する樹園地，収穫物を直接人間が消費するのではなく，いったん畜産用飼料として利用する牧草地，それら以外の食用の一年生または二年生の作物を栽培する普通畑がある（図4-1）．

普通畑における畑作物の播種から収穫までの期間は，種類によってまちまちである．一般的に葉物野菜は短く，コマツナなどは約1か月で収穫が可能である．ジャガイモやサツマイモは定植後4～5か月で収穫できるものが多く，ダイズも播種から4～5か月，コムギについては春播きが6か月前後，秋播きが8か月前後で収穫が可能となる．畑作物の多くが播種後1年以内に収穫するのに

図4-1　畑地圃場
左：普通畑，右：牧草地．

対して，サトウキビのように収穫後の株から出た芽をそのまま成長させて次の年に収穫する株出しが行われる作物や，コンニャクのようにいったん成長させた芋（生子（きご））を収穫および貯蔵し，次の春に耕うん後，再度植付けするという作業を繰り返し3～4年目に出荷するような例もある．基本的には収穫後，耕うん，整地して圃場を元の状態に戻し，必要であれば畝立てなどの作業のあとに，次の栽培が行われる．一方，畑作物の特徴として，連作による生育障害が発生することがあげられる．同一の品種ではなくても，ナス科やウリ科の作物を連作すると生育不良が生じたり，病気が発生したりすることがある．そのため，畑作農家は栽培期間・時期や前作までの履歴などを考慮して，作物のサイクルを計画することとなる．

樹園地では1回苗を移植してから，通常30～50年にわたり収穫が継続する．移植後，収穫が可能になるまでの期間は作物によりまちまちであり，例えばリンゴであれば3～5年，ミカンであれば7～8年で結実するのが一般的である．施肥や除草などは定期的に行われるが，大幅な農地の更新は植替えの時期に限られるため，樹種や栽培方法に特有の土壌構造となる．牧草地には，その場で家畜が草を食べる放牧地と，いったん草を収穫し，保存後家畜に与える採草地がある．牧草密度の低下や種の割合の変化，土壌の劣化に伴い，数年で牧草地は生産量が低下してくるため，その都度更新作業が必要になる．牧草地の更新には全面的に土壌を耕うんし再度播種する完全更新や，一部のみ耕うん，播種を行う部分更新，播種のみの不耕起更新などがある．

2）畑地の土壌

(1) 畑地土壌の特徴

ある土地を水田として利用する場合には耕盤層や畦畔の造成，均平などを維持する必要があり，そのために，造成時には基盤や表土の整備が，通常の管理では代かきが行われる．これらの作業は土壌の状態を大きく変化させており，自然状態というよりも人為的に作られた状態といえる．それに対し，畑地土壌も耕うんや施肥といった管理の影響を受けるが，水田土壌に比べれば非常に自然に近い状態といえ，土壌の理化学性もその場所の地形や気候に応じた特性を強く残している場合が多い．

畑地の代表的な土壌断面は森林土壌などと同じく，地表からA層，B層，C層と分類される．最も浅い層のA層は有機物を含んだ暗色で，森林土壌のように表層に未分解の落葉のような粗大有機物が積もった層があればA_0層として区別する．一般的に普通畑や牧草地にはA_0層は存在しないが，稲わらなどの有機物を用いたマルチをした場合にはA_0層と近い考え方ができるし，樹園地では落葉や剪定枝によってA_0層が生成されることがある．A層には有機物が分解して生じる腐植物質が多く，また未分解の有機物も含まれる．土壌は粒状で密度が低いふかふかの状態で，さまざまな大きさの間隙が存在する．作物の根が主に分布する層であり，この層での水や養分の挙動が作物生育にとって大きな影響を与える．それより深い層のB層は上からの有機物供給が少なくなり色もA層より明るく，土壌はより大きな塊（亜角塊，角塊状）として存在する．C層は母岩が風化した母材からなり，有機物は非常に少ない．以上のように，これらの層位の区分は，有機物の堆積や土壌中の物質の溶脱および集積，母材の風化程度などの土壌生成過程の観点から定義されたものであるが，耕起により作物根が主に分布する土層を作土層，それより下の層を心土層と呼んで区別することも多い．前述の層位区分では，作土層はA層の全体もしくは一部，心土層はB層に相当する．

(2) 畑地土壌に必要とされる性質

a．土壌の保水性

畑地の土壌は，通常，間隙内が完全に水で満たされた「飽和状態」ではなく，大気と連続する空気が混在する「不飽和状態」にある．不飽和状態の土壌中の水は，土壌粒子のみならず土壌内の空気とも接している．土壌粒子の間の間隙を図4-2のような細い管と見なすとき，分子間力などにより管の壁面が水分子を引きつけるため，壁の近くの水面は壁に沿うような形状になる．一方で，空気と水の境界にある水分子は内部の水分子から引き寄せられるため，この境界は図4-2のように上が凹んだ球面となることが知られている．このとき，この境界面には上方から大気圧，下方から水圧が作用するが，この境界面の外周である水・空気・土粒子の3つの境界となる円周（図4-2の点線）には，上向きに水の表面張力が働いている．これらの鉛直方向のつり合いを保つためには，水の圧力は空気の圧力（大気圧）より低い圧力（負圧）にならねばならない．このような土粒子との相互作用により生じる間隙水の負圧の絶対値は「吸引圧」,「水分張力」,「サクション」などと呼ばれ，土壌間隙中の水の状態を表すために広く用いられる．

土壌はさまざまな大きさの間隙で構成されているが，乾燥が進むとより狭い隙間のみに水が残るようになる．土壌水の圧力は境界面の曲率半径が小さいほど（図 4-2 であれば管の半径が小さいほど）低くなるので，狭小な隙間に残った水ほど圧力低下は大きくなる．圧力が低下した水を，間隙から吸い出すためには，その圧力よりさらに低い圧力で吸引する必要がある．作物根は，根の内部の水圧を土壌水の水圧より低下させることにより土壌水を吸引する．乾燥が進んで非常に微細な間隙のみに残った水は，水圧が著しく低下しているため，吸い出すことは容易ではない．植物生育を良好に保つためには，栽培期間中に畑地土壌の水がどれほどの負圧となっているか（乾燥しているか）を管理し，適切な水分状態にコントロールすることが重要となる．

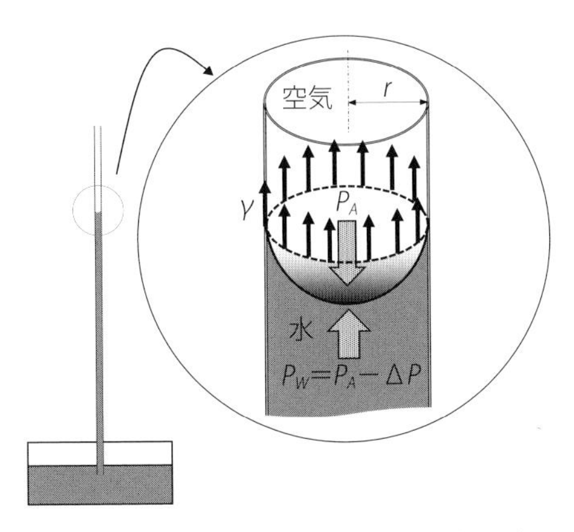

図 4-2　細い管内に保持された水と空気の界面に作用する力

表面張力は，水・管壁（土粒子）・空気の界面となる円周上（図中の点線）で鉛直上向きに作用し，その合力は $2\pi r\gamma$ である．また，大気圧および水圧が，水と空気の界面に及ぼす力は，それぞれ πr^2P_A，πr^2P_W である．これらのつり合いを考えると，圧力差 ΔP は $2\gamma/r$ となる．つまり，管の半径に反比例して水圧は低下することがわかる．（吉田修一郎氏 原図）

土壌水の負圧（もしくは吸引圧）と土壌の水分量との関係は水分特性曲線と呼ばれる（☞ 図 4-7）．小さな間隙が多いほど，また比表面積が大きいほど，大きな負圧下での含水率は大きくなる．土壌水の負圧は，低水分においては圧力として測定できない(絶対値が)大きな値となる．そのため,「ポテンシャルエネルギー(基準とする状態から，考えている状態に微小量の水を移すための可逆的な仕事を水の単位量当たりで表したもの)」が導入されている．土壌の外部に取り出された土壌水（溶質含む）を基準としたときの土壌内部の土壌水のポテンシャルエネルギーを「マトリックポテンシャル」という．また，その基準を土壌外部の純水（溶質を全く含まない水）としたときの土壌水（溶質含む）のポテンシャルエ

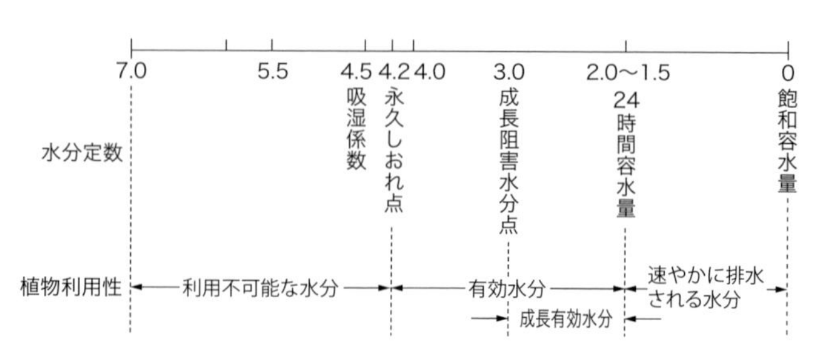

図 4-3　pF と土壌水分状態の関連
（山崎不二夫，1972 を参考に作図）

ネルギーを「水ポテンシャル」という．水ポテンシャルは，前述のマトリックポテンシャルに，溶質の存在に由来する「浸透ポテンシャル」を加えたものである．単位体積当たりのマトリックポテンシャルは，間隙水の負圧（単位 Pa）として計測することが可能である．Pa で表される土壌水のマトリックポテンシャルを，水の単位体積重量 $\rho_w g$ [Nm^{-3}] で割ることにより，重力場における静水圧下での水深で表したものを水頭または水柱高さといい，cmH_2O あるいは mH_2O という単位で表記する（☞ 第 2 章 4.「水田の浸透」）．また，cmH_2O で表された水頭の絶対値の常用対数は pF と呼ばれ，作物を栽培するうえでの土壌水の状態を表す指標として広く用いられている．畑地の水分管理をするうえで重要な pF の値としては，図 4-3 に示されているようなものが知られており，水分定数と呼ばれる．その意味については，本章 2.2)「灌漑計画」で解説する．

b．土壌の通気性

根の吸水にとって土壌の保水性が非常に重要な指標になる一方，根の呼吸にとっては土壌中の酸素や二酸化炭素の移動特性であるガス拡散係数と通気係数が重要である．ガス拡散係数は，注目するガス（気体）の土壌中での濃度の勾配とそのガスの単位土壌面積当たりの拡散移動速度（フラックス）の比例定数であり，大きいほどガスの分子拡散による移動が速くなり，即座に根の周辺にたまった二酸化炭素が大気に放出され，欠乏した酸素が大気から供給されることになる．通気係数は土壌空気の気圧の差による空気の流れやすさを表す．土壌中では空気の湧きだしや吸収はないため，一方向の空気の流れに乗ってガスが移動する「移流」は無視できる．一方で，気圧の変動による空気の振動によっても，注目するガスに濃度差があるときには，濃度の高い方から低い方へ正味の輸送が起こる．ただし，土壌中の空気圧の変動は，表層近傍に限られているため，土壌中のガスの移動は分子拡散が中心となる．どちらのガスの移動特性も土壌の気相の割合（気相率）に大きな影響を受けることから，畑作物の栽培時には土壌の排水性を確保し，気相率が低い状態が続かないように注意する必要がある（図4-4）．作物により乾湿に対する耐性には差があるが，一般的には気相率が10％以下になると植物根の生育に支障が出る危険性が高まるといわれている．

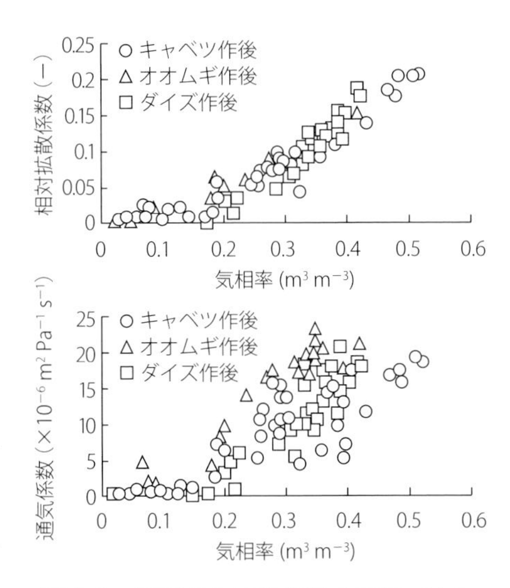

図 4-4　気相率と拡散係数の関係（上），気相率と通気係数の関係（下）
相対拡散係数とは，外気中の拡散係数と土壌中での拡散係数の比．（足立一日出ら，2001）

c．その他の理化学性

土壌中での水移動の速さは，第2章4.1)「浸透のメカニズム」で述べたように全水頭の勾配（駆動力）に比例し，その比例定数である透水係数が，水の流れやすさを表す指標となる．不飽和状態では，水の流れやすさが含水量により異なるため，飽和時の透水係数である「飽和透水係数」と区別して特に「不飽和透水係数」と呼ばれる．不飽和透水係数は，飽和透水係数よりも小さな値となる．これは，土壌水分の減少に伴い水の移動できる領域が減少するとともに，移動が遠回りになるためである．

現代の農業では肥料を使わないことはまれであるが，無機，有機問わず，肥料は土壌に散布後，化学的な反応もしくは微生物学的な反応により変化し，作物にとって利用可能な形態となる．反応の際に生成された化合物が水に溶けた場合，施肥した場所の化合物（もしくはイオン）濃度が高くなれば，周囲の濃度が低い場所へ向かって化合物（もしくはイオン）が拡散移動（分子拡散）する．また，土壌水が移動すれば，土壌水に運ばれる形で化合物も移動する．水移動速度は間隙により異なるため，移動中にさまざまな濃度の土壌水が混合され，場所による濃度差が小さくなる．化合物（イオン）の中には土壌粒子や土壌中の有機物などと結合すると，移動しにくくなる特徴を有するものがある．肥料の移動しにくさは土壌水に溶解した化合物の量に対する土粒子に吸着されて存在する量の割合，すなわち保肥性に依存し，陽イオン交換容量などを測定して評価する．

(3) 土壌構造と肥培管理

土壌が降雨や灌水によりいったん飽和した際には，根の呼吸に必要な気相が，速やかな排水により確保されなければならない．また，排水が完了したあとには，根が吸水できる程度の負圧で保水されている水が十分に残っている必要もある．換言すれば，畑地土壌には，図 4-3 に示された飽和容水量と 24 時間容水量の差が十分あり，同時に成長有効水分量が大きいことが求められる．土壌の間隙の大きさがすべて同じであったら，間隙の水は，ある吸引圧まで全く排水されず，それを超えると一斉に排水される．つまり，このような土では，通気不能な完全な飽和状態か，水分が皆無な状態のどちらかしか存在しないことになる．作物の生育を保証するためには，大きさが狭い範囲に偏った間隙ではなく，通気性を維持するための大きい間隙と成長有効水分を保持できる中小の間隙の両方がバランスよく存在することが理想である．

土壌はその生成過程を考えると，最初は母岩が風化を受けた一次または二次鉱物の状態であり，ある場所においては同じ気候や地形の影響を受けて非常に粒径分布の偏った土壌が生成されると予想される．風化の影響が弱く，粒径が大きい砂または砂質土の場合はそれぞれが粒として存在し，土壌全体は粒径の揃った単粒構造になる．これに対して，風化の影響が強く，粒径が小さくなると粘土が多い粘質土になるが，この場合は水を含んで全体がべったりとしたカベ状構造になる．砂質土の間隙は大きいものがほとんどで，逆に粘質土の間隙は小さいものがほとんどであるため，植物の根にとっては生育しやすいとはいいがたい．しかし，時間が経ち，植生や人為的な行為により砂質土に有機物が結合すると粒状の構造へと，また粘質土が乾湿を繰り返すと亀裂が入り角塊状の構造へと変化する．さらにこれらの土壌にさらに有機物や微生物の影響が加わることにより，複数の粒子が集合した団粒が形成され，団粒状構造となる（図 4-5）．団粒は 1 つの大きな粒子として振る舞い周囲に大きな間隙を作る一方で，団粒内には単粒同士の形成する小さな間隙を有する．そのため，団粒構造の発達した土壌にはさまざまな大きさの間隙が存在し，作物の生育に都合がよい．畑地において土壌の団粒化の

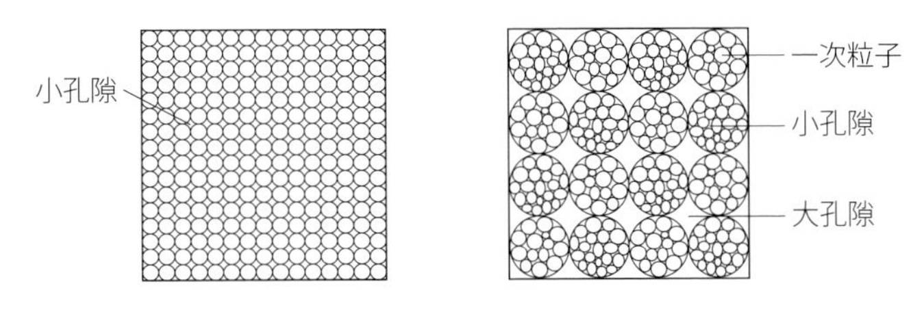

図 4-5　団　粒
（山根一郎：「土壌学の基礎と応用」，農山漁村文化協会を参考に作図）

促進は，土壌管理の目標の 1 つである．

畑において植物の生育を促進するための作業，例えば灌漑や耕うん，施肥は肥培管理と呼ばれ，効率的に収穫を得るために必要不可欠である．これらの作業には，直接作物に水や空気，肥料成分を供給するという役目だけでなく，土壌の理化学性を良好な状態に維持するという役割がある．例えば，有機性の肥料の施用は，作物だけでなく土壌微生物も活性化させ，団粒の形成を促進させることが期待できる．さらに，堆肥のような固形物を土壌に混入すると，土壌と固形物，または固形物同士が新たな間隙を作り，保水性が改良されることが期待できる．耕うんは土壌中に空気を供給し，同時に土壌を柔らかくして根の生育を促進するが，土壌微生物の活性化に伴う団粒化を促進することも期待できるし，粘質土では排水性を改良することで乾燥化を促し，土壌構造を発達させることもできる．ただし，過度の耕うんや水分量の高い状態での耕うん，未熟堆肥の投入は，かえって理化学性を悪化させる危険性がある．肥培管理を適切に行うことにより土壌を良好に保つことが，生産性と持続性の高い畑作を行うために必要不可欠といえる．

(4) 畑地によく利用される土壌

畑地として利用されるのは水田としての利用が難しい土地であったことは前述の通りであるが，降雨量が少なく用水の確保が難しいという問題と併せて，土壌の透水性が大きすぎるため湛水ができない場所が畑地となっているといえる．図 2-4 でわが国の水田と畑地を構成する土壌群の割合を比較すると，砂丘未熟土，黒ボク土，褐色森林土，赤色土，暗赤色土，褐色低地土は，水田よりも畑地としての利用が多いことがわかる．これらの土には共通して透水性が高いという特徴が見られる．詳細に日本の畑地面積に対する各土壌群の割合を見ると，普通畑と牧草地のそれぞれ40％以上が黒ボク土の畑であり，樹園地に関しては褐色森林土や黒ボク土，黄色土の割合が高くなっている．

黒ボク土は，北海道，関東・東山（山梨・長野），東北，九州に広く分布する土壌で，火山灰由来の表土が黒い土壌である．火山灰由来の活性アルミニウムを多く含むため，有機物と強く結合する傾向があり，有機物による団粒構造が発達しやすい．透水性や通気性にも優れるため，畑作物の栽培に非常に適した土壌物理性を有する．一方，活性アルミニウムにリン酸が強く吸着されてしまうため，作物のリン酸欠乏が生じやすい．酸性も強いため，石灰などの酸性矯正剤とリン肥料が大量に必要となる．また，水分量が高いときに撹拌する（練り返す）と，乾燥後に固化する性質がある．固化した黒ボク土は透水性および通気性が著しく低下するため，耕うん作業など，土壌を撹乱する作業を行う際には土壌水分量に注意を払わなければならない．

褐色森林土は，北海道，中国・四国，東北に分布する土壌で，湿潤温帯の落葉広葉樹林や混合林において生成された土壌である．樹園地として用いられることが多く，日本の樹園地の約1/3が褐色森林土壌である．

赤色土および黄色土は排水良好な条件で生成される土壌であり，色によって土壌群が分けられる．日本の農地には黄色土の方が多く，水田まで合わせた全耕地面積で比較すると，黄色土の耕地面積が赤色土の耕地面積の約7.5倍になる．黄色土の耕地は九州，中国・四国に分布するが，北海道ではほとんど見られない．

2．畑地の灌漑

1）畑地灌漑の意義

植物は，生育過程で大量の水を根から吸水して葉の気孔から蒸散させる．この水の量は，作物の場合に収穫物の質量の数百倍～千倍以上になる．植物は光合成に必要なCO_2を大気から取り込むために気孔を開いて体内を外気にさらすのであるが，これと引換えに体内の水分が蒸発して失われるためである．土壌水分が不足すると植物は気孔を閉じて蒸散を抑えようとするが，そうなると光合成に必要なCO_2を十分に取り込めなくなって生育が阻害される．灌漑は，降雨による土壌水の供給が不足する場合に，水を与えて土壌水分を補給するものである．土壌が蓄えて植物が利用できる水の量が多いほど，植物は長期間の乾燥に耐えられる．作物の生育期間中に根圏の土壌水分が不足する程度が，畑地灌漑の必要性と必要水量を決めるものである．これを決めるのは，生育期間中の蒸発散量，降水量，連続する無降雨期間，根圏土層が蓄えて植物が利用できる土中の水の容量である．畑地における作物の消費水量は蒸発散量（葉からの蒸散と土壌面からの蒸発）である．土壌水分が十分にあるときの蒸発散量は可能蒸発散量（E_p）といわれる．年間降雨量が年間の E_p を下回る乾燥地では農業を行うのに灌漑は不可欠であるか，または灌漑によって生産を著しく増加させることができる．年間降雨量が E_p を上回る場合でも，乾期など長い乾燥期間が作物生育期間にある場合には灌漑が必要となる．降雨量と可能蒸発散速度はその地域の気象条件であるが，気象条件が同じでも土壌の水を蓄える容量が小さければ，土壌水が不足する期間が長くなる．

以上は，畑地における灌漑の意味であり，水田における灌漑は全く異なる．水田灌漑は水田を湛水状態にしてイネを育てるための灌漑である．畑地における灌漑が求められるのは特に乾燥地域においてであるが，水田灌漑は，わが国のような降雨の多い湿潤な気候でも不可欠である．わが国の農業用水の取水量は，水資源全体（河川取水量）の約 2/3 であるが，その 95％は水田に灌漑される水で，畑地における灌漑水量は少ない．

2）灌漑計画

(1) 蒸発散量

作物の蒸散（に伴う根からの吸水）と土壌面からの蒸発は，どちらも根圏の水分が大気に失われることであり区別して測定できないため，両者を合わせて蒸発散と呼ぶ．蒸発散量が作物の消費水量であり，これを補うのが畑地灌漑の基本目標であるが，水資源が比較的豊富なわが国は別にして，一般に畑地灌漑が行われる地域は水資源に限りがあり，灌漑下の蒸発散量を正確に算定することは灌漑計画の重要事項である．蒸発散量が 10％少なければ灌漑面積を 10％増やすことができるが，蒸発散量を過小評価して計画すれば作物の要求量を満たせずに収量は低下する．しかし，蒸発散量は測定が難しい．

蒸発散は植物体内の水や土壌水が水蒸気となって，上空との水蒸気密度差によって上空に運搬される物理的プロセスである．空気が含むことのできる最大の水蒸気量（飽和水蒸気圧）は温度の関数で温度が高いほど指数関数的に増加する一方，1 g の水が水蒸気になるために 2.45 kJ（約 500 cal）もの潜熱が必要であるため，この熱が供給されないと表面温度が低下して蒸発は停止する．蒸発が継続するには蒸発面への熱の供給が必要で，蒸発速度は熱収支に支配される．蒸発散は，地表で熱となった太陽からの放射エネルギーが蒸発潜熱となって上空に運搬されるプロセスで，日射量が多いほど蒸発散量は多く，また気温が高いほど熱となった放射のうち潜熱の割合が大きい．土壌水分が十分にあり蒸発表面（土壌表面や植物の気孔内）に接する空気の含む水蒸気圧が飽和状態（相対湿度が100％）であることを前提に，蒸発表面における熱収支式と，植物の気孔と群落内の抵抗を含めて大気の熱（潜熱，顕熱）の輸送式を組み合わせて蒸発量を求めるのが，次のペンマン・モンティース式である．

$$\lambda ET = \frac{s(R_n - G) + \rho_a c_p \{(e_s - e_a)/r_a\}}{s + \gamma \{1 + (r_s/r_a)\}} \tag{4-1}$$

ここで，ET：蒸発散量，λ：水の蒸発潜熱，R_n：純放射，G：土への熱フラックス，e_s および e_a：大気の飽和水蒸気圧と水蒸気圧，ρ_a：空気の密度，c_p：空気の比熱，s：飽和水蒸気圧 - 温度曲線の勾配，γ：サイクロメータ定数，r_a：空気力学的抵抗で風速に依存，r_s：気孔抵抗や群落内抵抗を含む表面抵抗である．

ペンマン・モンティース式は，さまざまな気象条件で蒸発散量を精度よく推定できるが，R_n に影響するアルベド（日射の反射率，α）や r_s および r_a と風速の関係は作物に固有の特性であり，ET は気象条件とともに蒸発面の特性に依存する．そこで，気象条件で決まる蒸発散量と作物の種類や生育段階に依存する要因を分離するために，標準作物（十分に水が与えられた，高さ 0.12 m の牧草で $\alpha = 0.23$，$r_s = 70$ s/m）を想定して，その蒸発散量（標準蒸発散量 ET_0）を気象条件による蒸発散要求量と考え，作物ごとの特性を示す作物係数 K_c を ET_o に乗じて作物の蒸発散量（ET_c）を求めるのが次の FAO- ペンマン・モンティース式である．

$$ET_0 = \frac{0.408s(R_n - G) + \gamma\{900/(T + 273)\}u_2(e_s - e_a)}{s + \gamma(1 + 0.34u_2)} \tag{4-2}$$

$$ET_c = K_c ET_o \tag{4-3}$$

ここで，ET_0：標準蒸発散量（mm/d），ET_c：作物の蒸発散量（mm/d），R_n：作物表面における純放射（$MJ/m^2/d$），G:土中への熱フラックス（$MJ/m^2/d$），T:2 m の高さの日平均気温（℃），u_2:2 m の高さの風速（m/s），e_s:大気の飽和水蒸気圧（kPa），e_a:大気の実際の水蒸気圧（kPa），s：飽和水蒸気圧 - 温度曲線の勾配（kPa/℃），γ：サイクロメータ定数（kPa/℃）である．

(4-2)式の s は気温，γ は気圧に依存する．また，R_n や e_a は本来は現場で測定されるものであるが，普通の気象ステーションで得られる日最高および最低気温，日照，時間，現場の緯度と 1 年の中の日を使って ET_{0129} のおよその計算ができる．その手順は図 4-6 である．また，日本国内について，各地の日ごとの ET_0 を気象データから計算したデータベースを国立の農業環境研究機関が Web 上で公開しており，利用できる．

G は日中は正で夜間は負となり，1 日では R_n に比べて無視できる．(4-1)式および（4-2)式の第 1 項は純放射による蒸発，第 2 項は大気の水蒸気圧不足量（$e_s - e_a$）による蒸発，すなわち相対湿度の低下による蒸発である．一般に第 1 項が第 2 項より大きく，$e_s - e_a$ が大きい乾燥地では第 2 項も重要であるが，湿潤地域ではおよそ第 1 項で ET_0 は決まる．また，風速 u_2 は第 1 項を増加させず，湿潤地域の ET_0 は風速の影響をほとんど受けないが，第 2 項は増加させるので乾燥地の ET_0 は風速によって増加する．結局，ET_0（または ET）を決める要因として重要なのは，第 1 に純放射 R_n（気象条件としては日射量）であり，第 2 に気温であり（気温が高いほど s が大きく熱収支において潜熱の割合が顕熱に比して大きくなり，同じ R_n に対して蒸発量が大きくなる），第 3 に大気の乾燥度（$e_s - e_a$）である．地域ごとの ET_0 の値のおおよその目安を表 4-1 に示した．わが国の ET_0 は晴れた夏の日に 4 ～ 5 mm/d，冬は 1 ～ 2 mm/d，年間では 600 ～ 1,000 mm/y 程度である．

作物係数 K_c は，さまざまな作物と地域で ET_c をライシメータ実験で測定して ET_0 との比として求められており，FAO が表にしている．乾燥地では蒸散の盛んな生育期の K_c は多くの作物で 0.9 ～ 1.3 の範囲で，背が高く葉面積の大きい植物が大きな値をとるが，湿潤地域ではほぼ $K_c = 1.0$ であり，作物の種類による差はあまりない．また，裸地土壌が濡れていれば約 $K_c = 1.1$ であるが，乾燥すれば著しく小さくなる．

(4-2)式は，水が十分に与えられた作物が，平面的に十分に広く均一に広がった標準状態の蒸発散量を表すもので，乾燥した裸地との境界や周囲が乾燥した

$$P = 101.3\{(293 - 0.0065z)/293\}^{5.26}$$ ①式

$$\gamma = c_p P/(\varepsilon\lambda) = 0.665 \times 10^{-3} P$$ ②式

$$T_{mean} = (T_{max} + T_{min})/2$$ ③式

$$e^0(T) = 0.6108\exp\{17.27T/(T + 237.3)\}$$ ④式

$$e_s = \{e^0(T_{max}) + e^0(T_{min})\}/2$$ ⑤式

$$s \equiv \frac{de^0(T)}{dT} = \frac{4098e^0(T)}{(T + 237.3)^2}$$ ⑥式

$$e_a = RH_{mean}/100\{e^0(T_{min}) + e^0(T_{max})\}/2$$ ⑦式

$$R_a = (24 \times 60/\pi)\ G_{SC} d_r \{\omega_s \sin(\phi)\sin(\delta) + \cos(\phi)\cos(\delta)\sin(\omega_s)\}$$ ⑧式

$$d_r = 1 + 0.033\cos(2\pi/365 \times J)$$ ⑨式

$$\delta = 0.409\sin(2\pi/365 \times J - 1.39)$$ ⑩式

$$\omega_s = \arccos\{-\tan(\phi)\tan(\delta)\}$$ ⑪式

$$R_s = \{a_s + b_s(n/N)\}R_a$$ ⑫式

$$N = (24/\pi)\omega_s$$ ⑬式

$$R_{ns} = (1 - \alpha)R_s$$ ⑭式

$$R_{nl} = \frac{\sigma(T_{max,K}{}^4 + T_{min,K}{}^4)}{2}(0.34 - 0.14\sqrt{e_a})\{1.35(R_s/R_{so}) - 0.35\}$$ ⑮式

$$R_n = R_{ns} - R_{nl}$$ ⑯式

P：大気圧（kPa），z：標高（m），γ：サイクロメータ定数（kPa/℃），λ：蒸発潜熱＝2.45（MJ/kg），c_p：空気の定圧比熱＝1.013×10^{-3}（MJ/kg/℃），P：大気圧（kPa），①式で計算，ε：「水/空気」の分子量＝0.622，T_{mean}，T_{max}，T_{min}：日平均，日最高，日最低気温（℃），$e^0(T)$：気温 T における空気の飽和水蒸気圧（kPa），T：気温（℃），s：飽和水蒸気圧 - 温度曲線の勾配（kPa/℃），③式の T_{mean} を使って⑥式で計算，RH_{mean}：日平均相対湿度（%），R_a：大気圏外放射（$MJ/m^2/d$），R_s：短波放射（日射）（$MJ/m^2/d$），測定値がない場合，⑫式により計算，G_{sc}：太陽定数＝0.0820（$MJ/m^2/min$），d_r：太陽と地球との相対距離の逆数，⑨式で計算，ω_s：日没角（rad），⑪式で計算，ϕ：緯度（rad），δ：日射角（rad），⑩式で計算，J：1年の中の日（1月1日が1，12月31日が365），N：1日の可能最大日照時間（hour），n：1日の実際の日照時間（hour），n/N：相対日照時間，a_s：回帰係数：曇った日（$n = 0$）に地表に達する大気圏外日射の割合，b_s：回帰係数：晴れた日（$n = 1$）に地表に達する大気圏外日射の割合，その地方の回帰式がない場合 $a_s = 0.25$，$b_s = 0.5$，R_{ns}：純日射（$MJ/m^2/d$），α：アルベド（短波放射の反射率，標準作物では $\alpha = 0.23$），R_{nl}：純長波放射（$MJ/m^2/d$），σ：ステファンボルツマン定数＝4.903×10^{-9}（$MJK^{-4}m^{-2}/d$），R_{so}：晴天日射（$MJ/m^2/d$），⑫式で $n = N$ としたとしたときの R_s の値．⑧～⑯式で R_n の推定値が計算される．

図 4-6　FAO- ペンマン・モンティース式の γ，s，T，e_s，e_a，R_n の計算方法
（FAO Irrigation and Drainage Papers No.56 より編集）

表 4-1　農業地域の平均的な標準蒸発散量 ET_0（mm/d）

地　域		日平均気温		
		10℃以下	20℃	30℃以上
熱帯，亜熱帯	湿　潤	2 ～ 3	3 ～ 5	5 ～ 7
	乾燥，半乾燥	2 ～ 4	4 ～ 6	6 ～ 8
温　帯	湿　潤	1 ～ 2	2 ～ 4	4 ～ 7
	乾燥，半乾燥	1 ～ 3	4 ～ 7	6 ～ 9

(4-2)式より求めた値.　（FAO Irrigation and Drainage Papers No.56）

ポット栽培であればこれより著しく多くなるし，土壌水分が不足して気孔が閉じればこれよりも低下する．土壌水分が十分な場合の蒸発散量は概念として可能蒸発散量（ポテンシャル蒸発散量 E_p）と呼ばれ，土壌水分によって制約される実際の蒸発散量（実蒸発散量）と区別されるが，(4-2)式の ET_0 は可能蒸発量を具体的に表すものである．

(2) 圃場容水量としおれ点

畑地灌漑を計画するうえで，1 回の灌漑水量と灌漑を行う間隔（間断日数）を決めることが必要である．畑地に一度に多量の水を与えても，短時間のうちに重力で下方に流れて根圏から失われる分は植物が利用できない．十分な水が与えられたのち，重力で下方に流れ去る水移動が「ほぼ停止した」（速度が小さくなった）ときの土壌の含水率を圃場容水量（field capacity）と呼ぶ．圃場容水量は畑地が蓄えて植物が利用できる水分量の上限であり，土壌によって異なる（砂や砂質土では小さく粘質土では大きい）．物理的に，土壌水の重力による移動のしやすさは不飽和透水係数（重力で移動する土壌水のフラックス）で表され，含水率（θ）が低下すると図 4-7 のように対数スケール上でなめらかに低下する．不飽和透水係数 $K(\theta)$ がゼロになることはないので，圃場容水量を厳密に決める物理的な基準はない．しかし，$K(\theta)$ は水分量の減少によってオーダーが小さくなる．そこで，$K(\theta)$ が「十分に小さい」と見なされる基準は，$K(\theta)$ が蒸発散量または年平均の浸透フラックス程度まで低下したときといえる．この浸透フラックスは 1 ～ 10 mm/d（10^{-5} ～ 10^{-6} cm/s）の範囲内であり，$K(\theta)$ がこの程度の値となる θ を圃場容水量と見てよい（この浸透フラックスは，排水性のよい土壌では飽和透水係数に比べて 2 ～ 4 桁小さい）．図 4-7 のような $K(\theta)$ 曲線は，

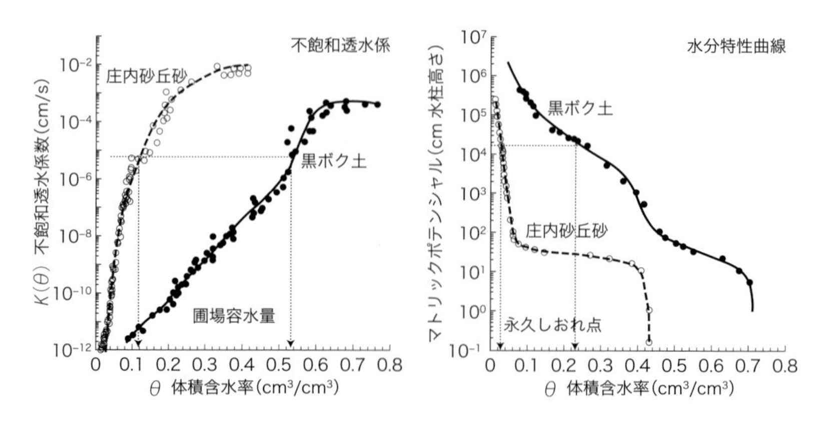

図 4-7　土壌の不飽和水係数と圃場容水量および水分特性曲線としおれ点

研究目的で得たものであり，一般的には測定は困難である．実際の圃場容水量の測定は，現場で十分な水を与えたのち，蒸発散を防いで，基準として決めた「一定時間」後の根圏の含水率を測定して求められる．この「一定時間」を，わが国の畑地灌漑では 24 時間と決めており，このときの含水率を 24 時間容水量と呼ぶ（海外では 48 時間容水量が使われる）．圃場容水量（24 時間容水量）を現場で測定するうえで注意すべきことは，この概念は，地下水位が十分に深くその影響の及ばない排水性のよい土層を想定しているという点である（例えば，下に土層が連続していないポットの排水口の土壌水の圧力は，排水中に大気圧に保たれ地下水面が存在することと等価で，1 日排水後の水分は圃場容水量ではない）．

一方，植物が利用できる土壌水分の下限は永久しおれ点であり，ほとんどの植物が枯れる土壌水分状態が pF 4.2（15 bar）とされている．また，作物の生育が低下し始める水分状態を成長阻害水分点という．これは作物や生育段階や気象によって異なるが，わが国の畑地灌漑計画では pF 3.0 を用いている．しおれ点のマトリックポテンシャルに対応する含水率 θ_w は，土壌の水分特性曲線（含水率とマトリックポテンシャルとの関係）を測定して得られる（図 4-7）．

(3) 灌漑水量と間断期間

植物が利用できる有効水分量（available water content）は，圃場容水量としおれ点水分量との差である．すなわち，

$$有効水分量（cm^3/cm^3）= 圃場容水量（cm^3/cm^3）- 永久しおれ点水分量（cm^3/cm^3） \quad (4\text{-}4)$$

灌漑計画における土壌水分の下限となる（水分量は，許容できる土壌水分量の下限値であり，灌漑の目標によって選択される値は異なる．水資源の制約が大きい乾燥地で作物が枯れないように灌漑をする場合には（4-4)式のように永久しおれ点が採用されるが，水資源の制約が少ないわが国の畑地灌漑では収量を減少させないことが灌漑の目標になるので，(4-4)式の永久しおれ点のかわりに成長阻害水分点を下限値として用いる．また，圃場容水量としては，乾燥期間が短いわが国では24時間容水量を用いる．(4-4)式で計算される有効水分量が大きいほど，降雨や灌漑後の乾燥期間に植物が利用できる水分を多く蓄えられる土壌である．

根圏深さを L として，根圏の水分が均一に減少すると仮定すれば，根圏が蓄えられる水分量は，(4-4)式の有効水分量に根圏の深さ L を掛けて得られる．すなわち，次式で根圏の有効水分量が計算される．

$$根圏の有効水分量（mm）= （圃場容水量 - しおれ点水分量）\times 根圏の厚さ（mm） \quad (4\text{-}5)$$

図 4-8 に根圏の有効水分量の例を示した．この例から，砂丘砂で根圏深さが 0.5 m であれば蒸発散が 5 mm/d のとき，10 日間の乾燥で永久しおれ点となるが，黒ボク土では 30 日以上の乾燥が続かないと永久しおれ点に達しないことがわかる．乾燥地では作物の根圏が深く，それだけ根圏の有効水分量が多く，長期の乾燥に耐えられる．

厳密には，土壌水分の減少量は深さによって異なる．一般に，土壌水分が十分

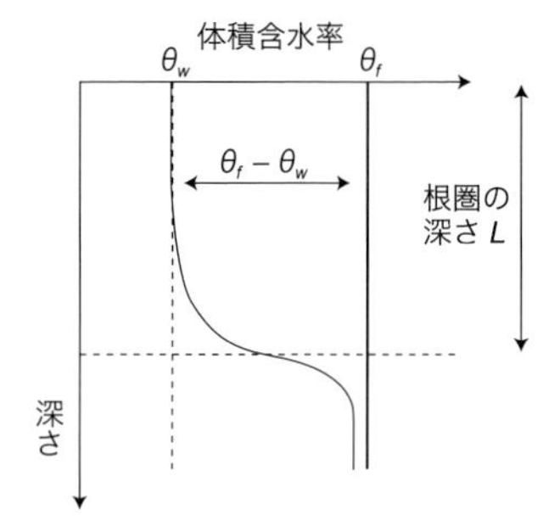

	黒ボク土	砂丘砂
圃場容水量 θ_f	0.53	0.12
永久しおれ点 θ_w	0.23	0.02
有効水分量 $\theta_f - \theta_w$	0.30	0.10
根圏の有効水分量		
L = 0.5 m（日本）	150 mm	50 mm
L = 2.0 m（乾燥地）	600 mm	200 mm

図 4-8　根圏の有効水分量の計算例

なときは，根の多い浅い層で多く吸水して根の少ない深い層での吸水は少ないが，浅い層の水分がしおれ点まで減少すると，水分の多い，深い位置から多く吸水するようになる．土壌水分の減少が均一でないことを考慮すると，根圏を4層程度に分割して畑地の土壌水分の変化を測定し，根が主に吸水する土層（普通，根量の多い最も浅い層）の水分がしおれ点に達した時点での体積含水率の値から，根圏各層の圃場容水量との差を積算すれば，この時点までに根圏から失われた水量（水深換算）を求めることができる．

$$W = \sum_{i=1}^{n} (\theta_{f,\ i} - \theta_{t,\ i}) \Delta x_i \quad (4\text{-}6)$$

ここで，$\theta_{f,\ i}$，$\theta_{t,\ i}$：それぞれi番目の土層の圃場容水量と灌漑必要時点における体積含水率，Δx_i：土層iの厚さ，n：分割数である．

わが国の畑地灌漑計画では，40～50 cmまでの土層を有効土層としている．その中で最も水分消費の大きな土層（通常は最上層）を制限土層と呼び，その含水率が成長阻害水分点（pF 3.0）に達した時点で灌漑を行うことを想定する．この時点での各土層の消費水分量（$\theta_{f,\ i} - \theta_{t,\ i}$）の分布（土壌水分消費型という）において，(4-6)式による消費水分量を総迅速有効水分量（total readily available moisture，TRAM）と呼び，1回の灌漑水量の基準としている．

3）わが国の畑地灌漑

降雨量が年間の可能蒸発散量を大きく上回り，年間を通して雨期と乾期がなく降雨の頻度が多いわが国では，世界的な基準からすれば畑地灌漑は不可欠ではない．必要な場合の水分補給を行って畑地の生産を安定させるために行われる．わが国でも夏の生育期間中に2～3週間の乾燥が続くこともあるし，砂地のような水持ちの悪い土壌では灌漑によって著しく生産力を向上させることができる．また，土壌表層は無降雨期間の初期から乾燥するため，まだ根が土壌水分の十分な根圏深部まで伸張していない場合や播種後の発芽においては表層に水分が必要であり，畑地灌漑ができれば降雨に頼らずに作付けを自由に行うことができ，栽培作物を自由に選択できるようになるメリットは大きい．また，わが国の畑地灌漑のための農業用水は表4-2のように構成され，土壌水分補給以外の多目的で行われる．降雨が遮断されたハウス内では灌漑が不可欠である．

表4-2　畑地灌漑のための農業用水の区分

区　分	機　能	代表的な例
灌漑用水	作物の生育促進	蒸発散量
	栽培管理	栽培管理の改善，気象災害の防止，管理作業の省力化
	施設の管理	送水損失，配水管理，水路維持，水位維持
営農用水	洗　浄	収穫物および農機具の洗浄
	農業用施設の管理	施設の保温および冷房
	家畜飲雑用	家畜飲用，畜舎の洗浄，畜舎の冷房，牛乳の冷却

（駒村正治，1998）

歴史的に見ると，水田灌漑に対する投資が古代から行われてきたのに対して，畑地の生産を安定させるために畑地灌漑に投資をするようになったのは第二次大戦後のことである．水田は湛水下で栽培するので，降雨の多いわが国でも湿地や谷地でない限り，灌漑なしに水田は成立しない．水田は湛水下で微生物による窒素固定があり，また還元状態でリン酸が水に溶解してイネに吸収されやすく，灌漑水による栄養塩や微量元素の供給があるため，畑地よりも生産力が高かった．特に，わが国に多い火山灰土はリン酸を強く吸着するため畑地ではリン酸不足となり，化学肥料がなかった時代には水田との生産力の差は著しかった．そこで，かつては水が利用でき，水田にできるところはなるべく水田とし，台地や丘陵など水を引けないところが畑地となったのである．

わが国の畑地は水源から地形傾斜を利用した重力のみによる配水ができない場合が多く，灌漑地域内でポンプによりパイプライン圧送して配水される．灌漑水量は時間的に変動するため，大規模な畑地灌漑システムでは水源からの送水量と灌漑水量との差をファームポンドを設けて調整する．

4）灌漑方法

世界の畑地灌漑の方法と規模は，桶とひしゃくで水を撒くものからセンターピボットのような大規模施設まで，国と地域によって多様である．

(1) 地表灌漑

わが国ではほとんど行われないが，圃場に散水設備を必要としない畝間灌漑とボーダー灌漑（湛水灌漑）が海外では広く行われている．畝間灌漑は畑の上側の

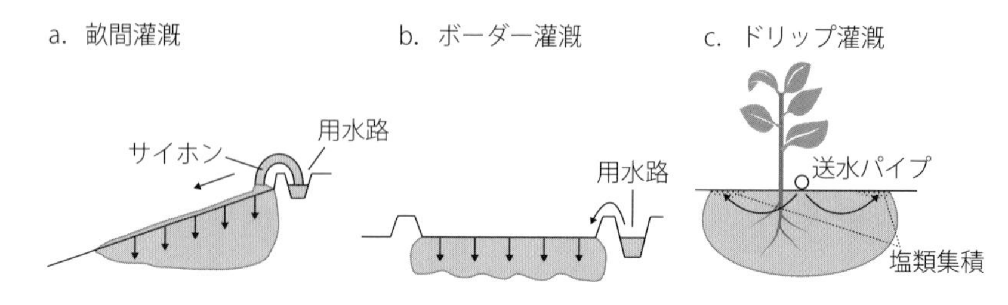

図 4-9　灌漑方法と地中の灌漑水の分布

用水路から水を入れ，畝間を流下させて土中に浸透させる（図 4-9a）．簡易であるが，用水路に近い上流側は浸透量が多く，用水路から遠い下流は水が届くのに時間がかかり浸透量が少なくなる欠点がある．ボーダー灌漑（図 4-9b）は，平坦な透水性の低い粘質土の畑地において，灌漑時にのみ湛水状態にして水を根圏に浸透させて水分を回復させる．乾燥地では 1 作に 1 ～数回のローテーションで湛水を行う．

（2）散水灌漑，精密灌漑

地上で散水する灌漑にはさまざまな規模と方式のスプリンクラがある．ポンプと散水設備が必要である．わが国での主要な畑地灌漑方法である．アメリカでは動力車輪付きのスプリンクラが自走しながら散水する形式が多く，中西部乾燥地に見られるセンターピボットは水源となる井戸を中心に半径 800 m 程度のスプリンクラが回転するものである．

ドリップ灌漑は，トウモロコシのような比較的大きな作物や果樹に対して根元のみに水を与え，不要な土壌面蒸発や浸透を防ぐもので，最も節水的で精密な灌漑方法である（図 4-9c）．樹脂の送水パイプに一定間隔で接続したエミッターと呼ばれる細い流出口から少しずつ水を流出させる．主に乾燥地における灌漑方法であるが，わが国ではハウス内で行われる．

3．畑地の排水

排水（drainage）は，畑地の保全と防災の基本的要件である．例えば，畑地表面や根群域（root zone）に過剰な水が溜まっていると，作物の湿害や営農機械の作業効率低下をきたすことになる．また，圃場整備（farm land consolidation）の進展によって区画が大きくなると土壌の侵食流亡（soil erosion and loss）や法面の崩壊，地すべりが生じやすくなる．これらを回避するための排水計画は，土地利用および作物生産性を制約することにもなるので，気象条件や土地条件，現況の排水状況などを十分考慮して，排水施設の構造や規模，配置などを決める必要がある．

1）計画排水量

(1) 計画排水量の規模

排水路断面決定の基礎となる計画排水量（design drainage discharge）は，原則として 10 年に 1 回程度の降雨に対するピーク流出量（peak runoff）を対象として検討する．ただし，下流に民家や重要な施設がある場合や豪雨時に災害の危険性がある場合などは，より大きな規模が必要になることもあるので，地区内外の実情に応じて決める必要がある．また，排水系統（drainage network）全体の調和が図られ，機能が効果的に発揮できるように決定しなければならない．

計画排水量は，ほぼ同一条件と見なしうる集水域（drainage basin）ごとに代表的な地点で算定し，その他の地点の計画排水量は流域単位面積当たりの流量である比流量（specific discharge）によって推定する．

(2) 合　理　式

傾斜畑における排水路（drainage canal）の断面などを決定する場合，ピーク流出量を求める必要がある．このピーク流出量の算出方法には，単位図法（unit hydrograph method），貯留関数法（storage function method），タンクモデル法（series tank model method）などがあるが，流域内の土地利用条件がほぼ一様と見なし得る場合は，合理式（rational formula）により求めて計画排水量とする．

$$Q_p = r_e \cdot A / 3.6 \qquad (4\text{-}7)$$

ここで，Q_p：ピーク流出量（m^3/s），r_e：洪水到達時間内の平均有効降雨強度（mm/h），A：排水路の集水面積（km^2）．

合理式は，流域内に調整池（regulating reservoir）などによる貯留や下流端水位条件による影響がなく，流域平均雨量という概念が許容される面積 10 ～

40 km^2 までの流域に適用される．これらの条件が満たされない場合は，原則として流出解析（runoff analysis）によって推定する必要がある．

合理式を利用する場合には，洪水到達時間内の平均有効降雨強度（mean effective rainfall intensity）を求めなければならない．それには，以下の方法で洪水到達時間（time of flood concentration）とピーク流出係数（peak runoff coefficient）を推定する必要がある．

（3）洪水到達時間

洪水到達時間は，概念的には流域の最遠点に降った雨水が計画地点に到達する時間とされ，対象地区における十分な観測値に基づいて推定することを原則とする．その実用的な推定手順は以下の通りである．

観測されたハイドログラフ（hydrograph，図 4-10a）とハイエトグラフ（hyetograph，図 4-10b）を描き，ピーク流出量 Q_p の発生時刻 t_2 の降雨強度 r_p を求める．r_p と同じ値を示した降雨ピーク前の時刻 t_1 を推定すると，両時刻の差（t_2-t_1）が r_e を決めるための洪水到達時間 t_p である．

t_p の推定には $Q_p \geqq 1$ m^3/s･km^2 の資料を用い，降雨分布に場所的な偏りがある，総降雨量が少ない，降雨継続時間が短い，降雨が流出ピーク直後に終了した，などの資料は用いない方がよい．また，降雨強度の変動が激しい場合，ハイエトグラフは移動平均によって作図する．

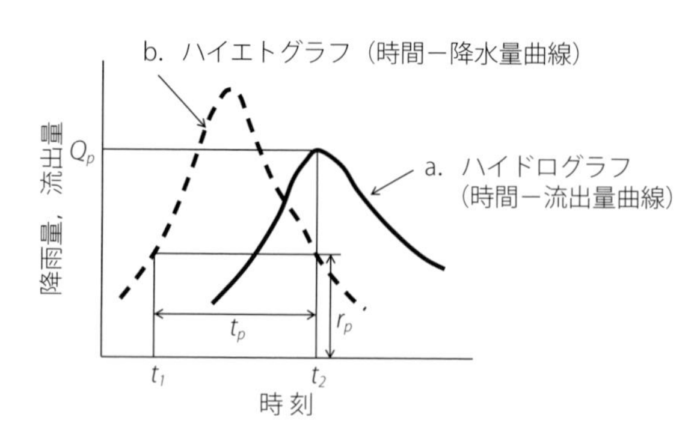

図 4-10　ハイドログラフ（a）とハイエトグラフ（b）から洪水到達時間 t_p を決定する方法
（農林水産省計画指針・農地開発（改良山成畑工），1992）

表 4-3　洪水到達時間推定式の係数 C

表層条件	Cの値
自然山地	250 ～ 350 ≒ 290
放牧地	190 ～ 210 ≒ 200
ゴルフ場	130 ～ 150 ≒ 140
粗造成宅地（水路・道路整備）	90 ～ 120 ≒ 100
市街地	60 ～ 90 ≒ 70

（農林水産省計画指針・農地開発（改良山成畑工），1992）

観測値が十分に得られていない流域については，角屋・福島公式によって推定することができる．

$$t_p = C \cdot A^{0.22} / r_e^{0.35} \tag{4-8}$$

ここで，t_p：洪水到達時間（min），A：流域面積（km^2），r_e：有効降雨強度（mm/h），C：土地利用状態に応じて異なる係数で，これまでに表 4-3 の値が示されている．

(4)　有効降雨強度

洪水到達時間内の平均有効降雨強度は次式により推定される．

$$r_e = f_p \cdot r \tag{4-9}$$

ここで，r_e：洪水到達時間内の平均有効降雨強度，r：平均観測降雨強度（mm/h），f_p：ピーク流出係数．

ピーク流出係数 f_p は，降雨の状況，流域の地質や土地利用などの条件によって異なるので，対象地区における観測値に基づいて定めなければならない．このとき，f_p は観測された種々の降雨によるピーク流出量と洪水到達時間をもとにして，(4-7)式，(4-9)式による次式を解いて求める．

表 4-4　表層土の状態とピーク流出係数 f_p

表層土の状態	ピーク流出係数 f_p
花崗岩質砂質土（表層土の厚い場合）	0.1 ～ 0.2
花崗岩質砂質土（表層土の薄い場合）	0.5 ～ 0.7
火山灰滞積土	0.2 ～ 0.35
古生層，中生層など表層土の厚い山地，丘陵地	0.5 ～ 0.7
第三紀，第四紀など表層土の薄い山地，丘陵地	0.6 ～ 0.8
舗装率の高い市街地	0.9 ～ 1.0

（農林水産省計画設計基準・排水，1978）

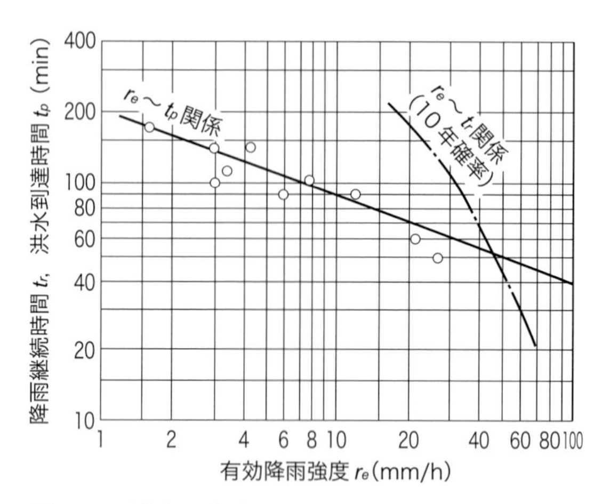

図 4-11　洪水到達時間曲線と確率有効降雨強度曲線
（農林水産省計画指針・農地開発（改良山成畑工），1992）

$$f_p = 3.6Q_p/(r \cdot A) \tag{4-4}$$

排水計画に適用する f_p は，前記で得た値の最大値を採用する．観測資料が不十分な場合は，条件の類似した近傍流域の観測資料を利用するなど，慎重に定める必要がある．観測資料が不十分な場合の参考として，従来よりよく用いられている f_p 値を表 4-4 に示す．

いくつかの出水について求められた t_p に対する r_e を図 4-11 のようにプロットして回帰線を挿入すれば，t_p と r_e の関係を得ることができる．

(5) 確率ピーク流出量

排水計画の基礎となる T 年確率ピーク流出量は，T 年有効降雨強度に対応するものである．同じ流域であっても，洪水到達時間 t_p はピーク流出量 Q_p，したがって有効降雨強度 r_e によって変化する．一方，T 年確率有効降雨強度 r_{eT} は，対象とする流域ごとに降雨継続時間 t_r と関係し，一般に r_{eT} が大きいと t_r は小さい（$T = 10$ の場合を図 4-11 に示す）．合理式によってピーク流出量 Q_p を推定する場合には，この両者の関係を同時に満足するように r_e を定めなければならない．例えば，10 年確率ピーク流出量は以下の手順で推定することができる．

① 20，60，180 分など 3 種類以上の継続時間に対応する 10 年確率降雨強度

を求める．②これにピーク流出係数を用いて，(4-9)式より10年確率有効降雨強度を求める．③各継続時間 t_r に対する10年確率有効降雨強度 r_e を両対数紙にプロットし，適当な曲線を挿入する．④洪水到達時間と有効降雨強度の関係を示した図4-11にこの曲線を重ね合わせ，$r_e \sim t_p$，$r_e \sim t_r$ の交点の r_e を読み取る．⑤この r_e を合理式（4-7)式に代入すれば，10年確率ピーク流出量を求めることができる．

2）排水路計画

(1) 排水路の区分

排水路は，圃場から地区外に至る経路に応じて，①承水路（catch drain），②集水路（collecting drain），③幹・支線排水路（main，lateral drainage canal），④自然排水路（natural drainage canal）のように区分される．一般には①～③が人工排水路に相当するが，厳密な区分ではなく，③が自然排水路の場合もある（図4-12）．

①承水路…等高線にほぼ平行して設けられる水路であり，地区外承水路と地区内承水路がある．地区外承水路は，後背地からの流出水を受けて地区内への流入を阻止するための水路である．地区内承水路は，地区内の流出水や排水を受けて集水路に導くための水路である．一般に，畑面からの流出水を直接受けるように

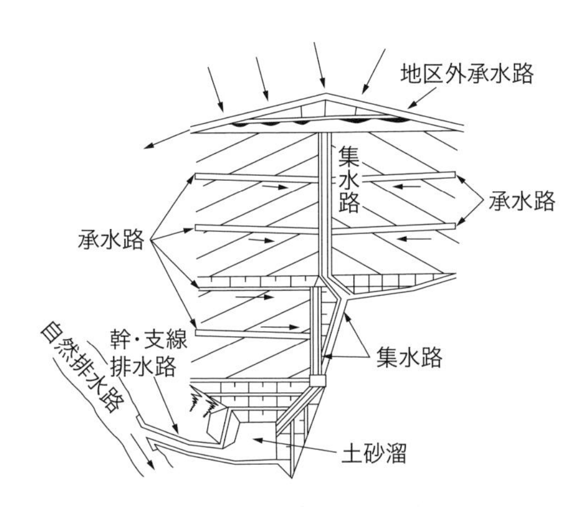

図4-12　排水路の配置例
（農林水産省計画指針・農地開発（改良山成畑工），1992に一部加筆）

法面の上部に設ける場合を「テラス承水路（terrace channel）」，法面の下部に設ける場合を「承水路」という．

②**集水路**…承水路からの水を集めて等高線にほぼ直角方向に流下させる水路である．道路側溝を集水路として利用できるように配慮したり，圃場の形状によっては道路自体に集水機能を持たせた「水兼農道（passable ditch）」を設けて集水路とする場合がある．また，自然排水路を集水路として利用することもある．

③**幹・支線排水路**…集水路から流下する水を集めて河川や自然排水路に放流する水路であり，主として地区の低位部に設置する．また，自然の渓流などを利用する場合は，必要に応じて護岸工（bank revetment），落差工（drop），床固め工（ground sill）などの施設を配置する．近年の排水路計画では，排水機能の確保だけではなく，流路の生態系（ecosystem）や親水（water amenity）などにも配慮した工法が求められており，畑作地域の景観（landscape）形成にとって重要な役割を果たすようになってきた．

④**自然排水路**…河川や渓流をほぼ自然のまま利用するが，流路の侵食や土砂の流送を防止するための施設が必要となる場合もある．

(2) 排水路の系統化

排水路の系統化において特に留意すべき点は，地区外上流からの流入水処理と地区外下流への排水処理対策である．

地区外上流からの流入水の処理は，最上流部に設ける承水路で捕捉し，これを直接地区外へ排水することを原則とする．

地区下流部における地区外への排水は，河川や自然排水路への直接排水を原則とするが，接続する水路の通水能力を確かめ，断面拡幅や護岸の要否などについて検討しなければならない．また，地区内での土壌侵食は極力これを抑制することが原則であるが，流出水には土砂が含まれていることを前提として排水路末端に土砂溜（sedimentation tank）や沈砂池（settling basin）などを設け，下流の災害防止に配慮する必要がある．

(3) 排水路の配置

排水路のうち幹・支線排水路と自然排水路については，地形上の制約によって位置や規模が決定される．ここで述べる承水路と集水路の配置はあくまで基本的なものであり，実施に当たっては地形や区画形状などの条件を勘案して最も効果的な方法をとらなければならない．

承水路の配置は，畑面の土壌の性質や侵食の発生状況を調査し，侵食流亡土量を予測する（☞ 第6章「農地の保全と防災」）など十分な検討を加えたうえで決定しなければならない．畑面の流出水を受けるテラス承水路の間隔は，リル侵食（rill erosion）が発生する限界の斜面長を原則とする．土壌や勾配などの条件にもよるが，斜面長60～100 m間隔で設置することが多い．また，承水路の延長は一般に200～300 mを限度にしている．

集水路の間隔は，承水路からの流入量によって左右されるが，最大200～300 mに設定する場合が多い．地形が褶曲している場合，集水路の配置には谷部集水路方式と尾根部集水路方式がある．

谷部集水路方式は，谷部に集水路を設け，承水路は尾根から谷方向に1/30～1/50勾配で設置する方法である．この方法は，集水域を変更することがなく，自然に近い状態で排水することから，採用されることが多い．しかし，予想以上の降雨流出があった場合，集水路に集中して越流（overflow）する危険性があるので，谷部への流出水の集中を緩和するような対策を検討する必要がある．

一方，尾根部集水路方式は谷部集水路方式と逆のパターンであり，承水路を谷から尾根に向けて1/30～1/50勾配で下げ，尾根部に集水路を設置する方法である．この方法は，地盤状態の比較的良好な尾根部に集水路を配置することから，水路構造の安定性に優れている．谷部に流出水を集中させないため，水食の危険性を軽減できるが，本来の排水秩序を強制的に変えることや，承水路が越流した場合には谷部で侵食災害の発生する可能性があることから，この方法の適用例は少ない．

3）暗渠排水計画

一般に，畑地帯は地下水位が低く，比較的土壌水分の低い土地が多いが，一部には湿害が問題となるところもある．例えば，北海道十勝平野の畑作地帯では，地下水位が高いため凍上（frost heaving）作用に伴う表層への水分集積が進み，春先に融雪・融凍水が滞留することがある．圃場が傾斜していると表土が流亡することがあり，また地温の上昇が遅れたりトラフィカビリティ（trafficability）が回復しないなど，営農作業に支障をきたす場合もある．その他，重粘土（heavy clay soil）地帯の畑地では一般に湿害が起きやすく，また，波状地形や侵食谷などを修正した部位や，圃場の均平化で生じる切り土部などで湿害が生じることもある．

このような湿害を除去するには，次のような対策が必要になる．

(1) 地表水の排除

地表水が圃場内に滞留することは，湿害の大きな原因となる．そのため，畑面には表面滞留が生じない程度の傾斜をつけるとともに，明渠排水組織を完備することが望ましい．

(2) 地中過剰水の排除

地中の過剰な水分による湿害には，2つのタイプが考えられる．1つは地下水位が高いことに起因するもの，他の1つは表層付近に不透水性土層が存在して降雨時に一時的滞水が生じることに起因するものである．前者については，原則として暗渠排水（underdrainage）によって地下水位を下げる必要がある．また，重粘土地帯の畑地では，土壌の特性から暗渠機能が十分発揮できないことがあり，無材暗渠などの補助暗渠（supplementary drain）を本暗渠（main drain）に直交させるなどの土地改良が必要となる．後者の不透水性土層は，自然由来の他，大型重量化した農業機械の踏圧で形成される場合もあり，過剰水排除には原則としてこの層を破砕する必要がある．

第5章
畑地の圃場整備と造成

1．畑地の構成

1）畑地の構成の意義

普通畑，樹園地，草地などの畑地は，水田と違い畦畔の整備や畑面を水平に整地する必要はなく，用排水路を必要としない場合もある．畑地の組織は複雑ではないが，水田と同様，高い土地生産性と労働生産性と保全性，安全な食料を生産する機能を持たねばならない．畑地の圃場整備は，区画整理，地形修正，用排水改良，土層改良，道路の整備，農地の集団化，農地保全対策などを総合的に行い，収穫物の増収と高品質化，労力の節減，生産コストの低減，経営面積の拡大，保全性の向上などを図るものである．

畑地の圃場整備計画は，作付体系計画，農業機械利用計画，農地利用集積計画などを検討しながら農業経営体の組織づくりを進めたうえで，気象条件や傾斜勾配などの気象・地理的条件，畑地を構成する圃区および耕区の大きさと形状，道路と用排水路の配置，土層改良計画，事業効果などを総合的に検討して策定される．生態系や景観などの地域環境にも配慮する必要がある．

2）区　　画

(1) 区画の定義

畑地の区画は，構成単位として小さい方から耕区，圃区に区分される（図5-1)．

耕区は，耕起，播種，移植，施肥，防除，収穫など一連の営農作業の単位となる区画であり，同じ作物を栽培し，短辺は道路に接するように設定する．また，

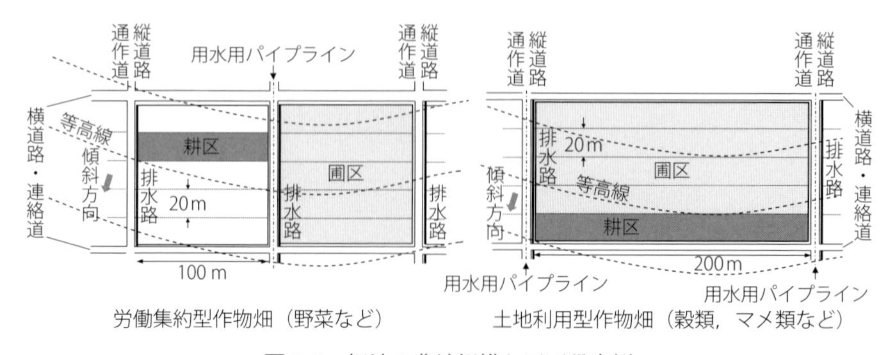

図 5-1　畑地の農地組織と区画設定例
（農林水産省計画設計基準及び運用・解説「ほ場整備（畑）」，2007 を参考に吉田修一郎氏が作成）

耕区は換地の基本単位である．

圃区は，道路，水路，防風林などの固定施設に囲まれた範囲であり，数個の耕区で構成され，圃場整備を実施するうえでの基本単位である．

(2) 区 画 計 画

畑地の区画計画は，まず圃区の大きさと形状が設定され，次に耕区が設定される．普通畑，樹園地，草地では設定が異なる．

a．普通畑および草地

普通畑の圃区の大きさと形状は，地形勾配，降雨強度，圃場の透水性，生産者の経営規模，作付体系，農業機械利用，農地保全対策などを検討し，道路の配置などを定めたうえで計画される．図 5-1 は，地形が単純で透水性が高い地区の土地利用型作物畑と労働集約型作物畑の区画設定例である．経営規模が大きく大型の農業機械を利用するムギやダイズなどの土地利用型作物畑は，野菜などの労働集約型作物畑より圃区は大きく，道路は少なくなる．

畑作物は冠水すると収穫物の品質低下や減収になるため，湛水は即時に排水する必要がある．また，普通畑は植生が少なく畦畔がないため，表面流（圃場表面の水の流れ）が発生すると水田や樹園地に比べ土壌が侵食されやすい．このため，透水性が低い地区や降雨強度の大きい地区では，地形をうまく利用しながら地表排水系統を適切に整備し，地表水を速やかに排水させる．暗渠排水整備計画や土層改良計画を立て地下排水の強化を図ることも重要である．

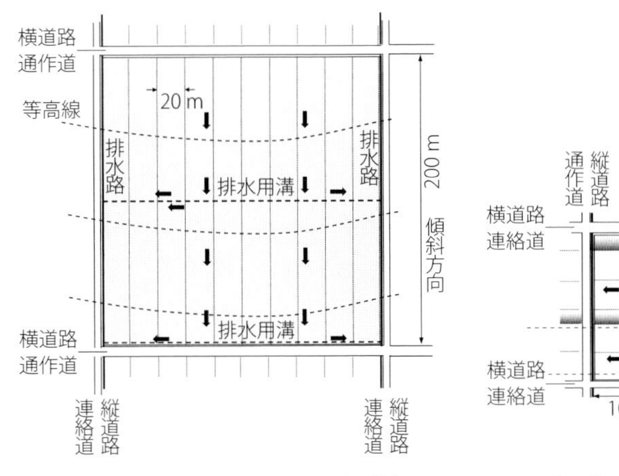

透水性が低い地区の土地利用型作物畑

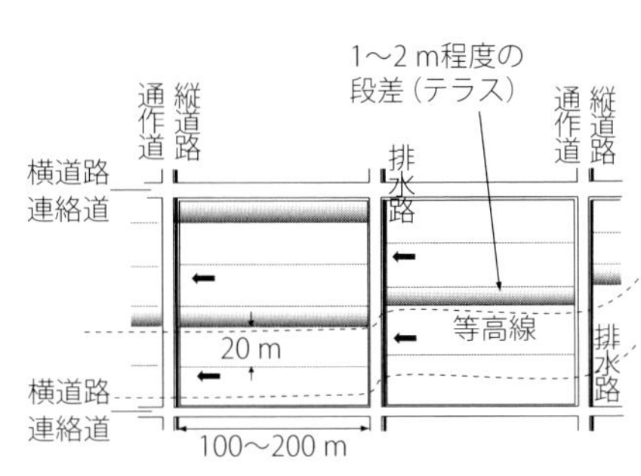

降雨強度が大きい傾斜地の普通畑

図 5-2　普通畑の区画設定例
（農林水産省計画設計基準及び運用・解説「ほ場整備（畑）」，2007 を参考に吉田修一郎氏が作成）

透水性が低い地区の普通畑は，図 5-2 左のように耕区の長辺を地形勾配に沿って配置するとともに，圃区の中央に耕区の短辺と直交する溝（明渠）を設け，地表水を排水路に導くように計画する．降雨強度が大きい（50 mm/h 以上）傾斜地の普通畑は，図 5-2 右のように 1 〜 2 m 程度の段落差を設けたテラス（段々畑）状の区画に整備する．

草地には，採草地と放牧地がある．採草地は大型の農業機械が使用されるため，圃区は大規模な長方形となる．圃区内すべてで永年作物の牧草が栽培される場合，圃区と耕区は同じになる．放牧地では圃場整備は実施されない．

耕区の大きさを決める重要な要素は，経営規模と機械作業の効率である．機械作業は旋回が少なければ作業効率は向上するため，耕区は長辺が長いほど効率がよい．耕区の長辺は，播種，防除などが一度の資材補給で行える作業可能面積（距離），一度の作業で行える収穫可能面積（距離）から決定され，土地利用型作物畑はおおむね 200 m とされる．労働集約型作物畑では，種苗や収穫物の運搬は主に人力で行われ，その運搬距離限界が 50 m であるため，おおむね 100 m とする．スプリンクラ灌漑を導入する場合は，その散水半径を考慮する必要がある．耕区の短辺は，耕起，播種，防除，収穫などの各作業機の作業幅と旋回幅を考慮

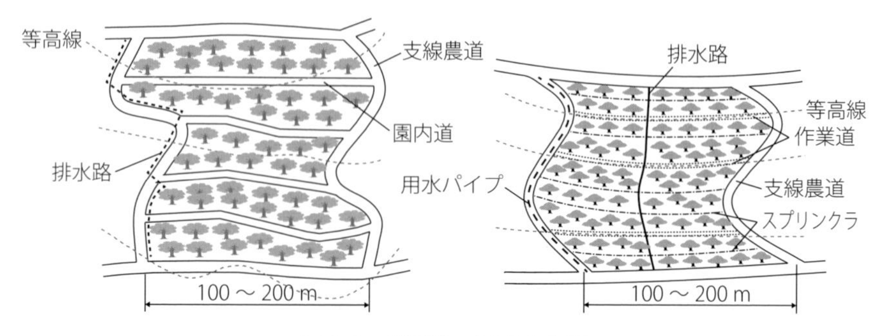

図 5-3　樹園地の区画設定例

左：リンゴ園など，右：ミカン園など.（農林水産省計画設計基準及び運用・解説「ほ場整備（畑）」，2007 を参考に作図）

し 20 〜 25 m あるいはその整数倍とする.

地形修正などの整地を行う場合は原則として表土扱い（☞ 第 3 章 3.4)「整地工」）を行い，畑面の勾配は機械作業の効率を考慮し 8° 以下になるよう計画する.

b．樹　園　地

樹園地の区画計画は，作業道および園内道の配置が重要である．図 5-3 のように，リンゴ園やナシ園などでは，防除を行うスピードスプレーヤや収穫物を運搬する車が走行できるように幅 2 m 程度の園内道を一定間隔で整備する．スプリンクラで灌水や防除を行うミカン園などは，小型クローラ型運搬車などが走行できる幅 1 m 程度の作業道を整備する．耕区は同種の果樹を栽培する範囲となり，長辺の長さは 100 〜 200 m 程度である.

3）農　　道

(1) 農道の定義

畑地における幹線農道，支線農道の機能は，水田の場合（☞ 第 3 章 1.3)「農道」）と同じである．耕区の短辺と接し，圃場への機械の出入りを伴う支線農道を通作道，通作道間を連絡する支線農道を連絡道というが，畑地の場合は図 5-1，5-2 で示したように等高線に平行な支線農道を横道路，それと交差する支線農道を縦道路と呼ぶことがある．また，図 5-3 で示したように耕作道は作業道または園内道と呼ぶことがある.

(2) 農 道 計 画

農道計画は，区画計画，農地保全，生態系や景観を考慮しながら平坦地および緩傾斜地，傾斜地および複雑な地形の波状地に分けて設定する．

a．平坦地および緩傾斜地（地形勾配 8°以下）

平坦地および緩傾斜地においては，地形の制約を受けないため，圃区は機械作業の効率がよい長方形に設定する．このため，支線農道の配置は図 5-1，5-2 に示したような直交格子型になる．

図 5-2 に示した土地利用型作物畑の農道配置は，横道路が通作道でその長さは耕区の長辺と同じ 200 m である．また，縦道路が連絡道でその長さが通作道の間隔となる．通作道の間隔は，集落と農地の位置関係が単純で農地の集積が進んでいる場合は 500 m 以上にしてよいが，集落と農地が混在している場合は 200 ～ 500 m 程度にする．

b．傾斜地（地形勾配 8°以上）および複雑な地形の波状地

傾斜地および複雑な地形の波状地における農道計画は，農道の利用と維持管理，農地保全を考慮して設定する．支線農道の配置を直交格子型にすると，土工量が多大になり，道路縦断勾配が 11°を超える部分が生じたり，支線農道と耕区に大きな段差が生じたりして乗り入れに支障をきたすことがある．このようなときには，圃区は長方形にせず，縦断勾配が上限値以下になるような線形を計画し，区画も地形を考慮して設定する．支線農道と耕区に段差がある場合は進入路を整備する．

4）用　排　水

灌漑施設が整備され，水利用の自由度が増すと，適期適作，市場性が高い新規作物の導入，集約化による収穫物の高品質化，水利用による労力の節減などが可能になる．よって用水計画は，生産者が指向する作付体系や機械利用計画を考慮し，その地区に適合するよう合理的に設定する．また，畑地の場合，灌漑は作物への水分補給だけでなく，施肥，防除，霜害の回避，施設畑の温度調節など，多目的に利用されるため，目的に応じた用水量を把握することが重要である．

灌漑施設は，経済的で管理が容易なものでなくてはならない．灌漑頻度の高い

労働集約型作物畑では地表定置式が導入されることが多く，灌漑頻度の低い土地利用型作物畑では地表定置式より経済的に有利な移動式の大型散水器が導入されることが多い．

排水計画は，地表排水と地下排水を考慮する必要がある．畑地は，土壌が侵食されやすく，作物が冠水すると収穫物の品質低下や減収をもたらすため，湛水は即時に排水させなくてはならない．このため，地形を考慮した適切な地表排水系統を整備し，地表水を速やかに排水路に導くことが重要である．

また，地表や土壌中に過剰な水分が残留すると，作物に湿害が発生したり，農業機械の作業効率が低下したり，適期適作ができなくなったりする．このため，暗渠排水の整備計画や土層改良計画を立て地下排水の強化を図ることが重要である．

畑地の用排水の計画と灌漑方法は第４章 2.「畑地の灌漑」および 3.「畑地の排水」を参照されたい．

2．土 層 改 良

1）土層改良の意義

農地が高い土地生産性と労働生産性と保全性，安全な食料を生産する機能を有するためには，土層が良好な状態に維持されていなければならない．しかし，作土厚の不足，理化学性が不良な作土，排水不良，軟弱地盤など，土層の問題により作物生育や営農作業に支障をきたしている農地は多い．土層改良は，こうした農地の土地生産性と労働生産性の向上および安全な食料の持続的な生産を目的に実施される．また，土層改良の工種は農地の重金属，放射性物質，塩害などの対策にも活用されている．土層改良は，畑地だけでなく水田にも適用され，重機を用いる土木的方法と生産者が営農の中で行う営農的方法に大別される．また，営農的方法には物理的方法と生物・化学的方法がある（表 5-1）．

作物生育や営農作業に支障をきたす土層の問題を営農的方法のみで解消するには限界があり，土木的方法の実施が必要なことが多い．土木的方法の工種は，全国各地で行われた灌漑排水工事，農地造成工事，圃場整備工事などで研究者や技

表 5-1　土層改良の方法

土木的方法	①客土，②混層耕，③反転客土耕，④改良反転客土耕，⑤除礫，⑥不良土層排除，⑦床締め
土木的にも営農的にも行われる方法	①深耕，②心土破砕，③耕盤破砕など
営農的方法	【物理的方法】 ①耕起・砕土・整地，②マルチング，③代かきなど 【生物・化学的方法】 ①牧草栽培，②堆肥などの有機物の施用，③炭酸カルシウムやリン酸の施用，④細菌接種，⑤土壌改良材の利用など

（農林水産省計画設計基準・土層改良，1984 を一部改変）

術者の創意工夫により確立された技術であり，現在も地域の状況に合うよう工夫されながら実施されている．

土層改良は農地保全対策を考慮するうえでも重要である．普通畑は水田や樹園地と比べ土壌が侵食されやすいことが問題であるが，土層改良を行うことで圃場の透水性が増大し，雨による土壌侵食を受けにくくなる．

平成 23 年に発生した東日本大震災と福島第一原子力発電所事故では，多くの農地が津波の被害を受け，放射性物質に汚染された．客土，反転客土耕，心土破砕，除礫などの工種は，被災地での農地復旧工事において重要な役割を果たしている．

2）土層改良の目標

土層改良計画は，現況土層の改善すべき事項を把握し，具体的な改良目標を定め，適切な工種を選定して設定する．土層改良は圃場整備で実施されるため，その計画は生産者の経営規模，土地利用計画，作付体系計画，農業機械利用計画および事業効果などを総合的に検討して決定される．表 5-2 はこれまでの施工事例をもとに農林水産省によって示されている普通畑の改良目標である．

土層改良は工種により効果の発現が異なる．心土破砕，床締めなどの物理性を改良する工種は施工後すぐに明瞭な効果が発現する．しかし，客土や混層耕など，物理性だけでなく化学性の改良も図る工種は徐々に効果が発現され，施工直後は一時的な地力低下や生育ムラを発生させることがある．このため，堆肥および有機物や炭酸カルシウム（石灰）およびリン酸の施用などを合わせながら段階的に

表 5-2　普通畑の土層改良の目標値

項　目	改良目標値
土　性	SL（砂壌土）～LiC（軽埴土）
作土の厚さ	20～25 cm 以上
有効土層の深さ	30～100 cm 以上
有効土層の緻密度	10～24 mm 未満（山中式硬度計）
間隙率	普通土　30～80％ 黒ボク土　40～90％
粗間隙率（pF 1.8 以下）	10～30％
細間隙率（pF 1.8～3.0）	10～15％以上
透水性	20～50 mm/d 以上
石礫率（小礫または中礫以上）	（容積率）5％以下

（農林水産省計画設計基準・土層改良，1984 を一部改変）

表 5-3　望ましい畑土壌の化学的性質

項　目	理想値	許容値	改良方法
pH	6.0～6.5（H_2O） 5.5～6.5（KCl）	pH（H_2O）5.5 以上 pH（KCl）5 以上	石灰施用
有効態リン酸（P_2O_5/100g）	10～20 mg	5 mg 以上	リン酸施用
リン酸吸収係数	1,000	1,500 以下	リン酸施用
腐植含量	5～20％	1％以上	有機物施用

（農林水産省計画設計基準・土層改良，1984）

実施することが望ましい．表 5-3 に望ましい畑土壌の化学的性質を示す．

3）土層改良の種類と工法

圃場整備で実施される土層改良の種類には，客土，混層耕，心土破砕，除礫，不良土層排除がある．工種を選定する際には，現況の土壌調査を行い，作土の厚さ，作土と有効土層の土性，緻密度や三相や透水性などの物理性，pH や陽イオン交換容量やリン酸吸収係数などの化学性，軽石層などの劣悪な土層の有無および地下水位の動態などを把握し，土層の不良条件を明らかにしたうえで目的にあった工種を選定する．複数の工種を組み合わせることもある．

(1) 客　　土

客土は，作土が薄い農地や作土の理化学性が劣る農地における作土の増強，軟弱地盤の地耐力向上を目的に，条件にあった良質な土を他の場所から搬入する工法である．詳しくは水田の場合（第３章 4.2)「客土」）を参照のこと．

東日本大震災では津波により作土が流失した農地が多いため，客土は復旧に欠かせない工法になっている．

(2) 混　層　耕

混層耕は，作土が薄い農地や火山灰を多く含み作土の理化学性が劣る農地において下層に肥沃な心土がある場合，それらを同時に耕起して混和したり，作土と心土を反転させたりして作土の増強を図る工種である．客土に比べ工費が低廉であり，客土材が確保できない場合でも土層の改良ができるが，均しムラが生じるため，施工後の営農作業により作土を徐々に均一化させていくことが重要である．混層耕には，混層耕工法，反転客土耕工法，改良反転客土耕工法，深耕工法がある（図 5-4）．

a．混層耕工法

作土は不良であるが下層に作土より厚く肥沃な心土がある場合，それらを混和させ，作土の増強を図る工法である．作土が薄い場合は，直接ロータベータや円

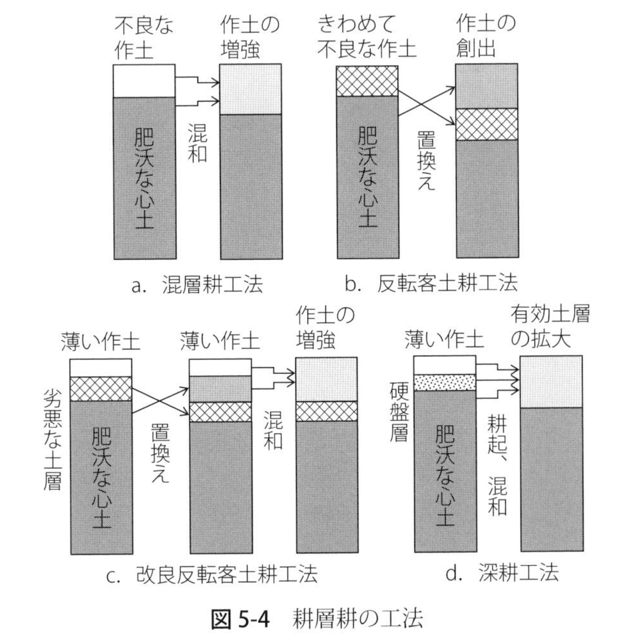

図 5-4　耕層耕の工法

板ハローなどの機械で混和する．不良な作土が厚い場合は，ブルドーザでかきならしたのち，混層耕プラウ（ボトム型）などで耕起し，ロータベータで混和する．

b．反転客土耕工法

作土がきわめて不良で下層に肥沃な心土がある場合，それらを反転し，心土と作土を置き換え，作土の創出を図る工法である．作土の理化学性がきわめて悪く混和させたくない場合，作土を除去したいがその処理に多大な経費を要する場合などに適用される．反転客土耕プラウ（ディスク型）などを用いて耕起する．

東日本大震災による津波被災農地の復旧工事では，堆積した津波土砂とその下にある元作土を置き換えるため，本工法の改良耕起法である反転耕が実施されている（図5-5）．また，反転耕は福島第一原子力発電所事故により放射性物質で汚染された農地の除染にも利用されている．

図5-5　津波堆積土砂と元作土の反転に使用されるプラウ（ボトム型）
2012年，宮城県石巻市．

c．改良反転客土耕工法

作土が薄く肥沃な心土との間に劣悪な土層が介在する場合，そのまま深耕を行うと劣悪な土層が作土に混入してしまう．このため，劣悪な土層とその下層の肥沃な心土を反転して置き換え，その後，薄い作土と肥沃な心土を深耕して混和し，作土の増強を図る工法である．施工には改良反転客土耕プラウ（三段混層耕プラウ）などが利用される．

d．深 耕 工 法

作土が薄く営農機械の転圧などにより心土に通気性と透水性の低い硬盤層が形

成されている場合，作土よりも心土が肥沃な場合，作土が薄く心土が肥沃な場合に，心土まで深く耕起し，作土と心土を混和させるとともに，心土の通気性と透水性を増強し，作物根の伸長が可能な有効土層の拡大を図る工法である．施工にはバックホー，深耕プラウ，深耕ロータリ，深耕スクリュベータ，深耕トレンチャなどが利用される．混層耕工法，反転客土耕工法，改良反転客土耕工法と比べると工事費は安価で工期も短い．

(3) 心 土 破 砕

心土破砕は，土層に通気性や透水性などが低い硬い層が存在している場合，これを破砕し，通気性と透水性の改善を図る工種である．心土破砕には，心土破砕工法と硬盤破砕工法がある．

a．心土破砕工法

心土が硬く通気性と透水性が低い場合，この部分を破壊し亀裂を発生させ，土層全体の通気性と透水性を改善するとともに，有効土層の拡大を図る工法である．サブソイラ，モールボール付きサブソイラ（弾丸暗渠），パンブレーカなどの心土破砕機が使用される（図 5-6）．効果の持続性を高めるため，発生させた亀裂にモミガラなどを充填させることもある．重粘土地帯などでは，本工法のみで十分な改良を図るには限界があり，暗渠排水の施工が必要となることが多い．

図 5-6　モールボール付きサブソイラ（弾丸暗渠）

地表から 30 cm 程度までの土層が大型作業機械の走行などによって踏み固められ，10 ～ 20 cm の厚さの難透水性の層が形成された農地の改良に適用される工法を浅層心土破砕という．水田で田畑輪換を行ううえで重要な工法であり，近年は営農作業の中で実施されることも多い．モールボール付きサブソイラなどを用いて難透水性層を破砕するとともに，深さ 30 cm 程度に弾丸暗渠を形成し，

図 5-7　除塩を促進するために施工される弾丸暗渠
2011 年，宮城県名取市．

土層中の過剰水を排除する．浅層心土破砕は本暗渠の疎水材と接続させることが必要であり，施工間隔は 2 ～ 5 m 程度である．

東日本大震災による津波の浸水により，除塩が必要となった水田では，除塩効果を高めるため，本工法が利用されている（図 5-7）．

表層 10 cm 程度を除く土層全体が硬く通水性と透水性が低い場合に適用される深さ 40 cm 以上の心土破砕を深層心土破砕という．農地の排水性の改善を目的とする場合は 1.5 ～ 2 m 程度の間隔で亀裂を発生させ，弾丸暗渠を施工する．硬い土層全体を膨軟にし，有効土層の拡大を目的とする場合は 0.7 ～ 1.0 m 程度の間隔で亀裂を発生させる．

b．硬盤破砕工法

薄い作土の下層に火山性の砂礫などが固結したコラ，ボラなどと呼ばれる特殊な成因で形成された薄い硬盤が存在する場合，これを破砕，細粒化し，作土と混和して作土と心土の土性，透水性などを改良する工法である．レーキドーザ，油圧リッパ，パンブレーカ，ブラッシュブレーカ，混層耕プラウなどが使用される．

(4) 除　　礫

石礫を多く含む土層は保水性が低いため，干害が発生しやすく，施肥効果も低い．また，営農作業にも支障をきたす．除礫は，作物生育や営農作業に悪影響を及ぼす土層中の石礫を取り除く工種であり，排除集積工法，排除埋込工法，湛水埋込工法，クラッシング（細粒化）工法がある．

a．排除集積工法

土層から排除した石礫を搬出して他の場所に集積する工法である．最も広く用いられている工法であり，深さ 70 cm 程度までの除礫が可能である．石礫の容積含量が 50％程度以下，石礫の埋込処理が困難でその再利用が可能な場合に適用される．ストーンピッカ，自走式石礫選別機，レーキドーザ，バックホーなどが利用される．

東日本大震災による津波被災農地の復旧工事では，土層に大量の震災がれきが混入したため，本工法を利用して震災がれきの除去がなされている（図 5-8）．

図 5-8　自走式石礫選別機とバックホーによる震災がれきの除去
2012 年 12 月，宮城県石巻市．

b．排除埋込工法

土層から排除した石礫を同じ圃場内や他の場所に埋め込む工法である．石礫の集積処理が困難で埋込み場所の設定が可能な場合に適用される．対応できる処理深さ，石礫容積含量，施工機械は排除集積工法と同じである．

c．湛水埋込工法

水田などの湛水が可能な農地において湛水して石礫を掘り起こしながら土層を撹乱し，石礫を下層に沈積させる工法である．水中において石礫が粘土やシルトなどより早く沈降する性質を利用している．施工用水が確保でき，撹乱する土層に作土に適した土が多くある（石礫容積含量 30％程度以下）場合に適用される．

湿地ブルドーザなどが利用される．

d．クラッシング（細粒化）工法

作土内の石礫を細かく破砕し，そのまま作土と混和させる工法である．対応可能深さ 25 cm 程度であり，石礫の容積含量が 10％以下で深さ 25 cm 程度までの石礫が問題になっている場合に適用される．ストーンクラッシャなどが利用され，工事費は安価で工期も短い．

(5) 不良土層排除

不良土層排除は，作土の下に厚さ 20 cm 以上のきわめて硬い固結軽石層が存在する場合，風化していない軽石層が表層に堆積している場合など，混層耕では作土の増強や有効土層の拡大が難しい場合に適用される工種であり，排除集積工法と排除埋込工法がある．

排除集積工法は，不良土層を排除し，それを圃場外に集積する工法であり，ブルドーザ，トラクタショベル，ダンプトラックなどが利用される．

排除埋込工法は，改良山成畑工（☞ 本章 3.2)(2)②「改良山成畑工」）などにおいて不良土層の排除後，それを心土深くに埋め込んだり，沢地や凹地などに集積したりしたのち，作土として利用できる心土で覆い均して新たな圃場を造成する工法である．レーキドーザ，ブルドーザ，スクレープドーザなどが利用される．

不良土層の排除後，有効土層が薄い場合は客土や混層耕を実施する．

3．畑地造成

1）畑地造成の意義と役割

わが国は，山がちの地形で，国土面積の 70％を森林が占めており，農地資源は限られたものとなっている．農用地造成は，主として山林原野などの未墾地を対象に新しい農地を拓くもので，農地改良が既耕地の生産阻害要因を対象に質的な改善を行うのに対し，農地を外延的に拡大して，その量的な確保を行う役割を担っている．このため農用地造成は，①食料の安定供給，②農業経営の規模拡大による生産性の向上，③農業生産の選択的拡大，④国土資源の有効利用などを目的として行われている．また，農用地造成は，そのほとんどが中山間地域において実施されており，地域の活性化に大きな役割を果たしてきた．

なお，本節で畑とは，「永年作物」を作付けしない普通畑と，果樹，クワ，チャなどの永年作物を作付けする樹園地，ならびに数年ごとに更新する牧草を作付けする牧草畑をいう．

2）畑地の造成方法

(1) 畑地の造成計画

造成計画は，営農計画，地形，傾斜度，土層，土壌，地質，気象条件，社会経済条件などを考慮して定めるが，表 5-4 に示す地区の実情に沿った調査項目および調査方法を設定する．

造成計画の中で特に重要なのが造成方式の選択である．造成方式の選択に当たっては，限られた地区面積を最大限に造成できるとともに，安全かつ経済的で，受益者にも十分理解されたものでなければならない．このために，営農計画，地形，傾斜度，土壌，地質，気象特性，社会経済条件などから得られた選定条件を総合的に勘案した比較検討案を提示し，受益者と造成方式，費用（受益者負担額）および導入作物の選定など営農計画を含め十分な打合せを行い，理解を得たうえで決める必要がある．

①**営農計画**…造成方式の選択に当たっては導入作物，営農方式，機械化作業体

表 5-4　調査の区分および主な項目

区　分	調査項目	主な調査内容
現況調査	地形地質調査	地形図作成，地質調査
	用地調査	土地利用状況調査，土地所有調査，用地調達調査
	土地資源調査	土地分類調査，土壌調査，植生調査
	気象水文調査	気象調査，用水関係調査，排水関係調査
	水利状況調査	用水現況調査，排水現況調査
	道路状況調査	道路網図作成，道路現況調査
	環境保全調査	環境に影響を与える要因の把握，現況調査
地域の開発構想調査	社会経済条件調査	社会条件調査，経済条件調査
	受益農家調査	経営調査，事業参加意向調査
	開発方向調査	開発方向調査
	関連事業調査	関連事業調査

（土地改良事業計画設計基準 計画 農地開発（開畑），1977）

系，農業機械の性能などを考慮する．また，土地利用の観点からは，導入作物の植栽面積の多い造成方式であることと，労働および土地の生産性を高めるために近代的団地として備えるべき条件を満たす造成方式であることが重要である．

②**地形，傾斜度**…地形，傾斜度は機械化作業や保全に関係するので，後述の造成方式を選択するに当たり重要な要素である．草地での機械化作業は，傾斜度が 8° 以下では支障なく作業ができるが，8 ～ 12° 程度では能率，精度が低下する．また，傾斜が急になるほど，降雨による侵食量は多くなる．

③**土層，土壌，地質**…表土層や有効土層の厚さ，土壌の理化学性，下層土中の石礫の状態，粘土や岩盤からなる不透水層や還元層の有無などを考慮して造成方式を選択する．これらは表土扱いの要否，造成施工歩掛りの高低，施工の難易とその選択，造成進展の遅速，土壌改良資材の種類および量などに影響する．

④**気象特性**…造成工法に影響を及ぼす気象特性として，降雨，風，霜，雪，凍結などがあげられる．これらの特性を考慮して造成工法や施工時期を選択する．特に，土壌侵食や法面崩壊などの農地災害を受けやすい西日本では，大雨の時期に注意して防災上の諸工事を先行させるなど，本工事の施工手順には気象特性への十分な配慮が必要である．

⑤**社会経済条件**…地域の市場条件，基幹作目，生産基盤 (土地基盤，道路，水路など) の整備状況，営農近代化施設の整備状況，各種の営農関係組織の実態について十分留意するとともに，受益者の経済力や事業費の負担能力などにも考慮する．また，事業予定地域の振興方向や土地利用方向なども考慮して，畑地造成計画を総合的に立案する．

社会条件調査で特に重要となる事項は，地域農業展開の指標となる人口動態，就業構造などである．経済条件調査では，事業予定地域の経済状況の指標となる経済圏の把握，農業生産活動の把握，農業と他産業との結び付き，生産基盤・施設の整備状況などの把握である．受益農家調査では，計画樹立の基礎資料とするため，関係農家の経営および経済状態を把握するとともに将来の営農，基盤整備などに対する農家の意向である．

(2) 畑地の造成形態

畑地の造成において，現況地形をどのように改変するのかという概略を図 5-9

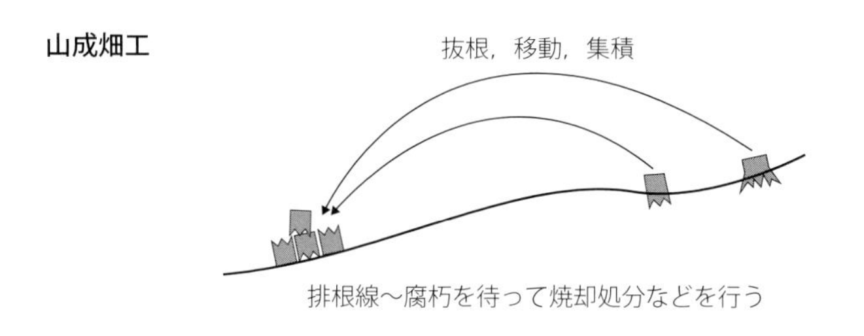

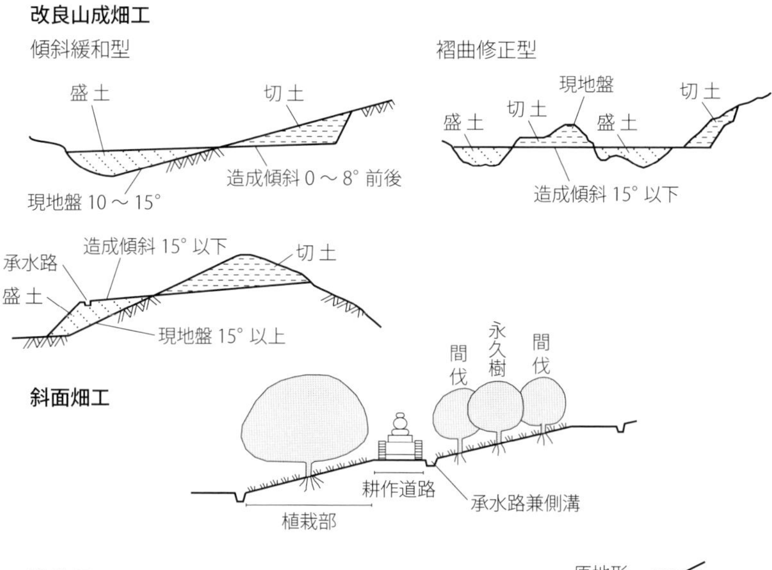

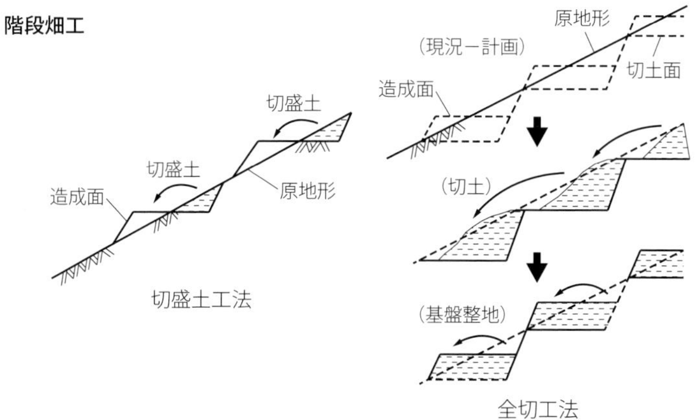

図 5-9　畑地の造成形態
（土地改良事業計画設計基準 計画 農地開発（開畑），1977 に一部加筆）

に示した．また，各造成形態の特徴を比較したのが表 5-5 である．

①**山成畑工**…一般には傾斜 15° 程度，機械化営農の場合には 8° 程度までを，ほぼ現況の地形なりに造成する方式である．山成畑工は，造成面積に対する作付面積の割合（作付面積率）が高く，切盛土による土の移動が少ないので造成費が小さく，また農地保全上も優れている．普通畑，樹園地，牧草畑に適用される．

②**改良山成畑工**…現況の複雑な地形の傾斜地を切盛土によって整形し，全体として傾斜の緩い圃場面を造成する方式である．土地利用率を高め，高度な機械化営農が可能な圃場を造成することができる．この方式は大量の土の移動を伴うので土壌保全，災害防止などに十分配慮するとともに，栽培技術体系による農地保全や，造成コストと営農効果との関係について配慮しなければならない．普通畑，

表 5-5　造成方式の比較

事項／造成方式	切盛土量	作付面積率	大区画の採用	大型営農機械の導入	防災施設の必要度	造成コスト	主な利用目的
改良山成畑工	大	大	可	可	大	高	普通畑，樹園地，牧草地
山成畑工	小	大	可	可	小	安	普通畑，樹園地，牧草地
斜面畑工	小	中	不可	ある程度可	小	安	樹園地
階段畑工	中	小	不可	不可	大	高	樹園地

（農業農村工学ハンドブック，2010 に一部加筆）

表 5-6　傾斜別，畑の種類別造成方式の適用範囲

造成方法	畑の種類	現地形傾斜度（°）0–5	5–10	10–15	15–20	20–25	25–30	30–35	35–40
山成畑工	普通畑	←→	←→						
	樹園地	←→	←→	←--→					
	牧草畑	←→	←→	←→	←--→	←--→	←--→		
改良山成畑工	普通畑	←--→	←--→	←→	←→	←→	←--→	←--→	←--→
	樹園地	←--→	←--→	←→	←→	←→	←→	←--→	←--→
	牧草畑	←--→	←--→	←--→	←→	←→	←→	←--→	←--→
斜面畑工	普通畑	←--→	←--→	←--→					
	樹園地	←--→	←--→	←→	←→	←--→			
	牧草畑	←--→	←--→	←--→	←--→	←--→			
階段畑工	普通畑		←--→	←--→	←--→	←--→			
	樹園地		←--→	←→	←→	←→	←--→	←--→	
	牧草畑			←--→	←--→				

←→ 適する範囲，←--→ 特別な場合適する範囲．（農業農村工学ハンドブック，2010）

樹園地，牧草畑に適用される．

③**斜面畑工**…現況の傾斜度が 10 ～ 25° 程度の比較的急な山林などをわずかな切盛土によって修正し，主に樹園地を造成する方式である．この方式は，現況地表面がほぼそのまま畑面として利用されるため，土壌生産力および農地保全上優れている．また，耕作道路と畑面が併行するため，機械化営農になじみやすい．樹園地（特殊な場合に普通畑）に適用される．

④**階段畑工**…主として急傾斜地に適用され，現況斜面地に対し階段状に畑面を造成する方式で，平坦あるいは造成勾配を持たせた畑面と，この畑面を保護および維持する法面で構成される．階段畑工は，多量の土工を要する改良山成畑工や全面深耕する斜面畑工より土工量が少なくてよい長所があるが，反面，造成面積に対する作付面積が少ないこと，さらに管理作業の機械化の制約を受けるなどの短所がある．樹園地（特殊な場合に普通畑）に適用される．

(3) 施 工 手 段

造成対象地を農地に変換する過程で使用される手段には，次のようなものがある．造成においては，これらが単一もしくは組み合わされて利用される．

①**機械力利用**…農地造成の施工手段として最も一般的であり，造成工事の中心的手段として利用されている．機械施工の特徴は,施工速度が早く省力的であり,短時間に造成が可能なことであるが，急激な自然条件の変化により災害の原因となるので，施工計画は慎重に樹立しなければならない．

②**人力**…造成作業は極力省力化され，一部に人手を必要とする部分が残されている程度である．

③**火力利用**…従来から焼まき，焼畑開墾などにおいて，地表植生処理の省力化として行われており，除草剤との併用により有力な手段として利用されている．

④**薬剤利用**…ササ，カヤ，ヨシなどの密生地帯では，火入れに代わる方法として，除草剤の散布により，植生の地上部の他，根や地下茎をも枯死させる方法がとられている．

⑤**畜力利用（蹄耕法）**…急傾斜地などで機械力による造成が不可能な地域において，牛，豚，羊などの畜力により未墾地を耕地化する方法である．

(4) 基盤造成後の耕起方法

造成された基盤農地を畑地として利用できるようにするため，耕起が行われる．基盤造成後の耕起方法には次のような形態がある．

①**全面耕起法**…この方式は，農地として利用する面を全面耕起する一般的に用いられるもので普通畑，樹園地，牧草畑のいずれでも採用される．

②**部分耕起法**…全面耕起すると土壌保全上，経済上，防災上および営農上支障がある場合に用いられる．耕起の方法には，必要な部分のみ幅を持たせて耕起する帯状耕法，線状に深く耕起を行うざんごう法，植付け部のみ円状に耕起するつぼ掘法などがある．

③**不耕起法**…前植生の処理を除草剤散布，刈払い，火入れあるいは家畜の放牧などにより行ったのち，直接作物を播種する方法である．主に，草地造成に利用される．

3）普　通　畑

近年の農地の造成は，造成対象地の自然条件が厳しくなっているうえ，生産性をより高めるような大型農業機械の稼働を可能にする圃場および施設の整備水準が望まれることなどから，大規模な地形改変を行う改良山成畑工が主流を占めている．改良山成工は，現況の複雑な地形の傾斜を切盛土によって整形し，全体として傾斜の緩い農地を造成する方式である．山成工では抜根した根株の処理が問題で，根株を地表の適当な位置に線状に配置する（これを排根線という）．これによる潰れ地が問題になるだけでなく，圃場が分断されて区画割りに影響を与える[注)]．これに対して改良山成工では切盛作業時に凹部に根株を集め盛土することが可能なので，圃場区画の計画は制約を受けない．

改良山成畑工のタイプは傾斜緩和型と褶曲修正型に分けられる（図 5-9）．傾斜緩和型は，高度の機械化営農を可能にするために，地形修正して 0 ～ 8° 前後の緩傾斜にする．一方，褶曲修正型は，褶曲が激しく，山成畑，階段畑の不適地

注）山成工における排根線は，潰れ地となるばかりではなく，機械作業の支障や野ネズミなどの住み家となる．このため，枯れるのを待って焼却するなど，できるだけ早く排根線をなくすようにする．

を開畑するものである．

また，造成区画の形状により，長方形テラス型，広幅テラス型と山成テラス型に分けることができる（図 5-10）．長方形テラス型は最も一般的なタイプで，区画の長辺および短辺は直線的である．現況傾斜の緩急や褶曲度合いに関係なく独立した区画である．広幅テラス型は等高線テラス型ともいわれ，その区画は幅 20 ～ 25 m の同幅短辺と等高線に沿った曲線ないし折線の長辺を持つ区画である．長方形テラス型も広幅テラス型も畑面勾配は 8° 以下の緩勾配で造成されるのに対し，山成テラス型では畑面勾配は 15° を目標として造成される．畑面は画一勾配でなく，現況面も利用する波状構造となる．

改良山成畑工の標準工程を図 5-11 に示す．

①**仮設**…本工事に先立ち，各工種の施工が効率的，かつ安全に実施できるよう仮設道路，仮排水路，工事中の防災施設などの配置，規模などについて十分検討のうえ設置する．

②**刈払いおよび火入れ**…雑灌木，ササ，根曲がりタケなどは，切盛土工程の際，谷部に埋め込むので，刈払いおよび火入れは行わないが，これらが施工や営農に支障をきたす場合には必要に応じて刈払いまたは火入れを行う．

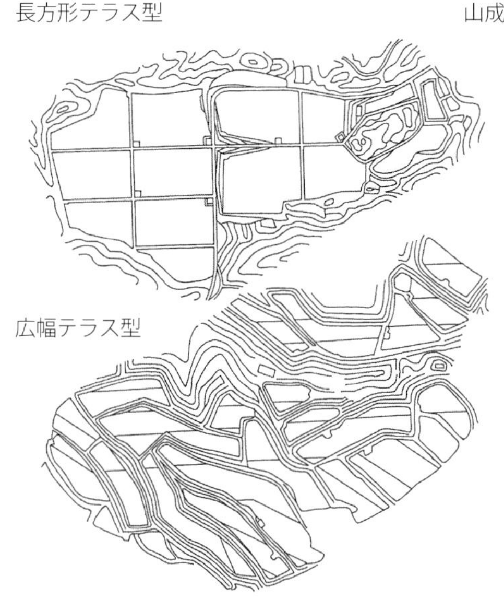

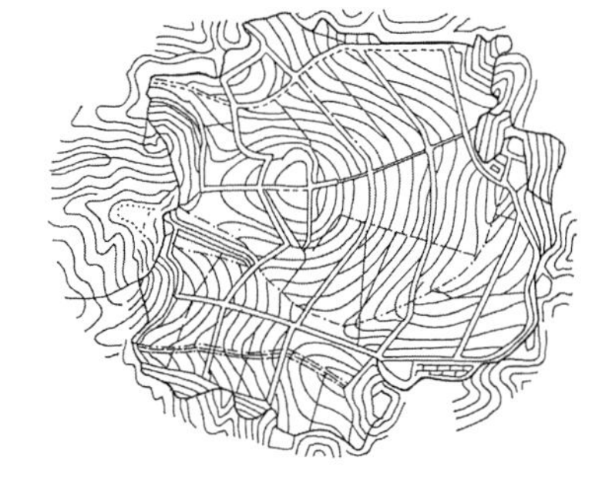

図 5-10　造成区画の形状による造成タイプの例
（土地改良事業計画指針 農地開発（改良山成畑工），1992）

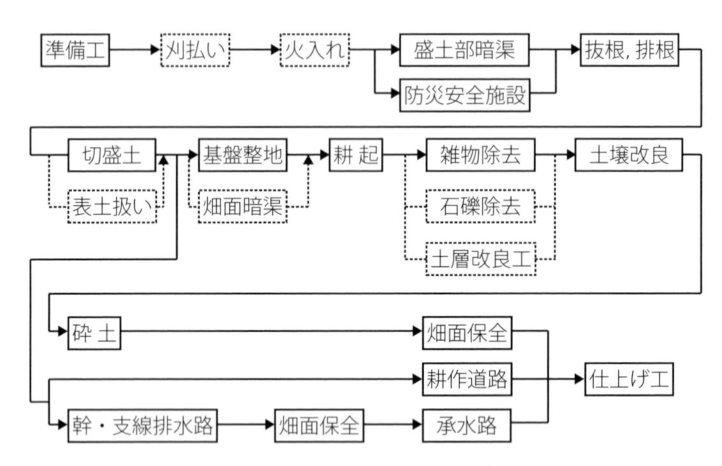

図 5-11　改良山成畑工の標準工程

①[点線枠]は必要に応じて採用される工種．②上の標準工程は，現地条件により刈払い，火入れなど省略されるものや，他の工程で代用されるものもある．また，同一工程であっても内容に軽重がある．（土地改良事業計画指針 農地開発（改良山成畑工），1992）

③**暗渠排水工**…盛土を行う谷の最深部に暗渠を設置する場合は，盛土に先立って施工し，排水効果が十分発揮されるよう留意する．

④**防災施設工**…造成後も安定するまでの２〜３年間は，相当の土砂が流亡するので，その防災施設と工事中の防災を兼ねて柵工，砂防堰堤などを設ける．幹線排水路に流入した土砂を地区外に流出させないように，末端に土砂だめ，沈砂池などを設置する．

⑤**抜根および排根**…営農上支障となる根株はレーキドーザなどにより抜根および排根を行い，根株などは低位部（盛土部）に埋設する．

⑥**切盛土**…計画勾配, 区画などについて検討した運土計画のもとに行う．地形，土質，運土距離によって適用機械は異なってくるが，一般には大型ブルドーザを使用する．硬い土質の場合には，リッパドーザを補助機械として使用する．運土距離が長く，土量が多いときにはスクレープドーザが適している．

⑦**表土扱い**…表土扱いは一般には行わないが，基盤造成後の表土が耕土として適さないと予想される場合は，作土計画に基づいて，切盛土に先立って表土をはぎとり，集積しておき，基盤造成後まき戻す．

⑧**基盤整地**…所定の地形勾配と排水が適正に行われるよう留意して行う．

⑨**耕起**…所定の耕起深が得られるよう適正な施工機械を選定して耕起する．耕起深が 30 cm 未満の浅い耕起にはトラクタ＋農機具で行う．30 ～ 60 cm 程度の場合はレーキドーザまたはブルドーザによるしわよせ耕起，リッパドーザによる耕起方法がある．

⑩**雑物除去および礫礫除去**…畑面に露出した枝条，根株，転石などは施工上または営農上の支障にならないよう除去する．雑物，石礫は埋設することが望ましい．

⑪**土壌改良資材散布**…土壌調査から求められた所要の土壌改良資材を散布するには，ライムソワー，ブロードキャスタなどが用いられる．土壌改良資材には，石灰（炭酸カルシウム），溶りん（溶性リン肥）がある．

⑫**砕土**…耕起した土を細かく砕き，表層部を均平にして耕作に適する播種床を造成する．

⑬**畑面保全**…造成された圃場面が営農開始まで相当期間放置される場合は，必要に応じて圃場の全面または帯状に牧草を播種する．

⑭**道路工**…盛土部を通過する道路については，所定の地耐力が得られるように留意する．

⑮**排水路工**…基盤造成後設置する排水路であって，盛土地盤を掘り下げる場合は，掘削法面の崩壊などに留意して設置する．

⑯**承水路工**…雨水の流下斜面長が大きくなると流亡土砂量が多くなるので，圃場内には等高線と平行に承水路を設けてこれを防止する．

4）樹　園　地

主として，樹園地に適する斜面畑工は，原傾斜が 10 ～ 25° 程度で，大きな切盛土を行わず，原斜面をほとんどそのまま利用する造成方式である（図 5-9）．斜面畑工は，現況地形がある程度一線で変化に乏しいことが適用の条件となる．起伏の激しい地形で斜面畑を造成する場合は，改良山成畑工との併用も考慮する．

(1) 施工方法別の分類

斜面畑を施工方法および形態別に分類すると次の通りである．

①**道路造成主体工法**…支線道路，耕作道路のみを造成し，植栽面（現況斜面）

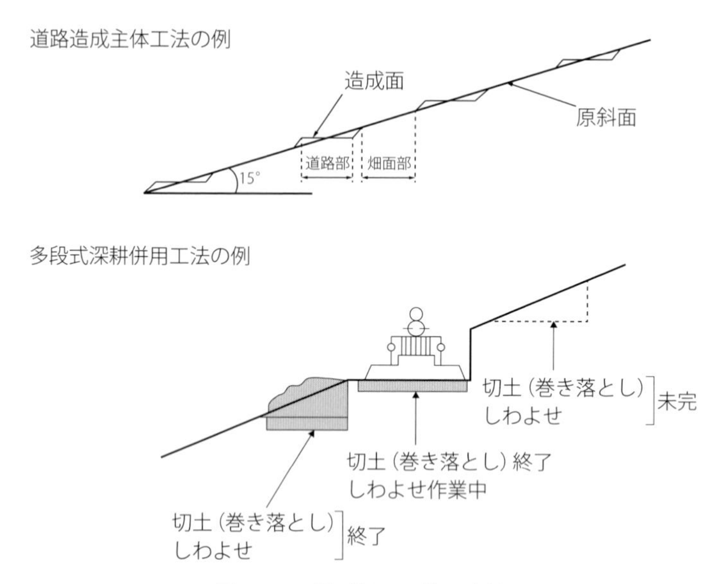

図 5-12　斜面畑工の施工方法
（土地改良事業計画設計基準 計画 農地開発（開畑），1977 に一部加筆）

は山成畑工に準じた方法をとる工法である（図 5-12 上図）．急傾斜地を対象とし，樹園地では，植穴を斜面に掘って植栽する．

②**多段式深耕併用工法**…必要な作土層確保のため「深耕」，「混層耕」，「（土壌改良資材などの）混合」を目的とする工法である．階段状に斜面下部から等高線に沿って切土し，その段をレーキドーザやリッパドーザで「しわよせ」，「破砕」を行う．この上に 1 段上部の切土（巻き落とし土）を落とし，その段の作業は終了する．順次同じ方法で斜面全体を一定の深さまで膨軟にする．その後，支線道路，耕作道路の造成を行う（図 5-12 下図）．

(2) 形態別の分類（道路の配置）

支線道路，耕作道路の配置は，管理作業機械の運行の利便性を考慮する．道路の曲率半径，縦断勾配，横断勾配などは，導入機械の旋回半径，登坂角度，横転角度などから決定する．基本的な道路配置は，形態別に次の 3 つに区分される（図 5-13）．

①**亀の甲方式**…支線道路を亀の甲型にめぐらし，耕作道路と連絡させる．支

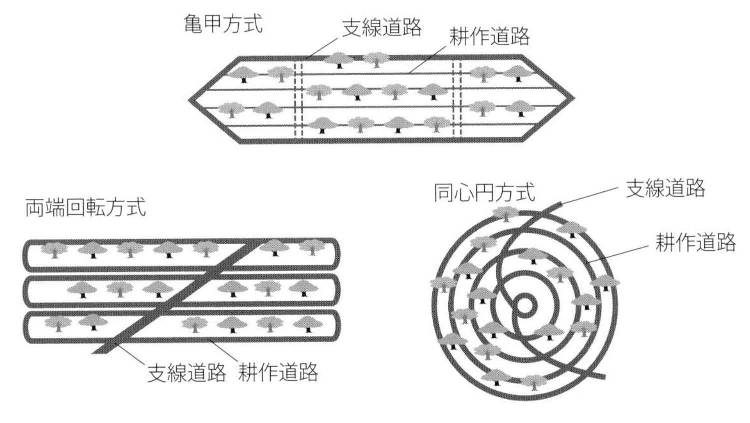

図 5-13　斜面畑工の道路の配置例
（土地改良事業計画設計基準 計画 農地開発（開畑），1977 に一部加筆）

線道路の幅員は 3.0 m 程度，縦断勾配は 1/7（8°）以下，屈曲部の曲率半径は 10 m 程度とする．

②**両端回転方式**…耕作道路の両端を曲線で結び，全体を S 字状に連続した道路とする．このままでは所定位置までの走行距離が長くなるので，耕作道路を斜めに切る支線道路を設け，距離の短縮，方向変換を容易にする．両端の回転部分は拡幅を十分に行う．

③**同心円方式**…等高線が独立しているような地形に適用され，変形した長円形のような形となる．等高線沿いの耕作道路を支線道路で連結し，機械の走行を一定方向にすれば数台の場合でも円滑に運行できる．

5）草　　地

(1) 計画対象区域

草地造成は，未利用，低利用の山林，原野などを開発して家畜飼養を目的とした草地を造成する面工事である．低コストが要求されるため，造成対象区域の自然条件を生かしつつ，目的とする家畜の種類，規模，飼養形態に合わせたきめ細かな造成計画とする．

造成対象区域は広範囲にわたるため，事前に境界を確認し，境界測量を行って図上に明示する．草地は機械化営農作業による採草利用か，あるいは家畜の放牧

表 5-7　土地利用区分と傾斜の関係

利用区分	傾斜度（°）
採草地，兼用地	0 〜 15
放牧地	0 〜 25
牧野林	25 以上

（農業農村工学ハンドブック，2010）

利用が一般的であるので，効率的な利用が可能となるよう，計画区域はできるだけ団地化しているのが望ましい．計画対象区域が明確になったら，対象区域の傾斜度，土層，土質を調査し，総合的な土地分級により採草地，放牧地，兼用地，施設用地，牧野林などの土地利用計画を作成して，想定される経営体の規模，飼養形態の条件を満足するかどうか検討する．土地利用区分と傾斜度の関係を表 5-7 に示す．

(2) 施 設 計 画

草地を適切に維持管理し利用するための施設を計画するもので，基本施設と利用施設に大別される．基本施設には草地道路，飲雑用水施設，排水施設，防災施設，施設用地，牧野林などがあり，主に土木的手法により整備する施設である．利用施設には，畜舎，隔障物，牛衝舎，薬浴施設，家畜乗降施設，衛生舎，看視舎，電気施設，草地管理施設，飼料調製・貯蔵施設，糞尿調製利用施設，作業場などがある．どのような利用施設が必要であるかは，自然条件，畜種，飼養方式，経営規模の大小，利用期間などで異なるため，能率的で経済的な経営ができるよう計画する．

施設の配置は，草地の維持管理，家畜の管理が円滑に行え，各施設の機能を十分活用できるよう計画する．

各施設は畜舎を中心に配置するが，粗飼料の貯蔵施設は，草地からの牧草の運搬が容易な位置に設けることが望ましい．なお，利用施設の施設用地の面積は，各施設の機能を十分活用でき，車両の旋回や通り抜けを容易にするため，施設面積の 3 〜 5 倍を確保する．

(3) 造成工法の選定

造成工法は，基盤造成，播種床造成に分かれ，施工手段の組合せに応じていくつかの種類があり，適正な工法を選定する．各工法の特徴および留意事項は表 5-8 に示した．

表 5-8　各草地造成法の特徴と留意事項

区分				特徴	留意事項
基盤			山成工	経費が安い．表土が活用される	傾斜が強くなると耕起法は無理．草地管理用機械の利用が制約される
			改良山成工	草地管理用機械の作業が安全で効率よく生産性の高い牧草地ができる	経費が高い．耕起に伴う侵食の危険大．防災工を必要とする
			階段工	草地面に限っていえば生産性の高い牧草地または飼料畑ができる	経費が高い．造成整備面積に占める草地面積が小さく，また法面侵食の危険大
播種法	耕起法	全面耕起法	反転耕法	短期間に造成でき，草地管理用機械の利用率がよい	傾斜 6° を超えると片起こしとなり，能率が極度に低下する．12° が限界である
			破砕耕法	経費が比較的安い．機械利用効率がよい	傾斜度 20° 以上は無理である．場所によっては防災工も必要である
			かく拌耕法	破砕耕法とほぼ同様	傾斜度はロータリティラで 20° が限界である．場所によっては防災工も必要である
		部分耕起法	帯状工法 点播法	土壌侵食が少ない	牧草地化の速度が遅い
			粗耕法	経費が安い．牧草地化までの土壌流亡が少ない	傾斜度は 20° が限界である
	不耕起法		即地破砕法	急傾斜地での造成に適する 土壌侵食が少ない 経費が安い	特殊機械（ブッシュカッタ，スタンプカッタなど）が必要である
			直播法		急傾斜地では労力を多く必要とする
			蹄耕法		家畜（ウシ，ヒツジ）を確保しておかねばならない

（日本草地畜産種子協会：草地開発整備事業計画設計基準，2007）

基盤造成には山成畑工，改良山成畑工，階段畑工があるが，草地造成の場合，階段畑工はあまり用いない．

播種床の造成には，多くの工法があるが，大別して耕起法と不耕起法に分けられる．

施工手段には，機械力利用，畜力利用，薬剤利用，火力利用，人力利用，航空機利用があり，それぞれの持つ施工能力を考慮して適正な造成速度を確保できるよう検討する．なお，人力・畜力利用の場合は必要な労働力や家畜が確保可能か否かの検討も重要である．

(4) 播種床造成方法

耕起法は，機械を利用して耕起を行い，短期間に生産性の高い草地を造成する方法で，耕法により，反転耕法，破砕耕法，撹拌耕法がある．また，急傾斜の野草地を草地化する場合や表土の薄いところなどで土壌保全上全面耕起が問題となる場合には，野草を残存利用しながら部分的に耕起を行い段階的に草地化していく部分耕起法や，比較的浅い地表処理を行う粗耕法が用いられる場合もある．

不耕起法は，野草地や雑灌木地などを草地化する場合に用いられ，前植生を即地破砕用機械，除草剤散布，火入れ，家畜の前植生抑圧放牧などにより処理したあと，耕起，砕土，整地を行わず，土壌改良，播種を行い，野草と牧草の競合を営農管理によって制御しながら，段階的に草地化していくものである．このため，急傾斜地，石礫地や立木を存置させる場合に適し，土壌保全上も好ましい方法であるが，造成後の営農管理は技術的に難しい点も多い．

不耕起法には機械により即地破砕法と人力，火入れなどによる直播法および家畜の抑圧放牧による蹄耕法がある．

第6章 農地の保全と防災

1．水　　食

1）水食の発生と要因

持続的な農業や豊かな地域生態系の形成は，水と土そのものの動きやそれらを媒介する物質の循環が基盤となっている．水食（water erosion）とは，主に降雨に伴う流水によって生じる土壌侵食であり，物質循環の中では「生産」の過程に当たる．また，融雪水，灌漑水，氾濫水などで水食が生じる場合もある．水食は一般的に畑地で発生し，表土の流亡とともに土壌に含まれている有機物や栄養塩類も流出し，地力低下や土壌劣化など農地保全の観点から問題になることが多い．また，農地などの面源（nonpoint source）から流出した土壌は，水路や河川において土砂という形態で輸送される．適度な土砂の流出は流域の生態系に正の影響を与えるが，過度な土砂の流出は負の影響を与える場合がある．このように，農地へ与える影響をオンサイトの影響というのに対し，農地外へ与える影響をオフサイトの影響といい，水食はその両面を持っている．

(1) 水食の発生形態

水食には土壌の剥離や輸送の形態によって，①雨滴侵食（raindrop erosion），②面状侵食（sheet erosion），③リル侵食（rill erosion），④ガリ侵食（gully erosion）に分類されている．一般的な斜面におけるこれらの形態の模式図を図 6-1 に示す．

①雨滴侵食…土壌表面が雨滴の衝撃によって剥離される現象である．休閑期や作物の栽培初期のような地表面の被覆率が小さい時期に顕著になる．畝立てした

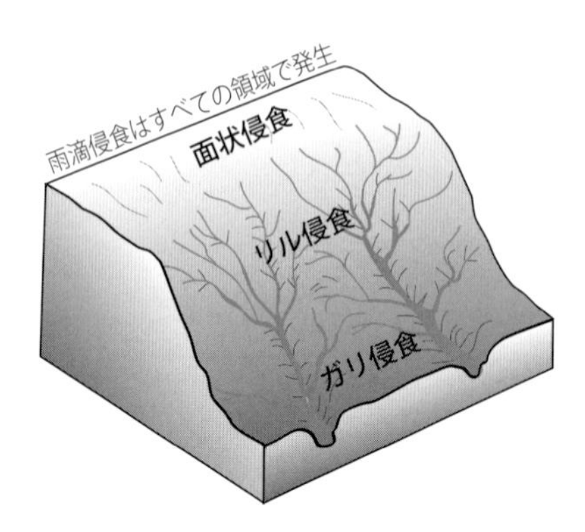

図 6-1　一般的な斜面における水食の形態

畑地では，雨滴侵食によって剥離された土粒子が畝間方向へ流されるので，侵食量は増大する．一方，湛水状態にある水田においても湛水面への雨滴の衝撃によって水面下にある土壌が巻き上がることもある．

②**面状侵食**…降雨の初期では，土壌がある程度乾燥しているためにすべての雨水が土中へ浸入（infiltration）する．その後，降雨強度が大きくなり，降水量が土壌への浸入速度を上回ったときに土壌表面は一時的に湛水し，傾斜がある場合には表面流（surface flow）が発生する．その表面流の初期段階は薄く広がりを持つ流れとなり，流れの掃流力（shear stress）による土壌の剥離や雨滴侵食で剥離された土粒子の運搬によって面状侵食が起こる．小規模の面状侵食の視認は難しいが，大規模になると，表土は流され地表面にあった石礫のみが残された状態になることもある（図 6-2）．また，地表面の湛水に伴ってクラスト（crust）と呼ばれる膜状の微細粒子の薄い層が形成されることがあり，浸透能の低下，表面流の増大が起こり侵食を加速させる．

③**リル侵食**…面状侵食の薄層流は流下するにつれて流速が大きくなり，侵食によって地表面の凹凸が生じる．そのため，流れの集中化が起こり，細い溝が形成される．この溝をリル（rill）といい，リルを形成，発達させる侵食をリル侵食という．リルは畝のない畑地では樹枝状の流路網を形成する（図 6-1）．リル侵食は縦畝（傾斜方向に畝立てをする方法）の畑地の畝間においても生じる．また，リルとリルの間の領域をインターリル（inter rill）といい，そこで雨滴侵食が発生してリルへ流入する．リル侵食は，水がリルを流れることによって生じる土壌の剥離作用とインターリルにおいて発生，流入した土砂の運搬作用が同時に起こる．なお，リルにおける流速が小さい場合には，リルで土砂の堆積が起きる．

④**ガリ侵食**…リル侵食が進行すると，リルが幅，深さともに大きい溝になる．この大きな溝をガリ（gully）といい，ガリを形成，発達させる水食のことをガリ侵食という（図 6-3）．リルとガリの大きさの違いは厳密に定められてはいな

図 6-2　面状侵食が発生した地表面の様子

図 6-3　ガリ侵食が発生した斜面の様子

いが，耕起などの農作業によって修復可能な溝をリル，修復困難な溝をガリと一般的に定義されている．ガリの発達に伴って著しい侵食が発生し，土壌の基盤が露出したり，農業機械の走行に支障をきたし作業能率が低下したりする．

(2) 水食の発生要因

農地などの傾斜地における水食に寄与する主な要因として，①降雨，②土壌の特性，③地形（勾配，斜面長），④植生，⑤営農作業，⑥保全管理などがあげられる．これらの要因は後述の予測・評価手法に利用され，侵食を抑制する対策を考えるうえでも重要である．

①降雨…水食の発生要因であり，その程度を決定する1つの要因でもある．水食の発生は降雨強度が地表面の浸透能を上回った際に起こる．また，水食の程度は降雨強度の他に，降雨継続時間，降雨以前の無降雨期間によって異なる．例えば，無降雨期間が短く土壌が湿っている状態であれば，降雨の開始とともに表面流が発生しやすくなり，降雨強度や降雨継続時間が大きければ，雨滴侵食やそれに続く面状侵食やリル侵食が顕著になる．

②土壌の性質…土壌は地域によって多種多様であり，物理性や化学性が異なる．土壌侵食の程度は土壌の粒度組成，団粒化の程度，浸透能によって異なり，これらの土壌固有の侵食の受けやすさを受食性（erodibility）という．一方，降雨特性による侵食のされやすさを侵食能（erosivity）という．例えば，赤色土は団粒構造が未発達であるので，土粒子は容易に剥離される傾向にある．また，黒ボク

土は，浸透能が大きいが粗しょうで軽いため，土粒子は容易に剥離および運搬される傾向にある．

③**地形（勾配，斜面長）**…勾配が大きいほど，発生した表面流の流速が大きくなり，流水の掃流力が増大し侵食量は大きくなる．また，斜面長が大きいほど，表面流が集積して流量が大きくなり，斜面末端から流出する土砂流出量は大きくなる．また，斜面が流下方向に凹形の地形の方が凸形の地形より侵食量は一般的に大きい．

④**植生**…地上部の植生は枝葉によって雨滴の衝撃を和らげたり，茎が流水の抵抗として作用したり，根によって表層土壌が固定されたりするため，植生の状況によって侵食の程度は変化する．これらの植生の特性は，種類，栽植密度，生育段階で異なる．

⑤**営農作業**…農地における耕起，肥培管理，灌漑，そして営農作業の時期などの人為的操作によって侵食は多大な影響を受ける．耕起はリルの修復や浸透能を大きくする効果がある一方で，土塊や団粒を粉砕し微細粒子の侵食を促進させる一面もある．プラウ耕やロータリ耕などの耕起の種類，耕起時期が雨期か乾期かによっても侵食の程度は異なる．また，化成肥料の施用によって，土粒子の分散性が大きくなり微細粒子の流出が顕著になることやスプリンクラ灌漑による侵食も起こる．

⑥**保全管理**…農地に対して行う保全行為によって土壌侵食を抑制することができる．その方法や効果については後述する．

2）水食の抑制対策と予測・評価手法

(1) 水食の抑制対策

水食の抑制対策は土木的抑制対策と営農的抑制対策に大別される．前者は圃場整備事業とともに施工されることが多く，水食の発生要因を改善する基礎的な事項となる．また，後者は農家自身によって実施されることが多く，実際の侵食の程度を制御する事項となる．両者の合理的な組合せによって効果を高めることができる．

a．土木的抑制対策

①〜③の対策は侵食そのものを軽減させる対策（発生源対策）であり，④〜⑥

は発生した土砂の流亡を軽減させる対策（発生後対策）である．

①**勾配修正工**…現状の勾配が急であったり，表面流が集中しやすい凹形の地形であったりする場合，基盤の切り盛りによって勾配をより緩やかにする対策である．地形を緩やかにさせるため法面が形成されるので，法面保護が別途必要となる．

②**畦畔工**…現状の斜面長が長すぎる場合，畦畔などの土構造物を設けて斜面長を短くする対策である．畦畔に表流水が溜まらないよう，適切な排水施設を併設させる．

③**土層改良**…現状の土壌の透水性が不良で地表面の湛水が著しい場合，心土破砕などの土層改良を施し，雨水の浸透を促進させる．

④**排水路工**…対象となる農地に，承水路，集水路，排水路を系統的に配置し，外部からの雨水の流入を防ぎ，内部で発生した流出水を速やかに地区外へ排除する．盛土部は切土部よりも地盤が弱いので，できるだけ排水路の設置を避けるように設計する．コンクリート水路が施工させることが多いが，素掘り土水路に植生を生やした草生水路は，発生した土砂の補足効果があるので検討すべきである．

⑤**砂防施設の建設**…農地で発生した土砂を堆積させるための施設として，圃場内に設けられる土砂溜，地区内に設けられる沈砂池，河川内に設けられる砂防ダムなどがある．土砂溜は素掘りの穴を圃場末端につくり，比較的大きな土粒子を補足させる．定期的に堆積した土砂の浚渫をして，圃場に戻すようにする．沈砂池は排水系統の適所に設けられ，集水面積に応じて規模を決定する．大規模の沈砂池は，蛇籠などで仕切られているものや植生を有するものがあり，滞留時間をできるだけ長くさせ，微細粒子の補足を促すように設計される（図 6-4）．

⑥**植生帯の設置**…グリーンベルトと呼ばれることもあり，営農的抑制対策に分類されることもある．圃場の末端や途中に密生度の高い作物以外の植生を帯状に生やし，植生による抵抗で表面流の流速を減じさせることによって，流下した土砂を補足する効果がある．十分な量の土砂の捕捉をさせるためには，集水する斜面長に見合うだけの植生帯の長さが必要である．また，植生部周辺が侵食されたり植生部に土砂が堆積したりすることによって，表流水が通過しなくなるので，定期的な更新が必要である．一方，土砂の捕捉の目的ではなく，侵食が起こりやすい農地と水路の接合部分の保護の目的のために植生帯を用いることも有効であ

図 6-4　仕切り提や植生を有する沈砂池

図 6-5　等高線栽培圃場における畝の決壊

る．

b．営農的抑制対策

①**深耕**…営農機械による踏圧により心土に難透水層が形成されている場合に，深耕プラウなどを用いて通常より深く耕起し，透水性を増進させ水食の抑制を図る．

②**等高線栽培（横畝立て）**…等高線栽培（contour farming）は，等高線に沿う方向に畝立てを行う対策であり，傾斜地において多く採用されている．発生した地表水の流下を抑制させるので，降水量が多い地域では畝が決壊し，大規模な侵食を発生させてしまうこともある（図 6-5）．

③**地表面の被覆（マルチング，間作，輪作）**…雨滴侵食を軽減させるためには，植生による被覆だけではなく，地表面の被覆をする必要がある．作物残渣などで地表面を被覆するマルチング（mulching），作物の条間に別の植物を植える間作（インタークロッピング），裸地となる休閑期に別の作物や緑肥などを栽培する輪作（リレークロッピング）などが効果的である．マルチングに用いられる材料としては，わらや前作物の葉や茎などがある．これらの対策は営農計画や降雨時期とともに検討されるべきであり，間作物と主作物の競合に注意が必要である．

④**有機物の施用**…堆肥やきゅう肥などの施用により，土壌の粘着性を高めて水食に対する抵抗力を増大させるとともに，土壌の団粒化を促進して透水性を高める．効果の発現までに時間がかかるが，土壌の地力向上と耐食性向上のために有効である．

⑤**不耕起栽培**…不耕起栽培（no-tillage farming）は耕起を実施せずに作物栽培を行う方法であり，耕起による土壌の撹乱がないために土壌侵食を効果的に抑制させることができる．特に多年生の作物の場合，蘖（ひこばえ）をそのまま栽培する株出し栽培ができるので，不耕起状態のまま栽培が可能である．株出し栽培は新植栽培と比べて生育も早く，前作物の収穫時に発生した残渣が地表面を覆った状態であるため，マルチングの効果も加わることによって，高い抑制効果が得られる（図6-6）．また，耕起回数を最小限にする最小耕起栽培や作物の植え付ける部分のみを耕起する部分耕起栽培なども抑制対策として有効である．一方，耕起をしないために雑草が繁茂したり，病害虫が発生したりする恐れもある．

図6-6　サトウキビの株出し栽培（左側）と新植栽培（右側）
（写真提供：干川　明氏）

(2) 水食の予測・評価手法

a．許容侵食量

日本における圃場整備事業などで用いられる許容侵食量は，表土層の厚さが30 cm以上ある場合，10 ～ 15 t/ha/y（1.0 ～ 1.5 kg/m^2/y）以下とされている．一方，米国農務省の農地保全基準では，4.5 ～ 11.2 t/ha/y以下とすることが目標とされている．水食に関する農地保全を予測および評価するために，後述の解析モデルが用いられている．

b．USLE

土壌侵食モデルとして，最も適用事例が多いのはUSLE（Universal Soil Loss Equation）であり，1960年代から米国農務省を中心に開発が始まり，1978年にWischemeierとSmithによってまとめられた．USLEは年間侵食量の算定のために開発されたモデルであり，降雨，土壌，地形，作物管理，そして保全に関する5つの係数からなるシンプルな算定式である．

$$A = R \cdot K \cdot LS \cdot C \cdot P \tag{6-1}$$

ここで，A：年間侵食量（kg/m^2），R：降雨係数（J･m/h/m^2），K：土壌係数（kg･h/J/m），LS：地形係数（無次元），C：作物管理係数（無次元），P：保全係数（無次元）である．

USLEは米国内における1万点以上の観測結果から経験的に各パラメータが定式化され，現在では世界各国で用いられている．USLEの問題点として，各係数が経験的に決定されているので，既存のデータが存在しない新しい土地や土壌，予想外の降雨の際の侵食量の予測が難しい点と土砂の流れを定めていないことにより，流域規模への拡張が難しい点がある．また，年間侵食量を推定するために構築されたので，降雨イベント単位，またはそれ以下の時間分解能の精度は保障されていない．以下に各係数の算定方法について述べる．

①降雨係数 *R*…USLEでは，一連降雨を降水量が12.7 mm以上または降雨強度が6.4 mm/15 min以上の降雨で，降雨後の無降雨期間が6時間以上と定義されている．降雨係数は次式で求める．

$$R = \sum E_i I_{30,i} \times 10^{-3} \qquad (6\text{-}2)$$

ここで，E：侵食性一連降雨の運動エネルギー（J/m^2），I_{30}：一連降雨の最大30分間降雨強度（mm/h），i：一連降雨番号であり，1年間の和をRとする．

なお，I_{30}が得られない場合は，最大60分間降雨強度I_{60}を用いて換算する方法がある．降雨係数Rは，単純に降雨による侵食エネルギーを表すものではなく，雨滴落下と表流水による土粒子の剥離および運搬など降雨による侵食能を総合的に評価するものである．Eは次式で求める．

$$E = \sum \{(11.9 + 8.73 \log_{10} I_j) r_j\} \qquad (6\text{-}3)$$

ここで，I：降雨強度（mm/h），r：降水量（mm），j：降雨の時間ステップである．

なお，Iとrは一定と見なせる程度の時間解像度に区分された量（例えば10分）である．実際の計算例や地域・時期別の値は，農林水産省（1992）にまとめられているので参照されたい．

②土壌係数 *K*…土壌係数は土壌の受食性を評価したものであり，一般的にはノモグラフによる図解法で求められる（図6-7）．土壌係数は年間の平均値と定義され，定数として用いられる．ノモグラフは次式でも計算可能である．

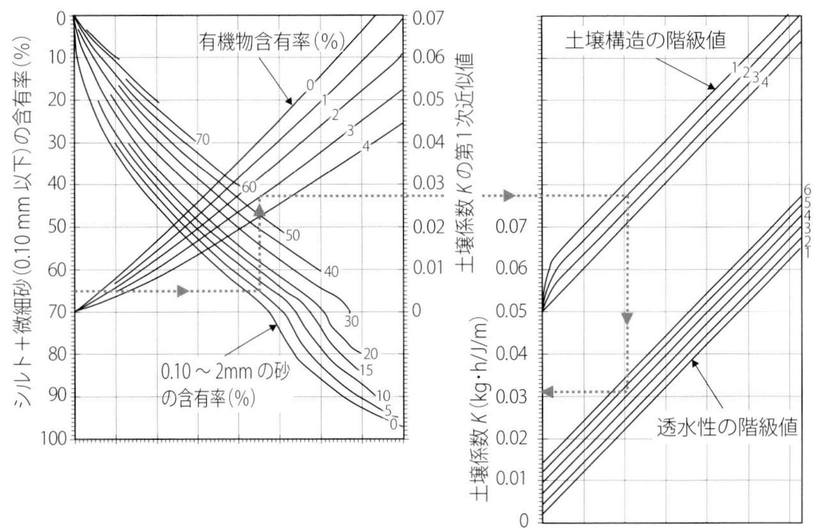

土壌構造の階級値

1：極細粒（礫＜5%），2：細粒（礫 5～15%），3：中粒，粗粒（礫 15～50%），4：塊状，板状，大塊状（礫＞50%または中礫＞10%）．礫 2 mm 以上，中礫 9.52 mm 以上

透水性の階級値

6：非常に遅い（＜0.125 cm/h），5：遅い（0.125～0.5 cm/h），4：やや遅い（0.5～2.0 cm/h），3：中くらい（2.0～6.25 cm/h），2：やや速い（6.25～25.0 cm/h），1：速い（＞25.0 cm/h）．数値はベーシックインテークレート値

図 6-7　土壌係数 K を求めるためのノモグラフ

図中の矢印付きの点線は，シルト＋微細砂が 65%，0.10～2 mm の砂の含有率が 5%，有機物含有率が 3%，土壌構造の階級値が 2，透水性の階級値が 4 の例で，$K = 0.031$ が得られる．

$$K = \frac{1}{980}\{2.1 \times 10^{-4} M^{1.14}\ (12 - a) + 3.25\ (b - 2) + 2.5\ (c - 3)\} \qquad (6\text{-}4)$$

ここで，M：粒径のパラメータ（＝シルト（%）＋微細砂（%））×（100－粘土（%）），a：有機物含有率（%），b：土壌構造に関する階級値（☞ 図 6-7），c：透水性に関する階級値（☞ 図 6-7）である．

なお，粒径区分は USDA 法を用いる．参考のため USDA 法の粒径区分を示すと，粘土：0.002 mm 以下，シルト：0.002～0.05 mm，微細砂：0.05～0.1 mm，砂：0.1～2 mm，礫：2 mm 以上である．ノモグラフはシルトと微細砂の合計が 70%以下の場合に用いることができる．

他の決定方法として，裸地（$C = 1$），保全対策なし（$P = 1$）の状態にある試験地（*LS*は既知）において，侵食量 *A* および降雨係数 *R* を実測し，*K*を逆算することによって定めることもできる.

③**地形係数 *LS***…地形係数は，傾斜と斜面長を用いて次式のように定式化されている.

$$LS=\left(\frac{\lambda}{22.13}\right)^{m}(65.41\sin^{2}\theta+4.56\sin\theta+0.065) \tag{6-5}$$

ここで，λ：斜面長（m），θ：傾斜角（°），m：0.5（勾配5%（2.9°）以上），0.4（勾配3%（1.7°）以上5%未満），0.3（勾配1%（0.6°）以上3%未満），0.2（勾配1%未満）である. *LS*：斜面長22.13 m，傾斜9%（5°）の標準傾斜試験枠を1としている.

④**作物管理係数 *C***…作物管理係数は，作物，草，樹木の植生による被覆，残渣による被覆，耕起（土壌構造，剥離可能量，密度，有機物含有量などの改変），地中における残渣，そして根による侵食量の軽減割合を表す総合的な指標である. 算定方法は1回の営農サイクルを複数の期間（休閑期，苗床期，苗立期，発育期，成熟期，収穫期）に分けて，それぞれの期間の係数に適用場所における降雨係数を考慮して求める. それらの平均値が年間の作物管理係数となり次式で表される.

$$C=\frac{\sum r_{k}c_{k}}{R} \tag{6-6}$$

ここで，r_k：期間 k における降雨係数，c_k：期間 k における作物管理係数，R：降雨係数である.

なお，休閑地で裸地状態の場合は $C=1$ である. 日本における作物管理係数 c_k は，全国的に作物の生育期と降雨分布のパターンが類似しているので，細かく生育期を区分せずに，標準作期を通した値が農林水産省（1992）に計算例とともに整理されている. いくつか具体的な数値をあげると，牧草が0.02，わら・乾草マルチが0.1，サトウキビが0.2，キャベツが0.3，トウモロコシが0.4，パイナップルが0.5，タバコが0.6とある.

⑤**保全係数 *P***…保全係数は，等高線栽培（横畝栽培）およびテラス工が施されている圃場における侵食量の軽減割合で，これらが行われていない圃場は $P=1$ となる. 日本における調査実績を取りまとめた等高線栽培の保全係数を参照すると，斜面勾配が1～25°の圃場に対して $P=0.27$～0.50 となっている（農林水産省，1992）.

c．WEPP

USLE の開発以降，降雨に伴う表面流の発生，土粒子の剥離および運搬機構，そして土壌や植生などの侵食に関わる機構をより現象に即した形で表現するモデル(物理的モデル)が多数提案されている．中でも米国農務省が開発した土壌侵食・土砂流出解析モデルである WEPP（Water Erosion Prediction Project）は，農地などの斜面における土壌侵食に加え，流域における土砂の流下過程も表現可能なプロセスベースのモデルであり，実態の再現，広域評価，土木的対策や営農的対策による効果の算定などに用いることができる有力なモデルである．

WEPP は 1985 年に開発が始まり，農地などの斜面モデルが 1989 年に発表された．その後，水路や貯水池を含む流域モデルとして 1995 年に公開された．現在に至るまでモデルは随時更新されており，インターネットを介して無償で配布されている．WEPP は斜面における土壌侵食過程，水路または河川における侵食，堆積，輸送過程，そして貯水池における堆積，輸送過程の 3 つの過程で構成されている．中でも土壌侵食に関して大きな影響因子である作物の成長，土壌状態の変化，各種営農管理作業を実際の現象に即した形で表現していることが特徴である（図 6-8）．斜面における侵食過程では，リルにおける侵食過程とインターリルにおける侵食過程が考慮された物理的機構を備えている．これらを明確に表現した点が前述の USLE と大きく異なる．また，USLE が年間侵食量を算定可能であるのに対して，WEPP は日単位または一雨ごとの侵食量を算定可能であ

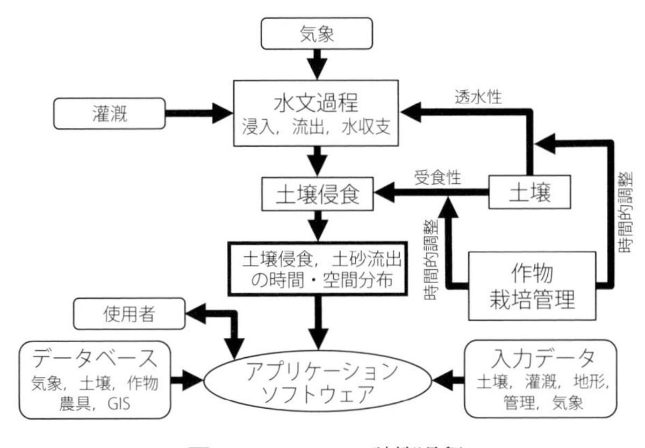

図 6-8　WEPP の計算過程

る.加えて,USLEは一筆の農地のみにおける侵食量が算定可能であるのに対して,WEPPは流域スケールでの土砂動態を表現することができる．WEPPの詳しい解析方法は技術報告書に記されている.

WEPPはGUI（Graphical User Interface）を有するアプリケーションとして開発されており，プログラム言語がわからなくても，直感的に各種入力データの設定やプログラムの実行が可能であり実用性に優れている．現在ではGIS（Geographic Information System）と連携した形で解析を実行することができるGeoWEPPの開発が進んでいる．GISにおける地形情報をもとに河道網や集水域が自動的に決定され，土壌図や土地利用図がWEPPの土壌や管理入力データとして直接利用できるようになったので，広域評価を行う際の労力が大幅に軽減され，今後の発展が大いに期待される.

2．風　　食

1）風食の発生と要因

風食（wind erosion）は，風によって地表面の土粒子が剥離，運搬されたのちに堆積する現象である.風食によって表土が失われたり,作物が傷ついたり埋まったりしてしまうオンサイトの影響があることに加え，日本でも近年影響を受けている黄砂やPM 2.5（微小粒子状物質）のように，微細粒子が国境を越えて飛来するオフサイトの影響もある．風食は風の強さ，土壌の状態，地上部の被覆の状態などでその程度が異なる．世界的には乾燥地（arid land）や半乾燥地（semi-arid land)，日本においては黒ボク土や砂丘未熟土の分布地域で起こりやすい.地域によっては，風食量は水食量を上回る.

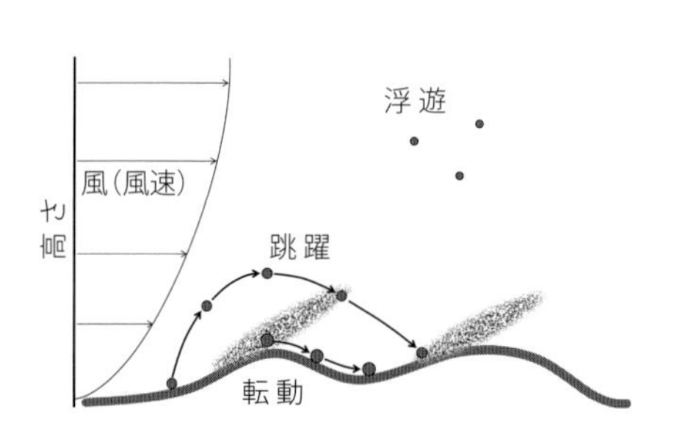

図6-9　風食による粒子の移動形態

(1) 風食の発生形態

風食の形態は図6-9のようであり，風によって地表面の土粒子が転がりながら移動する転動（creep），一時的に飛び上がりながら移動する跳躍（saltation），上空に飛散したままの浮遊（suspension）の3つがある．粒子が動き始める風速を臨界風速（threshold wind velocity）といい，一般的に地表面から0.3 m高さの風速で約6 m/sまたは9 m高さで約8 m/sに達したとき，風食が起こり始めるといわれている．臨界風速を超えたときに粒子は風食の初期段階として転動を始める．転動する粒子の直径は0.5 ～ 1 mm程度であり，風による掃流力または跳躍した粒子の衝撃力が駆動力となる．跳躍する粒子の直径は0.1 ～ 0.5 mm程度であり，ときには高さ数mまで上昇することもある．浮遊する粒子の直径は0.1 mm程度以下であり，土中の微細粒子が風によって直接巻き上がり浮遊する場合や，跳躍した土粒子の団粒が壊れて浮遊したり，土粒子が削れて細かい粒子が浮遊したりする場合もある．転動，跳躍する粒子の移動距離は発生場所付近であるが，浮遊する粒子は粒子径が小さいほど遠くまで移動し，微細粒子は何千km も移動することもある．例えば，アフリカのサハラ砂漠で発生した微細粒子は，ヨーロッパ，南米，北米の内陸部まで到達しており，中国大陸内陸部のタクラマカン砂漠，ゴビ砂漠，黄土高原などで発生した微細粒子は，日本，北米，ハワイまで到達していることからも相当の距離を移動していることがわかる．

(2) 風食の発生要因

風食に影響する要因として，風，地表面の被覆，土壌の性質および状態の3つがある．これらの要因について順に説明する．

①風…風は図6-9に示したように，地表面の影響を受け，地表面に近づくにつれて風速は減少する．このような速度の鉛直分布は次式に示す対数速度分布則（logarithmic low）として知られている．

$$u(z) = \frac{u_*}{\kappa}\ln\left(\frac{z}{z_0}\right) \tag{6-7}$$

ここで，$u(z)$：高さzにおける風の速さ，u_*：摩擦速度，κ：カルマン定数（= 0.4），z_0：粗度長である．

摩擦速度は高さの自然対数値に対する風速の近似直線の傾きに相当し，地表面のせん断応力であり，風食の駆動力となる．粗度長は風速が地表面付近でゼロになるときの理論的な高さであり，地表面の粗度（抵抗）の程度を表す．植生が存在する地表面では，z_0は大きくなり風食は起こりにくくなる．また，周辺に樹木などの障害物がある場合，風は障害物に沿った流れとなるために，障害物周辺の風速は小さくなり風食が軽減される．

②地表面の被覆…作物などの植生，作物の収穫後の切株や枝葉などの残渣などの地表面の被覆は，風に対する抵抗として作用するとともに地表面の土粒子を保護し，風食を制御する上での重要な要素である．被覆率と風食の関係として，被覆率が増大するほど風食量は指数関数的に減少する傾向にあり，ある観測結果では被覆率20％で風食量の削減率が57％，被覆率50％で削減率が95％であった．

③土壌の性質および状態…風食を受ける土壌の性質や状態によって風食の程度は大きく変わる．風食に関連する土壌固有の性質として，土性や鉱物特性などがあげられる．土性（soil texture）は土粒子の粒度で区分された指標であり，一般的に，砂質土壌の方が粘質土壌よりも受食性が高い．また，鉱物特性として石灰質土壌は受食性が高いといわれている．

一方，風食に関連する土壌の状態は時々刻々と変化するものであり，土壌水分，地表面の凹凸，団粒の程度，クラストの形成などがあげられる．これらの要素は気象，灌漑，耕起などの影響を強く受ける．土壌水分は降雨，蒸発散，灌漑の影響を受けながら変動する．水分を多く含んでいる土壌ほど風食を受けにくくなる．地表面の凹凸は耕起によって大きく変動し，畝や大きな土塊のような比較的大きな凹凸は風の抵抗として作用し，風食を抑制させる．また，凹凸があることで風が当たらない面ができることで，風食を抑制させる．団粒構造は土壌の基本的特徴であり，自然に形成され，耕起によって破壊される．団粒は単粒よりも粒子径が大きく，土粒子同士の粘着性があるため，団粒構造が発達した土壌は受食性が小さい．クラストについては水食の部分でも説明したように，激しい降雨によって地表面に形成される膜状の微細粒子の薄い層である．クラストは粘着性があり密度も高いため，クラストが形成された土壌は風食を受けにくい．ある実験では，クラストの形成によって風食量が1/40～1/70に軽減されたという事例もある．

2）風食の抑制対策と予測・評価手法

(1) 風食の抑制対策

風食の抑制対策には，防風施設による抑制法と営農的抑制法の2つに大別される.前者は防風林や防風垣などの風に対する障害物を設置する対策方法であり,後者は栽培方法や灌漑などの営農方法による対策方法である.両者の合理的な組合せによって効果を高めることができる.

a．防風施設による抑制対策

①**防風林**…樹高の高い樹種で構成された帯状の林であり,設置には用地の確保が必要になることや成木になるまでに時間がかかることがあるが,防風効果は大きい.防風林の配置は風食の起きる風向にできるだけ直角になるようにする.風食に対して効果的に風速が減少する範囲は,防風林の風下側で樹高の 10 ～ 15 倍程度,風上側で 3 倍程度であるので,この範囲内で設置間隔を定めるのがよい.一般的には,針葉樹よりも広葉樹,常緑広葉樹よりも落葉広葉樹の方が風に対する強度が高いが,樹種の選定には強度の他に,成長速度や維持管理にかかる労力などを考慮する必要がある.

②**防風垣**…防風林程の用地が確保できない場合に設けられる対策であり,多年生の植生による防風生垣とフェンスや石垣などの非生物による防風柵の 2 つがある.防風効果の範囲は防風林よりも小さい.

③**防風ネット**…防風柵の 1 つであり,化学繊維などの素材でできている.即効性があり,用地を最小限にとどめることができ,設置,移動,撤去が容易であるが,ネットの劣化に伴う更新や景観に対する配慮が必要である.

b．営農的抑制対策

①**栽培方法**…風食の起こる期間において,できるだけ畑面を裸地にしないような営農計画を立てるのが基本である.また,地表面の抵抗をできるだけ大きくするために,主風向に対して直角方向に畝を立てることも効果的である.さらに,畑の周囲にトウモロコシなどの丈の高い作物を植え,茎幹を残し,簡易な防風垣とすることも効果的である.

②**帯状栽培**…中耕作物と密生作物を帯状に交互に植える方法であり,帯の方向は主風向に直角になるようにする.広大な畑地では,密生作物として牧草が適しており,中耕作物 30 ～ 90 m ごとに 1 m 程度の密生作物の間隔で風食が効果的に抑制できるという報告もある.

③**密植**…作物の植え付ける間隔をなるべく小さくとり,茎葉による地表面の被覆率を高め,風食を抑える.

④**畑地灌漑**…スプリンクラなどの灌漑施設のあるところで実施可能であり，一時的ではあるが土壌の乾燥化を防ぎ風食を効果的に抑制できる．

⑤**土壌改良**…堆きゅう肥やベントナイトを表土に混入することによって，土壌の団粒化を促進したり，粘着性を高めたりすることによって土壌の受食性を軽減させせることができる．

⑥**切株の残置やマルチング**…作物の収穫後の休閑期において，切株を残すことによって抵抗として作用し，土粒子の巻き上げを抑制することができる．また，茎葉の残渣を地表面に残置するマルチングによって，地表面の被覆率が高まり風食が軽減される．また，残渣によるマルチングができない場合には，ネットなどで地表面を覆うことによっても風食は軽減される．

(2) 風食の予測・評価手法

水食に関する解析モデルと同様に，これまで数々の風食の予測・評価モデルが開発されている．代表的なモデルとしては，1960年代に Woodruff and Siddoway によって開発された WEQ（Wind Erosion Equation）がある．WEQ は風食の年平均値を予測・評価するためのモデルで，次式で定められる．

$$E = f\,(I,\ K,\ C,\ L,\ V) \qquad (6\text{-}8)$$

ここで，E：年間侵食量，f：以下の変数の関数であることを意味し，I：土壌の受食性の指標値，K：土壌表面の粗度の係数，C：気象の係数，L：保護されていない面の長さ，V：植生による被

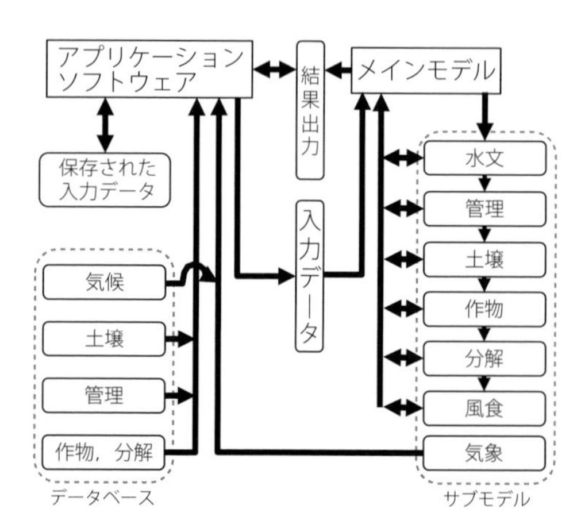

図 6-10　WEPS の計算過程

覆の係数である．

これらの指標値や係数は互いに独立ではないので，USLEのように単純に掛け合わせることで*E*を定めることはできないが，図表を用いつつ計算する手順が確立されている．

WEQの開発以後，より物理的なモデルの開発が進められている．中でも1990年代に米国農務省において開発されたWEPS（Wind Erosion Prediction System）は，風食や風食に関する要因を物理的に解析することができるモデルである（図6-10）．WEPSは土粒子の運動を物理的に解析することによって，風食における転動や跳躍の形態だけではなく，微細粒子の浮遊も表現可能である．また，防風施設や営農的対策を自由に設定可能であることやGUIを有したアプリケーションとして公表されているので高い実用性を有している．

3．地すべりとその対策

1）地すべりの素因と誘因

土地の一部が地下水などに起因してすべる現象，またはこれに伴って移動する現象を地すべり（landslide）という．地すべりは移動の状態が緩慢で，長時間継続するものが多く，また移動した土塊も比較的原形を保つなどの特徴がある．また，地すべりが発生した際には，副次的な崩壊を伴うのが一般的である．急激に土塊や土壌が移動して移動後に原形をとどめない崩壊（slope failure）や水食（water erosion）とは区分されている．

この地すべりが発生している区域または地すべりが発生する恐れの大きい区域，およびこれらの区域に隣接し地すべりを助長や誘発する，またその恐れの大きい区域を包括して，地すべり地域と定義される．さらに，この地すべり地域のうち，特に地すべり防止に緊急を要するものとして，地すべり防止法に基づいて都道府県知事が指定した区域が，地すべり防止区域である．

地すべりが発生する原因には素因と誘因があり，素因は地質や地形であり，誘因は降雨，融雪水，侵食，地震，切盛土工などがあげられる．

(1) 地質（素因）

地すべりは特殊な岩質および地質構造の部分に発生しやすい．地すべり分布を図6-11に示した．わが国で発生する地すべりは，その地質的特徴に基づいて，第三紀層地すべり，破砕帯地すべり，温泉地すべりに大別されている（小出　博，1955）．

第三紀層地すべりは，主に新第三紀中新世の泥岩，凝灰岩，凝灰質砂岩などの地層に発生し，地すべり面に強粘土質物質を狭在する特徴を有している．新潟県頸城地方の地すべりはその典型である．北は秋田県，山形県から，西は佐賀県，長崎県に至る日本海側に多く見られる．

破砕帯地すべりは，中央構造線や糸魚川 - 静岡線などの地質構造線，または断層線に沿って岩石が著しい破砕作用を受けたところに多く発生する．強粘土質物質を伴う事例も見られるが，砂礫質のところで発生する事例も多い．地質的には黒色片岩，緑色片岩の分布域に多い．

温泉地すべりは，温泉の噴気によって基岩が粘土を含む岩屑層，温泉粘土，変質安山岩などに変質した温泉変質帯に発生する．代表的な発生地は，箱根，鳴子，別府，霧島などの有名な温泉地である．

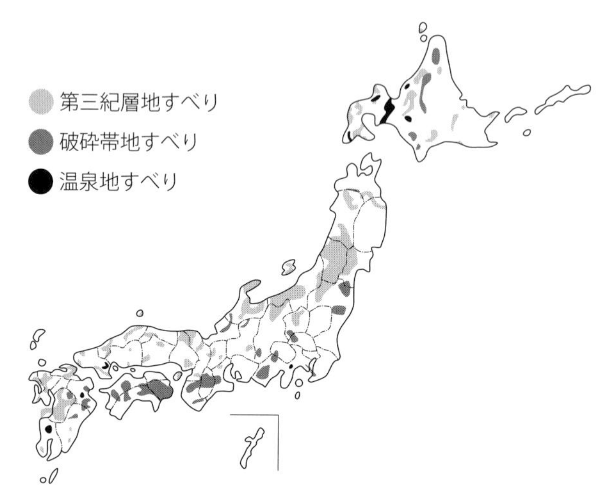

図6-11　わが国の地すべり分布
（土砂災害防止広報センター）

(2) 地形（素因）

一連のすべり面に囲まれ，１回の移動に際してひとまとまりとして動く範囲を地すべりブロックという．地すべり地形は一度形成されると地すべり土塊中に，２次，３次の地すべりが生じ滑落崖と平坦面を形成し，次第に階段状の地形を呈する．地すべり地形における各ブロックの名称は，図 6-12 に示す通りである．

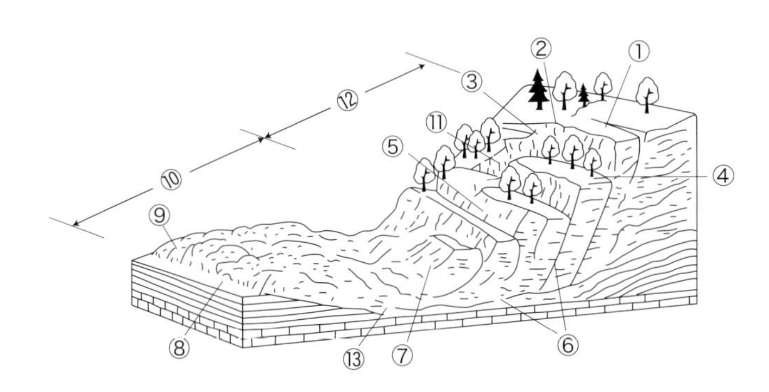

図 6-12　地すべりブロック

①冠頂(地すべりで移動しない滑落崖の最上部の土地)，②頂点(変位土塊と滑落崖と接触した最高点)，③滑落崖(地すべりにより形成された不動地盤上の急峻な面)，④頭部(変位土塊と滑落崖と接触部に沿ったすべり土塊の上部)，⑤二次滑落崖(地すべり土塊中の差動運動により生じた変位土塊上の急峻な面)，⑥すべり面(剪断破壊により連続した地層がずれた剪断面)，⑦脚部(すべり面末端より下方にある変位土塊)，⑧舌部(滑落崖から最遠の変位土塊の端)，⑨舌端(すべりの頂点から最遠の舌部上の点)，⑩隆起部(原地表面より変位土塊が上にある部分)，⑪側端(地すべりの側面)，⑫沈降部(原地表面より変位土塊が下にある部分)，⑬地すべり面末端(すべり面下部と原地表面との交線)．(農業土木ハンドブック，農業土木学会，2000)

(3) 降雨，融雪，地下水（誘因）

地すべりの誘因の中で最も影響しているものが，降雨や融雪などに伴う地下水位の上昇である．地下水はすべり面上の土や岩石のせん断強度を低下させるとともに，すべり面上の荷重を増加し，滑動を生じやすく作用するなど，地すべりに深く関わっている．

(4) 侵食，地震，切盛土工（誘因）

地すべり地形の脚部や舌部が河川の流水や表面流によって侵食を受け，滑落崖が安定を失い，地すべりが発生することがある．また，地震によって地盤が緩まり亀裂が発生して，水の浸透が促進されて地すべりが加速する場合がある．さらに，切盛土工によって地すべりが誘発されることもあるので，地すべり地域の土工に当たっては注意を要する．

2）地すべり調査と対策計画

(1) 調査区分

調査区分は，地すべりの被害，形状，移動状況，発生原因などの実態を把握することを目的とする計画調査，地すべり防止施設の設計および施工に必要な諸数値を得ることを目的とする設計諸元調査，地すべり防止施設の設置による効果を把握し，場合によっては計画の修正を行うことを目的とする施設効果調査に大別される．

(2) 調査手法

調査項目として，資料調査，地形調査，被害調査，地質調査，土質調査，水文調査，地下水調査，移動量調査，アンカー試験，構造物調査などがある．

調査に当たっては，比較的広域を調査する資料調査，地形調査，被害調査から

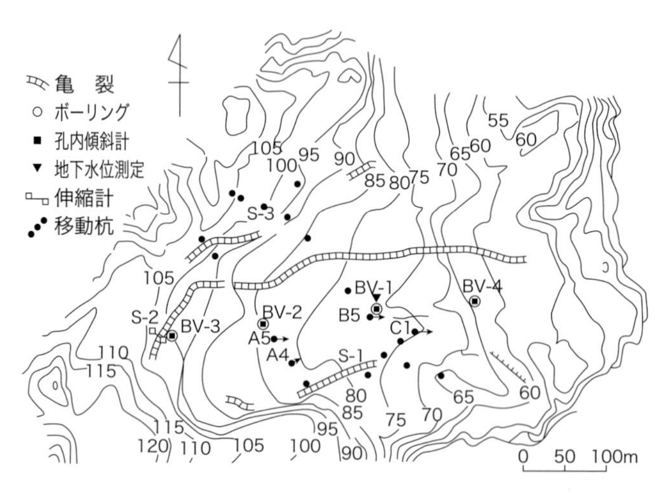

図 6-13　地すべり調査の例（石川県折戸南地区）
（農業土木ハンドブック，農業土木学会，2000）

着手する．併せて，水文調査，地下水調査，移動量調査は長期的データを得る必要があることから，速やかに着手することが必要である．

各ブロックの挙動特性を明らかにするために，一般的には地すべりブロックの頭部付近，中位部，末端部にボーリング各1孔を掘削し，地層を確認する．併せて，孔内での土質試料の採取，地下水位，地中移動量の観測を実施する．移動量調査で設置する移動杭は，主としてブロック中央付近の横断方向に設け，伸縮計は頭部の滑落崖や側端部の亀裂をまたいで設置する．また，最近ではGPS測量を用いた観測が多用されるようになってきている．

調査数量は，面積の大小，形状，地質の複雑さを考慮して適切に決定することが必要である．

(3) 地すべり機構の解析

地すべり機構の解析に当たっては，調査の結果に基づき，地すべりの発生機構を明らかにし，安定解析に関係するすべり面の形態や地下水の賦存状況を把握しなければならない．

地すべり面の位置は，地表面では亀裂，隆起，土層の不連続性など，地表面下ではボーリングおよび各種検層結果，孔内傾斜計・歪計の観測結果などから把握する．しかし，連続した明確なすべり面が確認できない場合も多い．その場合には，地質の不連続面や弱層などをつなげてすべり面を仮定する．

地下水の賦存状態については，地形調査，ボーリング調査，地下水調査などの結果から帯水層の分布，地下水位，間隙水圧，透水性，地下水の流れなどを把握する．

さらに，地すべりブロックごとの運動状況，地すべりの履歴などからブロックを危険度に応じて分級し，危険度の判定を行う．

(4) 安定解析

地すべりブロックの現況安全率を求めるとともに，保全物件などにより定められた目標安全率を確保することを目的として，必要な地すべり防止施設の規模，位置，数量を決定することを目的として安定解析を行う．

安定計算の手法には，二次断面でのスライス法（簡便法），その他のスライス法（ビショップ法，スペンサー法など），スライス法を用いた三次元安定解析，有限要素法による安定解析などがあるが，一般には簡便法が普及している．

目標安全率は，家屋や道路，鉄道などの重要な物件がある場合は 1.20，農地が主たる場合は 1.10 〜 1.15，林地が主たる場合には 1.10 の値をとる．

3）地すべり防止対策

（1）地すべり防止対策工法の分類

地すべり防止対策工は，地すべりを促す要因を除去もしくは軽減することによって間接的に地すべりを安定させる抑制工と，地すべりに対する抵抗力を付加することによって斜面を安定させる抑止工に大別できる（図 6-14）．

抑制工は，地すべりの誘因を除去し，すべり面に作用している応力や荷重を緩やかに減少させる工法で，その効果に永続性があるが，抑止工に比べ効果の発現が遅いのが特徴である．具体的には，地表水排除工，地下水排除工，侵食防止工，斜面改良工がある．

対して，抑止工は地すべりに対して力学的に抵抗する工法であり，速効性を期待できるものの，応力や荷重がすべり面に継続して作用するため，杭やアンカー

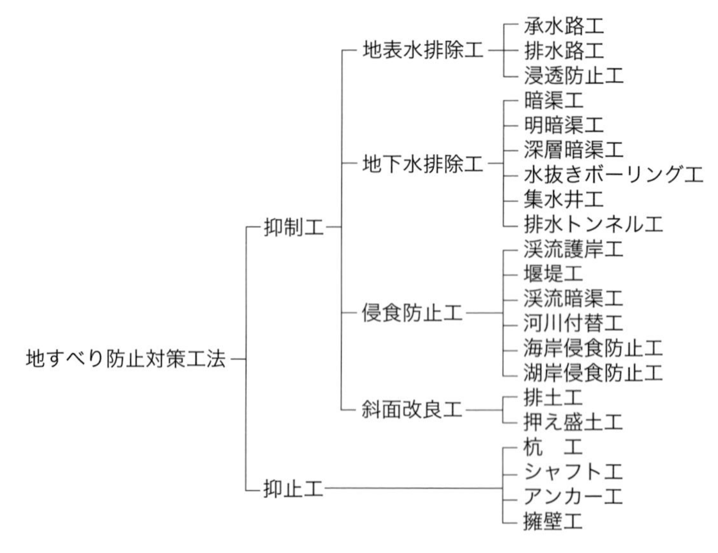

図 6-14　地すべり防止対策工法の分類
（農林水産省計画設計基準・農地地すべり防止対策，1989）

などの根入れ基盤が劣化するなどして，長期にわたる斜面の安定性に問題を生じる場合がある．

そのため，地すべり防止対策工法選定に当たっては，地すべりを長期的に安定させるため，基本的には抑制工を中心に対策を実施する必要があるが，人家や公共施設などの重要な物件が存在する場合や，地すべりを速やかにかつ確実に停止させる必要がある場合は抑止工を採用する．この場合でも，抑止工だけではなく抑制工の併用が望ましい．

(2) 地すべり防止対策工

①地表水排除工（抑制工）…地表水を速やかに地すべり地域外に排除し，地表水の地下への浸透を抑えることを目的に施工するものである．この地表水排除工には，承水路工，排水路工，浸透防止工などが含まれる．浸透防止工は亀裂などの部位から生じる地下浸透を防止する工法で，充填工や被覆工がある．

②地下水排除工（抑制工）…地すべりに最も強く影響しているものが地下水である．地下水の賦存形態や流量などに応じて，地下水排除の目的にかなった工法を検討しなければならない．これには，暗渠工，明暗渠工，深層暗渠工，水抜きボーリング工，集水井工，排水トンネル工などが含まれる．

③侵食防止工（抑制工）…地すべり地形の脚部や舌部が河川の流水や表面流によって侵食を受け，滑落崖が安定を失い，地すべりが発生する場合がある．侵食防止工には，渓流護岸工，堰堤工，渓流暗渠工，河川付替工，海岸侵食防止工，湖岸侵食防止工などがある．

④斜面改良工（抑制工）…斜面改良工は，排土工と押え盛土工に大別される．排土工は，地すべり地形における頭部に位置する土塊の一部を取り除くことによって荷重を減じて，斜面を安定化させる工法である．押え盛土工は舌部などの斜面下部に盛土して，地すべりの活動力に抵抗して斜面の安定をはかるものである．

⑤抑止工…人家や公共施設などの重要な物件が存在し，地すべりを速やかにかつ確実に停止させる対策工法として，抑止工は有効である．抑止工には，杭工，シャフト工，アンカー工，擁壁工などがある．効果の持続性に十分留意するとともに，抑制工と併用して抑止工に対する負担を軽減することが望ましい．

4．農地の災害復旧

暴風雨，洪水，高潮，地震，その他異常な自然現象や人為的な事故により農地に生じた被害をここでは災害と呼ぶことにする．わが国は，降雨量が多く，台風の常襲地帯となっている．さらに，地形が急峻であるとともに，長い海岸線を有しており，地震や津波も頻発している．また，鉱害や原発事故のような人為的な原因による農地の汚染も経験してきた．災害により被災した農地を被災前の状態に戻すことを災害復旧という．災害復旧は，公的な予算により行われるため，原状回復が事業の基本とされるが，東日本大震災のような大規模な被害に対しては，復旧後の地域の復興も考慮し，再整備と一体化した事業展開も行われている．

1）農地災害の種類と対策

図6-15に農地災害の発生原因と被害および復旧方法についてまとめた．なお，前節で侵食や地すべりについては詳説したので，この図では除いた．

豪雨や地震による農地基盤の崩壊は，中山間地の田や畑で発生する．大きな畦畔法面を持つ傾斜地の水田では，谷側の盛土部分や畔際が崩落し，下流側の水田

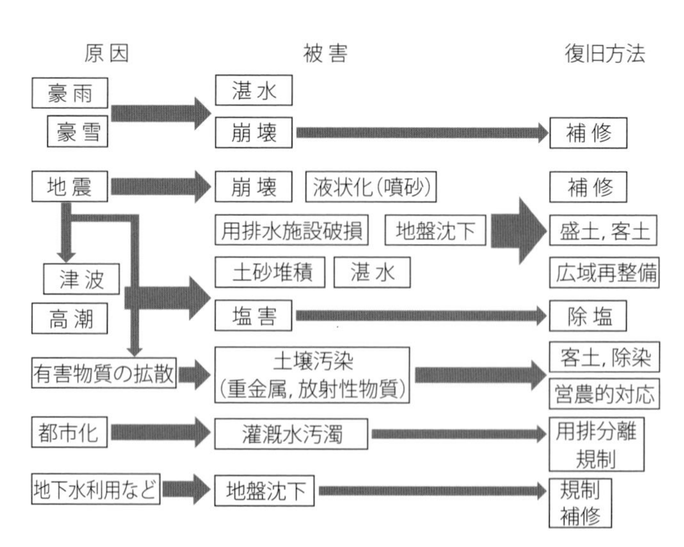

図6-15　農地災害の原因および被害と復旧方法

に土砂が流れ込む．結果的に，崩落した水田は，湛水機能を失い，また耕作期間であれば下流側の水田の作物にも被害が及ぶ．暫定的に湛水機能を維持するために，崩落した部分より山側に仮畦畔を設けることが行われるが，抜本的な復旧には，崩落部分を盛り直して畦畔を造成する．また，必要に応じて蛇かごなどを用いた法面の補強なども行う．

平野部における洪水の湛水は，栽培作物には大きく影響するが，農地基盤に対する影響は比較的小さい．一方，地震による直接被害としては，液状化による水田の不陸や噴砂，暗渠や用排水路などの破損，地盤沈下などがあげられる．液状化は，過去に河川の河道敷や湖沼を埋め立てた地区で被害が発生しやすい．噴砂により作土の性状が変化するため，均平の実施とともに，土壌の化学性分析も行い，復旧後の肥培管理に注意を払う必要がある．地震による用水路の損傷は，水稲の栽培期間中であると特に大きな影響を及ぼす．開水路の場合には，破損個所の特定が比較的容易であるが，管路の場合には，破損個所の確認や補修に時間を要するため，通水までの間の応急的な灌水が必要となる場合もある．地震により地盤が大きく沈下した場合には，相対的に地下水位が上昇し，排水不良や塩害の発生につながる．機械排水の強化や農地面のかさ上げが必要となる．津波や高潮の被害を受けた農地では，塩類の土壌への残留，がれきの堆積などが問題となる．復旧に当たっては，湛水を排除するための排水機能の回復が第一に必要である．排水が可能となったあとは，除塩が行われる．

農地災害には，人為的要素の強い災害も含まれる．灌漑用水の水源に当たる河川上流域に立地する鉱山や工場からの汚水に起因する農用地土壌の汚染被害は，全国各地で発生している．特に，鉱業が盛んであった1960年台頃までは，鉱山の下流がカドミウムなどで汚染される事例が多数見られ，農業被害や健康被害につながった．1970年に「農用地の土壌の汚染防止に関する法律」が1970年に成立し,汚染の除去や隔離が進められるようになった．具体的な対策工としては，①現況の汚染土の上に清浄な土壌を客土する「上載せ客土」，②汚染された表土を圃場外に持ち出したうえで，清浄な土壌を客土する「排土客土」，③汚染作土をはぎ取り，圃場内を掘削してはぎ取った土壌を埋め込み，掘削土で耕盤を築いたうえで清浄な土壌を客土する「埋込み客土」，④汚染された表土と清浄な下層土を反転する「土層反転」などがある．

2）除　　塩

津波や高潮により海水や海底の土砂などが農地に浸入し土壌の塩分濃度が上昇すると，浸透圧ストレスとイオンストレスが高まり，作物の収量や品質に悪影響を与える．農地の除塩の要否は，一般的には浸透圧ストレスを指標に判断する．水稲の場合，障害が出ない目安は，塩素イオン濃度で 1 g/kg 乾土，電気伝導度（1：5 水溶出 EC，☞ 第 10 章 2.「乾燥地の塩類集積と農地管理」）では 0.7 dS/m とされる．

土壌中に残留する過剰な塩分は，塩分を含まぬ水で流し出すこと（リーチング）が基本である．わが国のように降水量が多い地域では，降雨のみでも土壌からの塩類の排出は進む．迅速に除塩を行うためには，圃場を耕起したあとに十分な量の真水を湛水させ，その浸透水により土壌中の塩分を排除する方法と，土壌中の塩分を代かきなどで湛水中に溶出させ，地表排水する方法がある．これらの操作は，土壌中の塩分濃度が目標値に達するまで繰り返す．畑地の場合は，散水による除塩とするが，湛水が可能な場合は水田と同様な除塩方法が検討される．土層へ真水を浸透させることによる除塩は，浸透能が十分確保されないと効果が高まらない．本暗渠が設置されている圃場では，補助暗渠（弾丸暗渠，サブソイラ）の追加などにより，排水性の改善を図ったうえで，灌漑水を導入すると除塩効果が高まる．また，ナトリウムイオンの影響で土壌が分散し，透水性が低下している場合は，石灰質資材（硫酸カルシウムなど）を散布し，透水性を改善させる．施用量は 1 ～ 2 t/ha が目安である．

3）放射性セシウムの除染

核実験や原子力発電所の事故などに伴い，放射性物質が拡散することによる農地土壌の汚染は，世界中で繰り返し起こっている．わが国では，核実験やチェルノブイリ原発の事故により降下した放射性核種の土壌中での動態や作物への移行についての研究が行われてきた．しかし，2011 年に発生した東日本大震災に伴う福島第一原発の事故は，わが国でこれまでに経験したことのない高レベルの放射能汚染を周辺の農地にもたらした．土壌が放射性物質に汚染されることの影響は 2 つある．1 つは，汚染された土壌が放射線の線源となり，居住・営農空間の放射線量を高めること，2つ目は，汚染された土壌から作物が放射性物質を吸収し，安全な農産物の生産に支障を来すことである．これらの影響を緩和するための対策を「除染」と称する．

事故後農地に降り注いだ放射性核種のうち，その割合が大きかったのは，質量数が131のヨウ素^{131}Iと質量数が134および137のセシウム^{134}Csおよび^{137}Csである．^{131}Iは人体影響が大きいが，半減期が8日と短いため，農地除染では考慮されない．一方，^{134}Csと^{137}Csは，半減期がそれぞれ2年と30年で，長期間にわたり影響を及ぼす．そのため，放射性セシウムの特性を踏まえて，除染方法が検討されている．セシウムは，1価の陽イオンであり，カルシウム，カリウム，アンモニウム同様に土壌に多く存在する陽イオン交換基（陰イオン）に吸着する．しかし，バーミキュライトやイライトといった土壌に含まれる粘土鉱物には，セシウムを非常に強く固定する部分が結晶内に存在し，土壌に降下したセシウムの多くは，時間の経過とともに土粒子に強く吸着され，可動性を失う．そのため，土壌表面に降下したセシウムの多くは農地土壌の表層近傍に長期間とどまる．このようなセシウムの特徴は，作物によるセシウムの吸収とも関連している．事故初年目にはセシウムで汚染された農作物が生産されたが，その後はほんの一部の例外を除けば，ほとんどの作物で検出限界以下となっている．

セシウムで汚染された農地の除染は，その濃度に応じて，反転工，表土削り取り，水による土壌攪拌除去のいずれかを選択する．除染実施の目安となるセシウム濃度(^{134}Cs＋^{137}Cs)は，0～15 cm層の乾土重当たり平均濃度で5,000 Bq/kgである．反転工は，セシウムで汚染された表土と汚染がほとんどない下層土をプラウにより反転する方法であり，汚染レベルが比較的低い農地（0～15 cm層平均濃度が10,000 Bq/(kg乾土）以下）に適用される．下層土が作土として利用できることが前提となる．表土削り取りは，セシウム濃度の高い農地の表層を削り取り，完全に持ち出す方法である．削り取りによる作土の減少を補うために，削り取った量と同じ厚さの客土も行う．汚染土が農地から除去されるため，高い除染効果が期待できる反面，多量に発生した汚染土の保管や処分が大きな課題である．水による土壌攪拌除去は，セシウムが土壌の粘土分に強く吸着していることを利用する方法である．灌漑水を農地に導き，土壌を攪拌し，濁水として土壌の細粒分に吸着しているセシウムを取り除く．取り除いた濁水は，脱水して減量化し処分する．全量をはぎ取るのに比べ，処分する汚染土の量を少なくできる反面，確実に除去するためには，撹拌と濁水除去の工程を繰り返す必要がある．

除染による効果の確認には，土壌採取によるセシウム濃度の直接測定と，空間線量の計測による間接的な測定が行われる．空間線量は，直下の放射性物質のみならず，除染が行われない周辺部分の影響を受けるため，除染効果を正確に評価するには，周囲からの寄与を遮蔽するとともに，遮蔽しきれない部分についてはその寄与の減算が必要となる．

第7章

農地および農村の物質循環

1．農地と水文・水質環境

一般に水質汚染は表 7-1 のように分類される．

農地では化学肥料，堆肥，農薬等を投入して作物生産を行うので，生産活動に利用されなかった余剰な肥料や農薬が漏洩して河川や地下水さらには下流域の湖沼や内湾および内海といった閉鎖性水域の水環境へ悪影響を及ぼす場合がある．特に，農地からの余剰な肥料が溶脱（leaching）されると地下水の硝酸態窒素（nitrate nitrogen）汚染を引き起こし，地表流出（runoff）および地下水としての流動によって下流の閉鎖性水域に運ばれると富栄養化（eutrophication）を引き起こす場合がある．畜産の盛んな地域では，素掘池に貯留した液状家畜排泄物や野積みした固形状家畜排泄物が周辺水環境へ漏洩することで，地下水や河川の窒素濃度が上昇した事例が報告されている．環境と調和した持続可能な農業を展開するために，1999 年に農業・環境三法と呼ばれる一連の法律が成立した．これ

表 7-1　水質汚染の種類

汚染の種類	主な原因物質
有機物汚濁	有機物質（動植物の遺骸や人間活動から排出される食物残渣や排泄物など）
富栄養化	肥料や生活排水から流れ出る窒素（N），リン（P）
有害物質による汚染	重金属（カドミウム，水銀，ヒ素など），農薬，有機塩素系化合物，環境ホルモンなど
微生物による汚染	サルモネラ菌，クリプトスポリジウム，病原性大腸菌 O-157 など
油汚染	貯蔵施設から漏洩したガソリン，軽油，重油など
熱汚染	発電所や事業所などから出る温熱排水
自然汚染	温鉱泉からの酸性水，土層に含有する重金属

（武田育郎，2001 を一部改変）

らの法律によって，有機物や家畜ふん尿の有効利用を促進するばかりでなく，適正な管理が義務づけられ，家畜ふん尿の農地などへの野積みや素掘池への貯留が禁止された．

工場や事業所，下水処理場，畜産施設などから汚濁水を排出するパイプを特定できたり，汚染源を地図上で点として認識できる場合を特定汚染源（point source）または点源と呼ぶ．その反意語である非特定汚染源（diffuse pollution，または non-point source）は，点源以外の汚染源を指し，山林，農地，市街地など広範囲に及ぶ汚濁発生源を面源とも呼ぶ．

1）水質の概念

目的の水が利水目的に適合しなくなったときに，その水が汚染されたとか，汚濁されたと認識される．水質の指標となる濃度は，表 7-2 のように主に質量を元にした SI 単位で表されるが，慣用的に比率で表される場合も多い．また，mmol/L（$= 10^{-3}$ mol/L）や mmol/kg のようにモル濃度で表す場合もある．

濃度（concentration）とは，ある単位質量当たりの物質量（(7-1)式）または単位体積中に存在する汚染（汚濁）物の物質量である（(7-2)式）．

$$濃度（mg/kg）＝物質量（mg）/ 水量（kg） \quad (7\text{-}1)$$

$$濃度（mg/L）＝物質量（mg）/ 水量（L） \quad (7\text{-}2)$$

ここで，水の密度 $\rho_w = 1\ \mathrm{Mg/m^3} = 1{,}000\ \mathrm{kg/m^3}$ と仮定すると，mg/kg は mg/L と同じ値をとる．またモル濃度は，

$$濃度（mmol/L）＝物質量（mmol）/ 水量（L） \quad (7\text{-}3)$$

と表される．例えば，水道水の基準で 10 ppm 以下と定められている NO_3-N 濃

表 7-2　水質の指標となる濃度の単位

SI 単位	比率（質量比）	SI 併用単位（水の密度＝ 1 Mg/m^3 と仮定）
mg/kg	ppm （parts per million，1/100 万）	mg/L（＝ g/m^3）
μg/kg	ppb （parts per billion，1/10 億）	μg/L（＝ mg/m^3）
ng/kg	ppt （parts per trillion，1/1 兆）	ng/L（＝ μg/m^3）

（武田育郎，2001 を一部改変）

度をmmol/Lで表すと，

$$10\ \mathrm{ppm} = 10\left(\frac{\mathrm{mg}}{\mathrm{L}}\right) = 10\left(\frac{\mathrm{mg}}{\mathrm{L}}\right)\frac{1\ \mathrm{mol}}{14\ \mathrm{g}}\ \frac{1\ \mathrm{g}}{1{,}000\ \mathrm{mg}}\ \frac{1{,}000\ \mathrm{mmol}}{1\ \mathrm{mol}}$$
$$= 10\frac{1}{14}\ \frac{\mathrm{mmol}}{\mathrm{L}} = 0.714\frac{\mathrm{mmol}}{\mathrm{L}} \qquad (7\text{-}4)$$

となる．

国が定める環境基準では，濃度を使って規制が行われるが，水で希釈すると濃度は低下する．しかし，希釈しても存在する物質量そのものは変化しないので，水質の物質収支が必要な場合には負荷量（load）を使う．

負荷量（load）は，ある量の水に存在する汚染（汚濁）物質の総量として，

負荷量（mg）＝濃度（mg/L）×水量（L）　(7-5)

と表す．河川や用水路のように流水を対象とする場合には，

流下負荷量（g/s）＝物質量（g/m^3）×流量（m^3/s）　(7-6)

として表す．また，面源を対象とする場合は，流域面積で流下負荷量を除した比負荷量（kg/ha/yなどの単位）で表すと，異なる大きさの流域面積を持つ面源の特徴を比較しやすくなる．点源の水質は排出負荷量だけで判断できるが，面源の排出負荷量は，

差引き排出負荷量＝排出負荷量－流入負荷量　(7-7)

と定義される差引き排出負荷量で判断する必要がある．

2）畑地および樹園地の水質環境への影響

畑地の特徴は，水田と比較すると土壌中に空気が存在し，水の量が変動することである．このように水分量が変化する状態にある土壌を不飽和土壌（unsaturated soil）と呼ぶ．畑地の水収支（water balance）は図7-1に示すように，

降水＋灌漑水＝地表流出＋浸透＋蒸発散＋水分変化量　(7-8)

と表される．左辺が畑地への流入，右辺第3項までが流出を表す．不飽和土壌中の水分変化量は，長期間の水収支では無視しても差し支えない．

硝酸態窒素などの肥料分は水に溶解して運ばれるので，植物に利用されなかった分は地表流出と浸透（percolation）によって周辺の河川や地下水へと移動する．このことを物質収支（mass balance）で考えると，

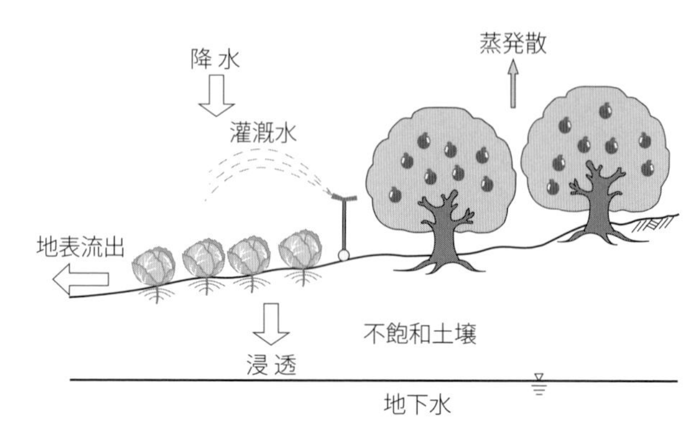

図 7-1　畑地および樹園地の水収支

降水負荷＋灌漑水負荷＋施肥量＝

地表流出負荷＋浸透負荷＋揮散および脱窒＋収穫量＋変化量　(7-9)

と表される．左辺が畑地への流入負荷，右辺第4項までが排出負荷である．(7-8)式の右辺で示した蒸発散では物質の移動は生じないが，(7-9)式では揮散と脱窒による大気中への窒素損失を右辺に追加した．

通常，不飽和土壌は酸化条件（oxidized condition）あるいは好気的条件（aerobic condition）下にある．肥料成分のうちリン酸は火山灰性土壌に吸着されやすいので，畑地の土壌として火山灰性土壌が多くを占めるわが国の場合，リンの溶脱は問題になりにくい．酸化条件では，有機物（organic matter）から無機化（mineralization）したアンモニア態窒素（ammonia nitrogen，NH_4^+）や施肥したアンモニア態窒素が硝化（nitrification）されて亜硝酸態窒素（nitrite nitrogen, NO_2^-）や硝酸態窒素（nitrate nitrogen, NO_3^-, 硝酸性窒素ともいう）になり，浸透によって土壌中から溶脱しやすくなる（図7-2）．アンモニア態窒素が硝化される過程で副産物として亜酸化窒素（nitrous oxide，N_2O）が生成される．土壌を構成する粘土鉱物は多くの場合，負荷電を帯びているため，陰イオンである硝酸態窒素は土粒子に吸着されないで，水と一緒に下方に浸透して一部が地下水に到達する．例えば，地表面に散布された牛尿中の窒素分が降雨による浸透水によって下方に運ばれることがわかる（図7-3）．この例では，80 cmより深くには硝酸態窒素がほとんど運ばれていないが，地下水位が40～60 cmと浅い場合には容易に地下水に到達することがわかる．

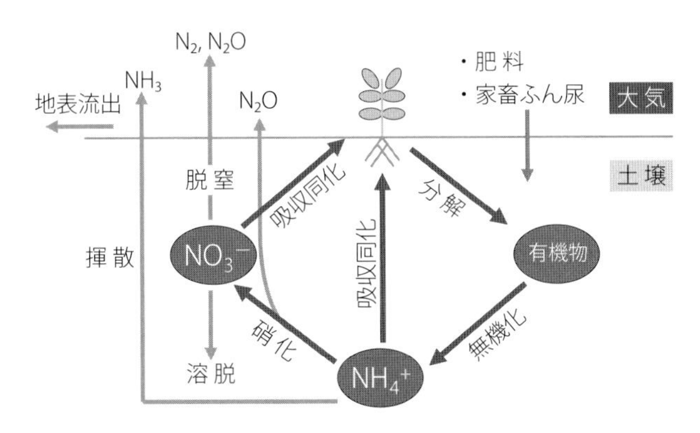

図 7-2　農地の窒素循環

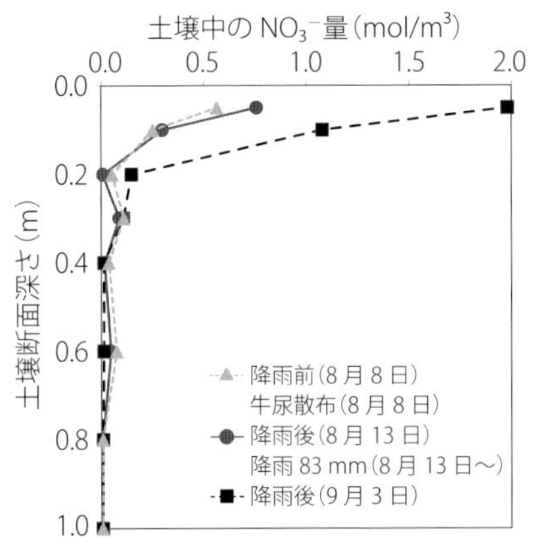

図 7-3　畑土壌断面の硝酸量分布

一方，降水や灌漑水によって土壌が還元条件（reduced condition）あるいは嫌気的条件（anaerobic condition）になると，アンモニア態窒素の硝化は進まなくなるが，硝酸態窒素が脱窒（denitrification）されて亜酸化窒素（N_2O）あるいは窒素（nitrogen, N_2）になって大気中に放出される（図 7-2）．家畜ふん尿を有機肥料として畑の地表面に散布すると，散布直後にふん尿の主成分であるアンモニア（NH_3）が揮散（volatilization）して，地表面付近の大気中のアンモニアガス濃度が急激に上昇する（図 7-4）．揮散をできるだけ抑えるように，ふん尿を地中に直接注入するなどの対策が重要である．アンモニア揮散は，気温が上がる日中に大きくなり，気温が下がる夜間には小さくなる．さらに，降雨によって土壌が嫌気的になると土壌微生物によってアンモニア態窒素が脱窒されて亜酸化窒素ガスとなって大気中へ放出され，その結果大気中の亜酸化窒素ガス濃度が上昇する（図 7-4）．大気中に揮散したアンモニアは酸性雨の原因物質であり，亜酸化窒素は二酸化炭素の約 300 倍強力な温室効果ガス（greenhouse gas）の 1 つで，オゾン層破壊物質でもある．また，亜酸化窒素は水に溶解しやすい性質があるので，生

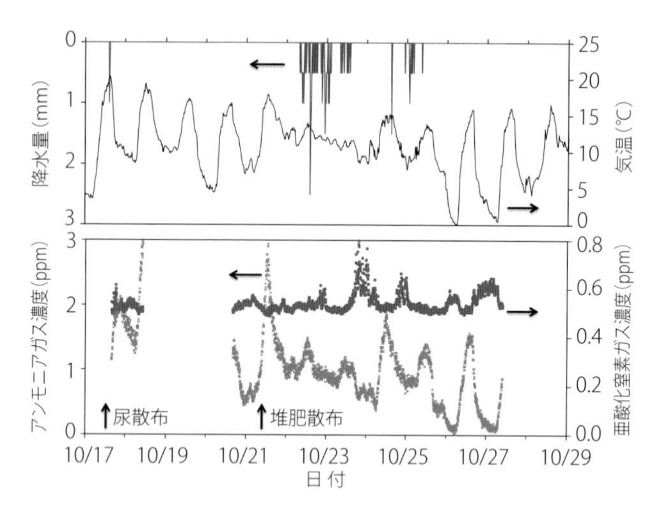

図 7-4　牧草畑における牛ふん尿散布時の 2 m 高大気中ガス濃度変化と気象条件

成された一部の N_2O は土壌水に溶解して地下水に到達する場合がある．

3）水田の水質環境への影響

水田は水稲栽培期間中に湛水されることが多いので，土壌は長期間水分で飽和されて還元状態になり，図 7-2 で示した硝化が起こりにくい．水田の水収支は，畑地の場合に類似しているが，水田は畦畔で囲まれているので地表流出が畑地に比較して著しく小さく，水収支は（7-10)式のように表される．

降水＋灌漑水＝地表排水＋畦畔浸透＋浸透＋蒸発散＋変化量　　(7-10)

左辺が水田への流入，右辺第 4 項までが流出を表す．水稲に利用されなかったアンモニア態窒素と硝酸態窒素は地表排水と畦畔浸透や浸透によって周辺の排水路や地下水へと移動する．このことを物質収支で考えると，

降水負荷＋灌漑水負荷＝
地表排水負荷＋畦畔浸透負荷＋浸透負荷＋揮散および脱窒＋変化量　　(7-11)

と表される．左辺が水田への流入負荷，右辺第 4 項までが排出負荷である．水田では通常，流入負荷量－流出負荷量＞ 0 となるので，水田自体が以下に述べるような水質浄化機能を持っている．

水田を湛水することで還元条件下に置かれた土壌中では，施肥された硝酸態

窒素が脱窒によって亜酸化窒素ガスと窒素ガスになり大気中へ放出される（図7-5，7-6）．一方，アンモニア態窒素は，還元条件下では硝化が進まないので，土壌中に比較的長期間とどまる（図7-5）．土壌水中のアンモニア態窒素濃度が一度減少して再び増加するのは，還元条件下で陽イオンである還元鉄が増加して，粘土鉱物のイオン交換座に吸着されているアンモニア態窒素と陽イオン交換することで，アンモニア態窒素が土壌溶液中に放出されるためである．湛水時に浸透や畦畔浸透が生じると，アンモニア態窒素が地下水や排水路へと排出される．強い還元状態（およそ−150 mV以下の酸化還元電位）では，二酸化炭素の約30

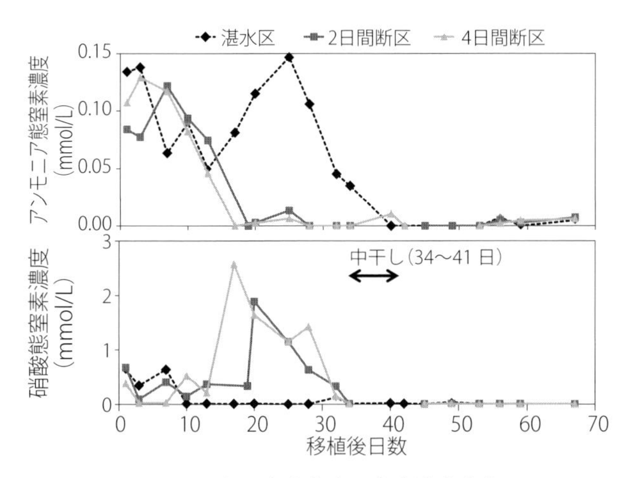

図7-5　水田土壌水中の窒素濃度変化

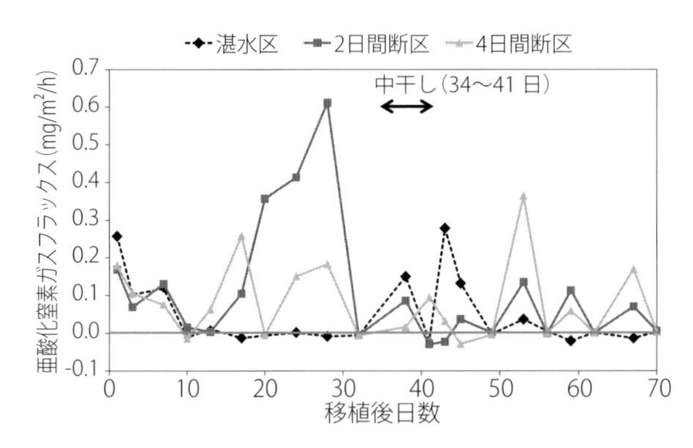

図7-6　水田からの亜酸化窒素ガス放出

倍の温室効果があるメタン（methane，CH_4）が生成される．湛水区においては，中干しのために田面水を排水して土壌が酸化状態になると，アンモニア態窒素が硝化される際に生成される亜酸化窒素が大気中へ放出される（図 7-6）．

水田の水管理が間断灌漑の場合は，水田土壌が酸化状態になるので，アンモニア態窒素は硝化されて硝酸態窒素になり（図 7-5），硝化の過程で亜酸化窒素が放出される（図 7-6）．さらに，間断灌漑で土壌が湿潤になり弱い還元状態になったときには，硝酸態窒素は脱窒されて亜酸化窒素が放出される（図 7-6）．

なお，浸透や畦畔浸透が生じる場合には，硝酸態窒素が周辺水環境へ排出される．一般に間断灌漑は，水田から放出される温室効果ガス量を削減する効果がある．

4）流域水質管理

農業が営まれている流域には，水田，畑地，樹園地，草地などの面源と畜産，生活系の点源とが混在する．流域内の地目別面積を流域面積で除して，地目別割合と流域河川水質の関係を図 7-7 に示す．自然界の窒素には，原子核が安定な状態にあって放射線を出さない２種類の安定同位体（^{14}N と ^{15}N）が存在する．これらの存在比を窒素安定同位体比（$^{15}N/^{14}N$）と呼び，標準物質に対する偏差（$\delta^{15}N$）を千分率（パーミル，‰）で表す．硝酸態窒素の $\delta^{15}N$ の値は，わが国では，化学肥料 0‰，し尿 ＋2‰，天水 －5‰，完熟堆肥 ＋15‰のように，その起源によって固有の値を持っていることが知られている．例えば，脱窒が起こると軽い窒素が放出された結果，残った硝酸態窒素中の $\delta^{15}N$ 値が大きくなる．図 7-7 の流域内では，水田割合が大きいほど硝酸態窒素濃度が低下する一方で，$\delta^{15}N$ 値が増加する傾向が見られる．これは，水田で脱窒によって硝酸態窒素が消費されて浄化されていることの現れである．畑地割合の増加は，硝酸態窒素濃度と $\delta^{15}N$ 値両方の値の増加をもたらす．畑地の $\delta^{15}N$ 値は水田に比べて大きいので，畑地に施肥された堆肥成分がそのまま河川に流入したと考えられる．したがって，畑地での窒素浄化は，ほとんど期待できないことになる．また，森林割合が増加するにつれて硝酸態窒素濃度が低下し，$\delta^{15}N$ 値も低下する傾向が見られる．すなわち，森林そのものは汚染源ではないことがわかる．

流域内で発生する面源と点源からの発生負荷量を流域内全体で処理，活用，浄

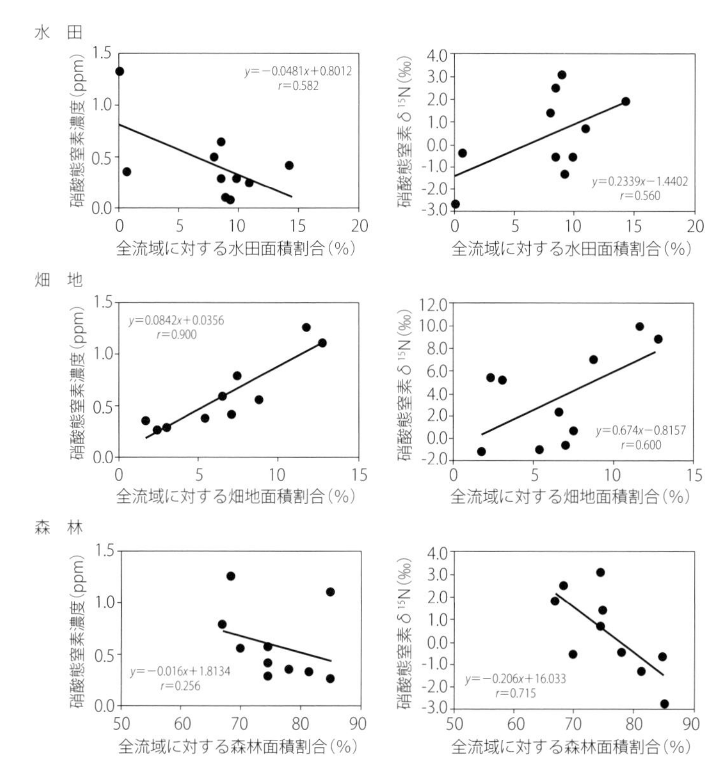

図 7-7　集水域の土地利用別面積割合と硝酸態窒素濃度および窒素安定同位体比

化することで，流域外へ到達する流達負荷量を最小限にすることを流域水質管理と呼ぶ．例えば，農業集水域の上流部に位置する畑地や樹園地から地表流出や浸透によって排出される窒素を下流部の水田や湿地で吸収および浄化することで，農業集水域としての流達負荷量を削減することが可能となる．このような対策を地形連鎖系を活用した水質浄化対策と呼ぶ．ただし，水田における窒素過多は水稲の倒伏や食味の低下をもたらすので，実施には十分な注意が必要である．

2．農村のバイオマス利用

バイオマスとは生物資源（bio）の量（mass）を表す概念で，一般的には，再生可能な生物由来の有機性資源で化石資源を除いたものをいう．バイオマスは生物由来の資源であり，発生源や種類などによって定義や概念が異なる場合があり，ここでは廃棄物系のもの，未利用のものおよび資源作物（エネルギーや製品の製造を目的に栽培される植物）を取り扱う．例えば，廃棄物系のものとしては，廃棄される紙，家畜排泄物，食品廃棄物，建設発生木材，製材工場残材，パルプ工場からの黒液，下水汚泥，し尿汚泥などがあげられ，未利用のものとしては稲わら，麦わら，もみ殻，間伐材，被害木などの林地残材などが，資源作物としては，サトウキビやトウモロコシなどの糖質系作物やナタネなどの油糧作物があげられる．農村ではこれらバイオマスの生産基地となったり，農産物の副産物などとして多量に発生する．

バイオマスを資源として有効利用するためには「変換」が必要である．変換技術には，大きく「機械変換」，「熱化学変換」，「生物化学変換」がある．例えば，熱化学変換にはガス化，液化，炭化があり，生物化学変換には発酵がある．熱化学返還によって炭化物，酢液や灰が生成され，生物化学変換の堆肥化やメタン発酵によって，堆肥やメタン発酵の消化液などが副産物として生成される．

バイオマスの特徴として，生産や排出に季節変動があるものが多く，一般に作物収穫時期にしか排出されない．農地への施用が元肥や数回の追肥であることを考えれば資源循環には需給に差異がある．

また，例えばタケは西日本では至るところに繁茂している．タケの生命力，繁

表 7-3　バイオマス発生量と再利用率

対象バイオマス		年間発生量（万 t）	再利用率（%）	再利用量（万 t）	未利用量（万 t）
廃棄物系バイオマス	家畜排泄物	8,700	90	7,830	870
	下水汚泥	7,900	75	5,925	1,975
	黒　液	7,000	100	7,000	0
	廃棄紙	3,600	60	2,160	1,440
	食品廃棄物	1,900	25	475	1,425
	製材工場など残材	430	95	409	21
	建設発生木材	470	70	329	141
未利用バイオマス	農作物非食用部	1,400	30	420	980
	林地残材	800	1	8	792
	合　計	32,200	76	24,556	7,644

（「バイオマス白書 2011」NPO 法人バイオマス産業社会ネットワーク農林水産省「バイオマス活用推進推進計画の公表について」（http://www.maff.go.jp/j/press/kanbo/bio/101217.html を参考に作成）

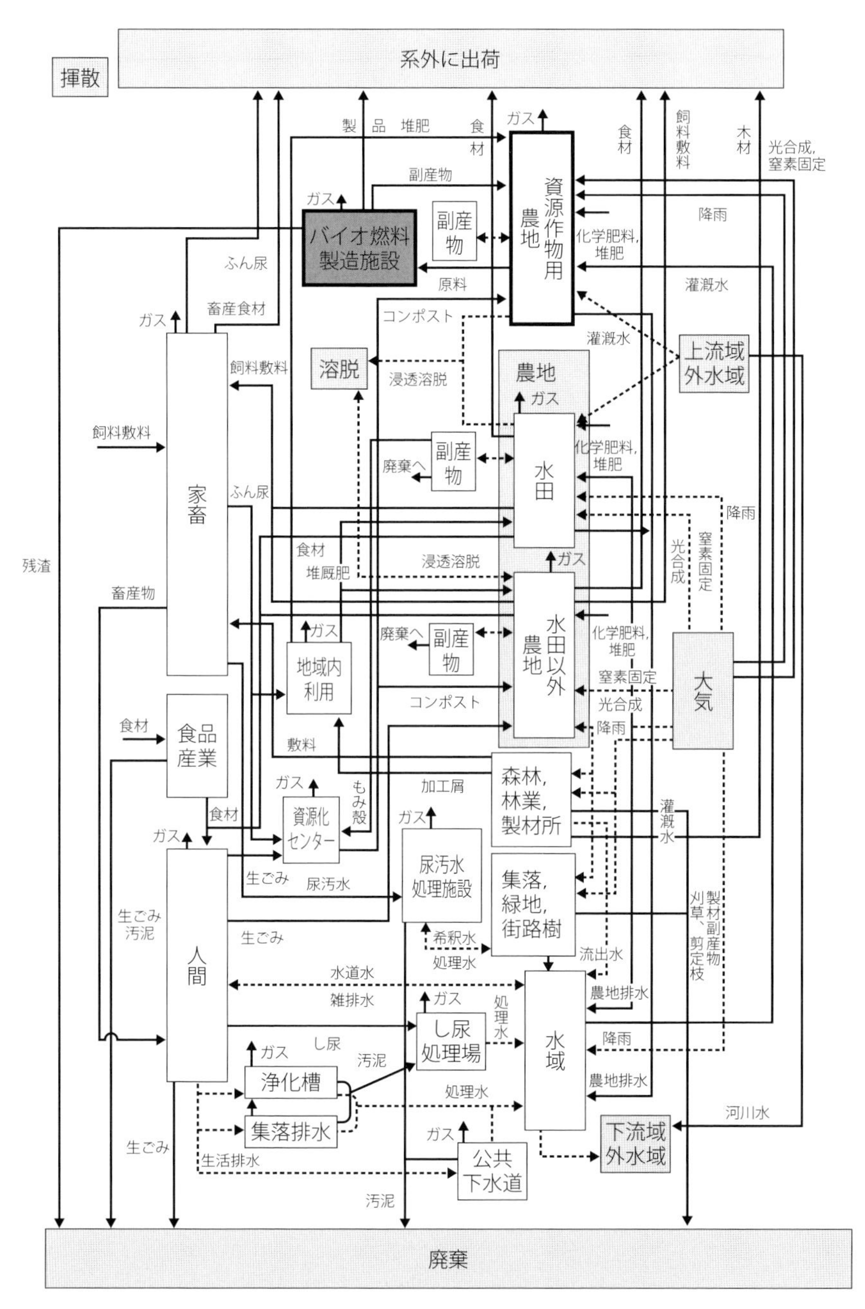

図 7-8　バイオマス資源循環利用診断モデル
（柚山義人ら：農業農村工学会論文集 266 号，pp.57 ～ 62，2010）

殖力は強く，他樹種を駆逐し，単一的な竹林を作っている．特に，近年のタケ資材需要の減少，タケノコ価格の低下および農家の高齢化に伴い，放置竹林が増え，拡大し，対策に頭を悩ましている自治体も多い．このように厄介者で，未利用のバイオマスも資源ととらえれば有益な地域資源となる可能性がある．わが国のバイオマス量については表7-3の通りである．

柚山らはシステムダイナミックスに基づいた「バイオマス資源循環利用診断モデル」を作成し，地域におけるバイオマスの実態や動態を診断できるようにした(図7-8)．これによってバイオマス賦存量や現状把握が容易にできるようになり，地域に賦存するバイオマスを窒素，リン，カリなどの養分量としても把握することが可能となった．

1）農地由来

まず，農業および農村に位置する農地からは多量の農産物が生産され，その副産物として多量の茎葉や残渣物が排出される．例えば，イネではもみ殻，稲わらである．麦わらやサトウキビの搾りかすであるバガスや，東南アジアではオイルパームやヤシ殻などもある．その他に，広義では間伐材や竹材などの未利用の資源も含まれる．もちろん，主産物は消費地に搬送され，農村に残らないもののある．

そもそも，農地には生産のために養分や水などが人為的に投入され，光合成によって作物は生育することにより，これらの一部は作物根を通じて吸収され，子実部などに搬送され，これらは収穫によって農地から搬出される．持続的な生産を考えれば，収穫によって農地から収奪された養分などは何らかの形で還元される方が望ましい．

また，作物生産のためには，主要な養分だけでなく，微量元素も必要なために，養分のみを化学肥料のみで賄うことは持続的ではない．このようなことを考えれば，農地由来のバイオマスも一部は農地に還元されることが望ましい．これにより主要な養分だけでなく，微量成分や炭素なども還元施用されることが可能となる．

例えばイネでは，養分の他にシリカ（Si）の問題がある．シリカは成長に必須の養分ではないが，茎葉や子実の保護のために重要な成分であるにもかかわらず，投入されたシリカは，もみ殻や稲わらに集積し，収穫によって農地外に運ばれる．

結果，農家は持続的な生産のために，毎年シリカを投入しなければならない．もみ殻や稲わらが有益な形で農地に還元できれば，シリカの施用量は減少し，持続的な生産だけでなく，農家経営の安定化にも貢献できる．サトウキビのカリウムについても同様のことがいえる．

既往の方策として，もみ殻くん炭にしたり，暗渠の疎水材として，もみ殻炭化物を還元する，または，稲わらは収穫後放置して，代かき直前に鋤き込むなどが見られる．

しかし，現時点では特段有効な変換技術が発達しておらず，主に経済的な観点から農地への還元は進んでいない．また，暗渠疎水材などとして，もみ殻を利用する事例はあるが，腐敗と分解によって不等沈下などを引き起こしている事例もある．効果的な変換技術と資源の循環を促進する社会制度の確立が必要である．

2）畜産由来

畜産で特記すべきは畜産ふん尿である．畜産からは時期を問わず多量のふん尿が発生する．畜産は一般に，多量の飼料が投与されることからふん尿には多量の窒素，リン，カリを含む養分が含有されている．一部，畜産の盛んな地域では，これらが河川や湖沼などの水系に流れ出て，富栄養化や地下水の硝酸態窒素の汚染などの深刻な環境問題を引き起こしており，適切な管理が要求されている．

一方，耕種農家はリンの枯渇などにより化学肥料の高騰に頭を痛め，畜産農家は飼料価格の高騰にあえいでおり，両者の連携は切に望まれてきた．そこで，これまで堆肥やメタン発酵などの変換技術によって，生成された堆肥や消化液などを農地に施用してきている．政府の発表によれば，畜産排泄物の約90％が堆肥で利用されている．

農水省の試算では，これらの排泄量を窒素換算すると約70万t/年となり，日本の耕地面積当たり約102 kg/haの量となる．しかし，畜産と耕種農家の意思の疎通に未熟なところがあり，一部を除いて両者の連携は必ずしも良好ではない．自治体では，堆肥化施設に公共投資を行っているものの，製品の品質，維持管理，経済性などの問題でうまく機能していない事例もある．

特に，堆肥化は最も容易で有効な変換方法の1つであり，堆肥は有機肥料や土壌改良材として，多く施用されている．堆肥は最も有益な有機資材の1つであり，土づくりなど副次的な効果もあり，是非ともに成功させたい変換技術である．

まず，良質の堆肥を作るための技術や水分調整のための，地域で利用可能な副資材の開発を含めた生産技術の確立が望まれる．これまで，各県において適正な施用量などのマニュアル化が進んでおり，今後は土性や対象作物に応じた施用マニュアルの作成など施肥効果に基づいたマニュアル化が望まれる．

しかし，堆肥品質の変動や不適切な維持管理による品質の低下によって容易に需給が変動しやすく，恒常的に需給バランスを保ち，順調に販路を伸ばしている事例は多くはない．

一方，メタン発酵については，九州や北海道の一部で，畜産農家や自治体の活動によって，事業が適切に運営されている事例もあるものの，やはり，経済性，安全性，維持管理，品質保証，搬送施用などの問題から事業の中止をせざるを得ない事業も少なくない．

メタン発酵消化液については，有益性は認められるものの，安全性，品質安定性や搬送，施用技術の確立が望まれる．未だに，発酵の安定化が見られず，悪臭問題で，近隣住民との軋轢を生んで散布を断念した事例もある．適切な発酵安定化技術や安全性を含め，農家に利用できるような搬送，施用技術の確立が望まれる．

事業の採算性や経費負担など経済性を別にすれば，農地環境に及ぼす影響は以下のことが考えられる．すなわち，大腸菌などの安全衛生上の問題，品質保証，農家の忌避感，搬送，散布技術の未発達などである．特に，施肥設計をするに当たり，品質の安定化と保証は必要であり，さらなる技術的な成熟が必要である．

将来にわたって，畜産，耕種ともに家畜ふん尿の有効利用に対する期待は高いために，これを推進するための技術開発が切に望まれ，生産から施用までの技術の開発だけでなく，普及および啓発など技術開発が望まれる．

3）生　活　系

生活系バイオマスの代表例は汚泥である．バイオマス・ニッポン総合戦略によれば，下水汚泥は畜産の排泄物には及ばないものの，7,500 万 t/ 年ほどの量が排出される．特に，農村地域では農業集落排水汚泥は主要な資源になるものと期待されてきた．現状では，重金属の問題を含む安全性の問題，搬送施用，農家の忌避感の問題など，これまで適切に利用されている事例は多くはない．農業集落排水汚泥については,比較的重金属などの有害物質が含まれる懸念が少ないなど,資源循環は期待されているが，うまく機能していない事例もある．

経済性の問題を別にすれば，農地環境に及ぼす問題は安全性と農家の忌避感である．汚泥の乾燥や炭化によって，安全性は払拭できるが，経済性との両立は現時点では容易ではない．特に，汚泥は高含水率であるために，これらを対象とするメタン発酵技術や脱水技術など必要な技術が未だ不足している．新たな技術の開発と確立が必要である．

３．農業集落排水と資源循環

１）農業集落排水の特徴

(1) 小規模分散型施設としての特徴

農業集落排水施設（以下，集落排水施設）は，一般家庭から排出される「し尿と生活雑排水（台所，風呂などの排水）」からなる「生活排水」を主に処理する農村の代表的な下水処理施設である．工場排水は受け入れず，畜産排水は原則として受け入れない．農村地域は都市地域と異なり，人口は少なく，人口密度が低く，散居集落が多い．そのため，農村の生活排水処理施設として，都市地域の公共下水道に代表される「大規模集中型施設」を建設すると，管路延長が長くなって建設費が高くなりやすい．それゆえ,集落排水施設は「小規模分散型施設」（図7-9）の形態をとり，建設コストの縮減を実現している．すなわち，集落を基本単位として，1～数集落ごとに施設を建設し，数百人～数千人程度の排水を１施設で処理する．

小規模分散型施設には，表7-4のような長所と短所ないし留意点があり，実際の建設に当たっては，これらの長所をいかして短所を補う工夫が望まれる．さらに，集落排水施設は近隣に農地がある場合が多く，その農地に処理水を利用して水不足解消につなげたり，発生汚泥を肥料や土壌改良材として活用しやすいという利点がある．

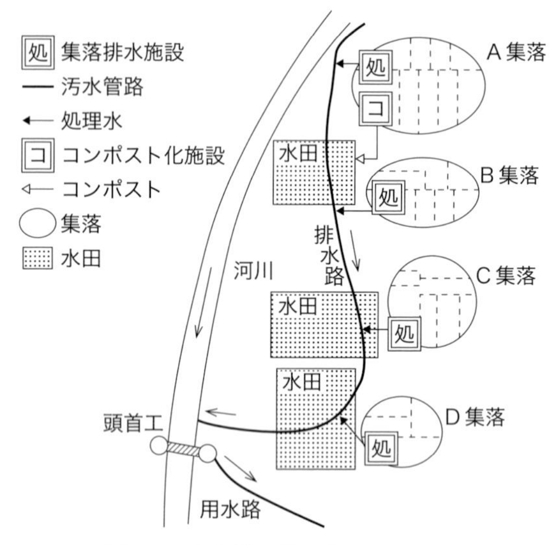

図 7-9　小規模分散型施設の概念図

表 7-4　小規模分散型施設の長所と短所ないし留意点	
長　所	①処理施設や管路施設の工事費が安い ②事業効果の発現が早い ③用地確保や事業実施への住民同意が得られやすい ④災害発生時に大規模施設より早い復旧が可能 ⑤維持管理のための常駐者の配置が不要
短所ないし留意点	①故障しにくく管理しやすい安価な処理方式を採用する必要 ②処理施設への流入汚水の量や質の変動が大きい ③景観および悪臭などの周辺住民に対する十分な配慮が必要

(2) 農業集落排水施設の整備状況

集落排水施設の事業実施は 1973 年から始まり，2013 年度末で約 5,100 の施設が供用されている．新規採択地区数は 1995 年度の 477 地区をピークに減少している一方で，設置後 20 年を超えて老朽化が進み，改築や改修といった更新整備を考える時期を迎える施設が急増してきている（図 7-10）．そのため，現在の集落排水施設に関する事業では，新規施設の建設だけでなく，老朽化施設への適切な対応技術の発展が強く求められており，その対応が行われつつある．

例えば，定期的な機能診断に基づく機能保全対策によって長寿命化を図り，ラ

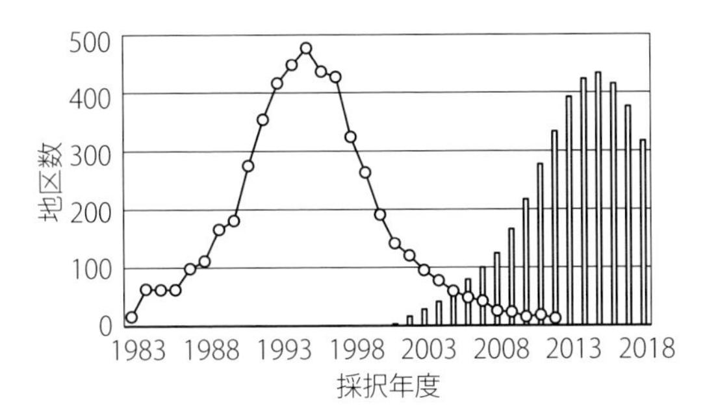

図 7-10　集落排水処理施設の整備件数の推移
折れ線グラフは新規採択地区数，棒グラフは更新需要（20 年経過）．（平成 25 年度地区別調査（農林水産省調べ）をもとに一般社団法人 地域環境資源センターがグラフ化）

イフサイクルコストを低減するための技術体系および管理手法である「ストックマネジメント」の導入が進められている．また，最近の発展した汚水処理技術を導入した改築および改修や，場合によっては複数施設の集約，統合も行われ，コスト低減，消費エネルギー削減，処理水質の向上などが達成されてきている．

2）汚水処理技術

(1) 汚水処理の原理

汚水処理技術は，①物理的な原理を利用する物理処理，②化学的な反応を利用する化学処理，③生物の作用を利用する生物処理に大別でき，図 7-11 には，それぞれの代表的な技術を示した．ただし，表 7-4 にも示したように，集落排水施設には，故障しにくく管理しやすい安価な処理技術を採用する必要があるため，図 7-11 の中で，それに適合する技術を積極的に採用している．

図 7-11 の処理技術のうち，微生物（体長 1 ～ 2 mm 以下の微小生物）による

汚水処理技術
- 物理処理…沈殿，スクリーニング，浮上，膜濾過
- 化学処理…凝集，中和，吸着 (イオン交換)，塩素消毒，紫外線消毒，オゾン消毒
- 生物処理
  - 微生物処理…生物膜法，浮遊生物法，包括固定化法
  - その他の生物処理…植物利用，魚類利用，藻類利用

図 7-11　汚水処理技術の大別と代表的技術
下線の技術は農業集落排水施設で採用実績あり．

代謝分解作用を利用する微生物処理は，施設建設費や維持管理費が比較的安価でありながらも，上手く運転管理をすれば，懸濁成分（SS），有機物（BOD, COD など），窒素を比較的簡単に高率除去できるという大きな長所がある．そのため，集落排水施設では微生物処理技術を中心に置き，その短所を物理処理技術と化学処理技術で補助する構成とされる．

例えば，現在，集落排水施設での代表的な処理方式の 1 つとなっている高度処理型（窒素，リンが高率に除去できる方式）の連続流入間欠曝気方式（図 7-12）では，微生物処理槽（曝気槽）を中心に設置し，そこで，SS，BOD，COD を微生物に分解除去させる．窒素についても，曝気槽に空気を送り込む時間帯（好気工程）と，空気を止める時間帯（嫌気工程）を交互に繰り返し，好気性細菌である硝化菌の硝化作用（NH_4^+を NO_2^-や NO_3^-に変化させる作用）と，嫌気性細菌である脱窒菌の脱窒作用（NO_2^-や NO_3^-を N_2 ガスとして大気に放出する作用）を同一槽内で生じさせて除去する．しかし，微生物は，粗大な SS を処理しにくいために，物理処理であるスクリーニングであらかじめ数 mm 以上の SS を除去する．また，流量や濃度変動が大きいと対応し難いため，流量調整槽で，流入汚水を貯留して均質化させてから，ポンプで一定流量を曝気槽に送る．汚水中のリンは微生物に取り込まれて一部は除去され，それだけで不十分な場合は，凝集剤

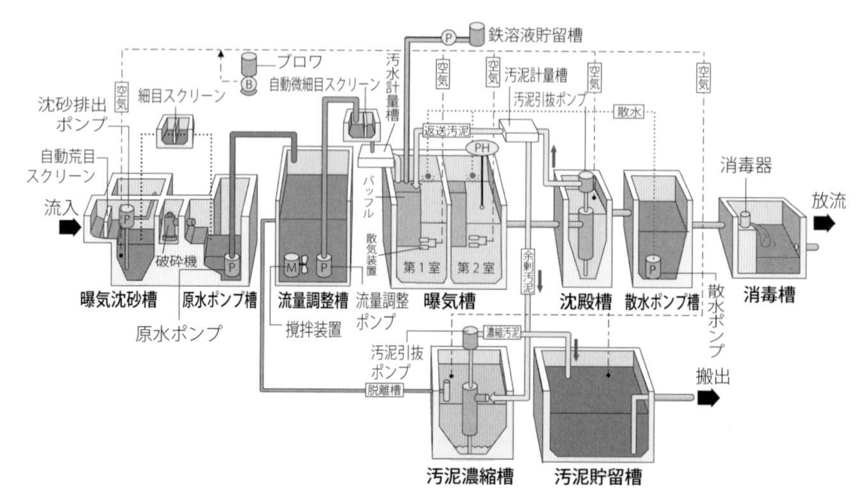

図 7-12　連続流入間欠曝気方式のフロー
（一般社団法人 地域環境資源センターのホームページより引用）

(主に塩化第二鉄，$FeCl_3$）を投入し，リン酸鉄などの凝集体にして沈殿分離する．また，沈殿槽で固液分離された処理水は衛生上支障のない放流水とするため消毒殺菌される．通常，殺菌には次亜塩素酸カルシウムや次亜塩素酸ナトリウムを使用するが，放流先の生態系への影響を考えて紫外線消毒が使われることもある．

(2) 農業集落排水の処理方式と水質

集落排水施設の新規施設で採用される微生物処理は，年とともに大きく変遷してきた（図 7-13）．初期の集落排水施設では，接触曝気方式，嫌気性濾床併用接触曝気方式といった「生物膜法」が好んで採用された．生物膜法は，曝気槽に接触材を投入し，そこに自然着生する膜（生物膜）で排水を浄化する方法で，維持管理が特に容易である．しかし，その後，従来は維持管理が困難で，集落排水施設への導入は難しいと思われていた「浮遊生物法（活性汚泥と呼ばれる浮遊生物で排水を浄化する方法)」の技術改良が進み，生物膜法よりも優れた処理水質を比較的容易な管理で達成できるようになり，回分式活性汚泥方式，オキシデーションディッチ（OD）方式，膜分離活性汚泥方式，連続流入間欠曝気方式といったさまざまな方式が利用されるようになった．中でも，施設構造が単純な連続流入間欠曝気方式は，現在の主流となっている．

このようなことから，近年の老朽化施設のほとんどは生物膜法を利用しており，改築などの際には，既存の処理施設の水槽や建屋をそのまま活用して，浮遊生物法（連続流入間欠曝気方式）に変更する施設が多い．それによって処理水質は向上し，また既存施設の活用により従来実施されていた改修よりも，低コストな更

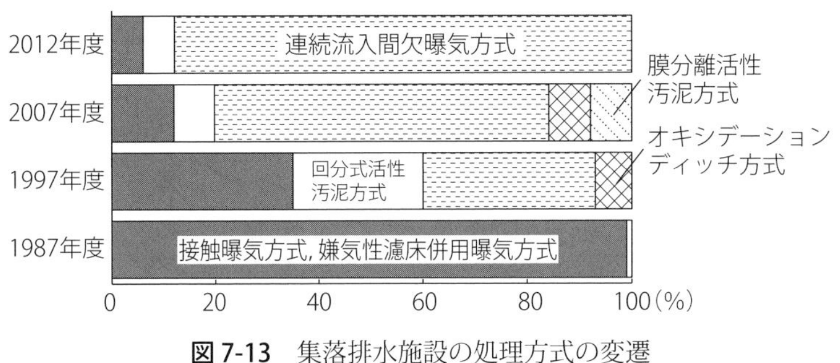

図 7-13　集落排水施設の処理方式の変遷
（一般社団法人 地域環境資源センターのデータより作図）

表 7-5　生活排水の汚濁負荷量（原単位）と濃度

	汚濁負荷量（g/人・日）	濃度（mg/L）
SS	54	200
BOD	54	200
COD	27	100
T-N	11.7	43
T-P	1.35	5

日平均汚水量は 1 人当たり 270 L.

表 7-6　集落排水施設の処理水質

SS	4.3	$n = 5{,}002$
BOD	5.7	$n = 5{,}078$
COD	10.6	$n = 2{,}936$
T-N	11.7	$n = 3{,}411$
T-P	2.0	$n = 3{,}236$

平成 24 年度地区別調査（農林水産省調べ）.
n は分析した地区数.

新が実現されている.

表 7-5 には，集落排水施設の設計に使用される流入排水の原単位と濃度を，表 7-6 には，平成 24 年度の平均処理水質を示した．現在稼働している集落排水施設では，おおむね，SS，BOD は 95％以上，COD は 85％以上の高率除去が達成されている．表 7-6 の T-N（全窒素）および T-P（全リン）の濃度は，高度処理を行っていない施設の値も含まれているため，SS，BOD，COD より除去率は低めとなっているものの，高度処理型施設では T-N，T-P ともに 90％以上の除去を達成している施設も多い．なお，施設の改築，改修を実施する際には，流入汚水量の実績値が得られている場合が多く，その値を参考に設計を行うことが望まれる．それによって改築，改修コストや維持管理の低減が達成される場合がある.

(3) 資源循環への対応

集落排水施設で生成される利用可能資源には，処理水と汚泥がある．集落排水施設は，都市の公共下水道と違って工場排水を受け入れないので，重金属などの有害物質が処理水や汚泥に混入して問題となる可能性は低い．一方で，汚泥を利用しない場合は，廃棄物としての処分費用が必要となり，維持管理費用の増大に繋がる．したがって，処理水と汚泥は貴重な資源として，農村で積極的，効果的に再利用することが望まれる.

処理水に関しては，近年の汚水処理技術の進歩によって．処理水質は大きく向上し，今まで以上に，より安全，安心に利用できるようになってきている．例えば，集落排水施設の高度処理水を，10 年以上にわたって無希釈で灌漑利用した水田（図 7-14）では，水稲の生育や収穫量，籾中の重金属含量，食味悪化につながる籾のタンパク含量などへの悪影響は見られていない．また，窒素，リンを除去し

図 7-14　処理水利用水田の例（愛媛県の事例）

た高度処理水であっても，処理水中にはカリウム，カルシウム，マグネシウムといった肥料成分が河川水などより高濃度で含まれており，その肥料効果を有効活用できる可能性がある．畑に関しても，柑橘類，野菜類などに対する利用事例が徐々に増加してきている．

汚泥とは，汚水処理工程で生じる泥状成分の総称で，①微生物処理に携わる微生物やその死骸，②スクリーンや沈殿などで除去された汚水の塵芥成分，③化学処理で生じる沈殿成分などである．現在推奨されている代表的な汚泥利用方法は，発酵堆肥化（コンポスト化）したあとの農地への利用である．発酵によって，汚泥中の病原性微生物は死滅するために安全性が高まり，また，易分解性有機物が

図 7-15　メタン発酵実証試験施設
照明はバイオガスで発電した電気を使用している．（写真提供：一般社団法人 地域環境資源センター）

分解されるため，農地に利用した際に土壌の還元化が起こり難くなる．さらに，体積も小さく（含水率は約30～50%），臭いも低減されて扱いやすくなる．以前は，濃縮汚泥や脱水汚泥も利用されていたが，廃棄物の処理および清掃に関する法により乾燥処理やコンポスト化することが必要となり，現在は，農地への利用は不可とされている．

近年は，集落排水汚泥と生ごみなどを合わせてメタン発酵を行って発電し，その後に生じた液体（メタン発酵消化液）を，農地に液肥として利用する方法の有効性が実証されてきている（図7-15）．

第8章 農地の多面的機能

1．農地の多面的機能の評価

1）農地と環境の関わり

日本の農村には広大な林地と農地、採草放牧地があり，その面積は国土の80％以上を占めている．この広大な農村空間は，食料や木材などの生産をするだけではなく，住民の生活空間や憩いの場としても活用され，さらに大気，土壌，水，動植物を保全する空間として貴重である．これらの関係を図示したのが図8-1である．緑豊かな農村空間があるからこそ，日本の国土，大気，水が健全に確保されている．

農村空間に存在する農地は，環境と大きな関わりがある．農地は環境と調和していなければならないが，もしもその管理を間違えれば，農地が荒廃するだけでなく，国土環境を悪化させることにもなる．農地の面積は広大なだけにその影響

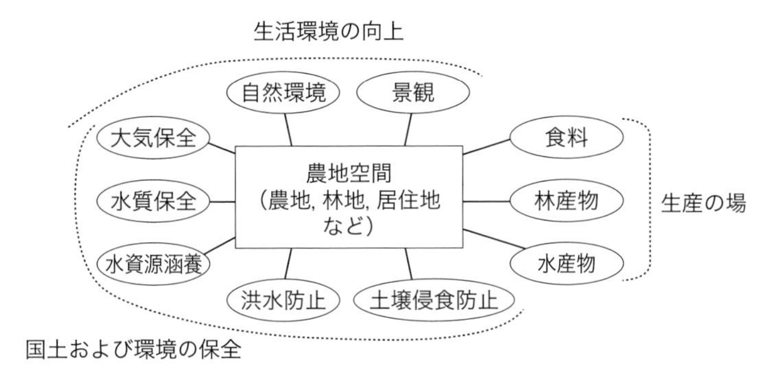

図 8-1　農村空間の役割
（田渕俊雄，1997 に追記）

は大きく，環境に対する十分な配慮が必要である．

2）農地の多面的機能の価値

農地の持つ各種の環境機能については，このあとの各節で述べられるが，近年では，これを定量化する動きがある．すなわち，環境的機能・価値を金銭的に評価するという試みである．表 8-1 は，その評価例であり，評価項目と方法とを示している．この計算では毎年 7 兆円近い効用を発揮していることになる．このように大きな額を日本社会に提供しているといえる．なお，この数値は一定の前提の下での試算であることから，前提の取り方によっては評価額の変動もありうる．例えば，洪水防止機能は，大雨時における貯水能力をもとに推算されているが，水田と守るべき居住地域との配置や，水田水管理方式との関係で議論も残っている．

表 8-1　農業および農村の多面的機能の計量評価例

機　能	評価の概要	年間評価額(億円)
洪水防止機能	水田および畑の大雨時における貯水能力（水田 52 億 m^3，畑 8 億 m^3）を治水ダムの減価償却費及び年間維持費により評価した額	28,789
水源かん養機能	水田の灌漑用水を河川に安定的に還元して再利用に寄与する能力（638 m^3/ 秒），水田および畑の地下水かん養量（37 億 m^3）を，それぞれ利水ダムの減価償却費および水価割合額（地下水と上水道との利用料の差額）により評価した額	12,887
土壌侵食防止機能	農地の耕作により抑止されている推定土壌侵食量（5,300 万 t）を，砂防ダムの建設費により評価した額	2,851
土砂崩壊防止機能	水田の耕作により抑止されている土砂崩壊の推定発生件数（1,700 件）を平均被害額により評価した額	1,428
有機性廃棄物処理機能	有機性廃棄物の農地への還元量（都市ゴミ 6 万 t，し尿 86 万 kL，下水汚泥 23 万 t）を，最終処分経費により評価した額	64
大気浄化機能	水田および畑による大気汚染ガスの推定吸収率（SO_2 4.9 万 t, NO_2 6.9 万 t）を，排煙脱硫・脱硝装置の減価償却費及び年間維持費により評価した額	99
気候緩和機能	水田による夏季の気温低下能力（平均 1.3℃）を，冷房電気料金により評価した額	105
保健休養機能	農業および農村が有する保健休養機能を，農村地域への旅行者および帰省者の旅行費用により評価した額	22,565
合　計		68,788
（参考）	農業粗生産額（1996 年）	104,676

資料：農林水産省農業総合研究所「農業・農村の公益的機能の評価検討チーム」による試算（1998 年）.

3）整備による多面的機能の向上

各種の機能の評価は，評価時点での農地の面積および整備水準などを前提としているため，面積や整備水準が変化した際には，多面的機能の評価も連動して変化する．

水田の洪水防止機能の評価においては，整備水田の畦畔高を 30 cm，未整備水田のそれを 17.4 cm としている．評価時点での水田整備率は 54％であったので，整備水準の高まりにつれて，この洪水防止機能は増加すると期待できる．しかし，大雨時における貯留に関しては，農家の理解と協力，さらには都市住民の理解が不可欠であるにもかかわらず，それが十分とはいえないので，今後の啓発活動が重要である．田んぼダム（☞ 第 2 章 5.5）「田んぼダムによる地表排水量の抑制と水害の軽減」）は，農家の協力による洪水防止機能強化の一例である．

水資源涵養機能，土砂崩壊防止機能，大気浄化機能，気候緩和機能，土壌侵食防止機能，有機性廃棄物処理機能は，水田および畑が農地として利用されていることに付随する機能であるため，農地面積の減少や農地利用率の低下は，これらの機能を低下させてしまう．有機性廃棄物処理機能については，今後のゴミ処理行政の変革を踏まえてであるが，資源の有効利用の観点からも，増加させることが期待できる．

農地生態系については直接に評価することが難しい．しかし，保健休養・やすらぎ機能の重要な構成要素であり，それに含まれているともいえる．つまり，保健休養・やすらぎ機能は，農地生態系の向上，農村地域のアメニティの向上に伴い，増加することが期待できる．

なお，本書執筆時点では，農地の面積は微減傾向が続き，整備水準は微増傾向が続いている．一方，耕作放棄面積は急増する傾向にある．整備水準の上昇の効果よりも、耕作面積減少の影響が大きいため、これらの公益的機能は低下しつつあると推定されるが，図 8-1 に示した各機能の維持および向上のためにも，より抜本的な対策が必要である．

２．農地の景観

１）農地および農村の景観

農地や農村は，生産と生活の場であるが，住民にとっても来訪者にとっても快適な空間であることが望まれるようになってきた．その快適な空間づくりにおいて重要な要素が，景観（landscape）である．景観は，風景，外観，景色，眺めなどと言い換えることができるが，その空間の持つ環境の特性であり，その空間の特質を反映したものである．

景観を，人の手があまりかかっていない自然景観と，人の手により形成された文化景観に分けることがあるが，農地や農村の景観は，いうまでもなく後者に位置づけられる．農村では，自然と人間が共生する２次的な自然を基礎として，農業生産活動，人々の生活，地域の歴史，文化が調和した独自の景観が形成されている．こうした農村景観は，農業が持続的に行われるとともに，農村の活力が維持，向上されることにより保全される．

しかし農村では，都市化および混住化による土地利用と水利用秩序の乱れ，画一的な技術や製品による農村の個性の喪失，耕作放棄地の増加という問題があり，農業生産の維持および向上や農村の活性化と，美しい農村景観づくり両面において，課題となっている．

表 8-2　農村景観のタイプ

地形タイプ	特　徴
A．高原・丘陵タイプ	高原や丘陵を活かして造られた空間．見晴らしがよく，開放的
B．山腹急傾斜地タイプ	階段状に作られた農地．閉鎖的な場合と開放的な場合がある
C．山裾緩傾斜地タイプ	なだらかな傾斜を活かして造成．閉鎖的な場合と開放的な場合がある
D．山間平地タイプ	山あいの平地を活かして造られた空間．山に囲まれ閉鎖的
E．谷津田タイプ	低い丘陵に囲まれた谷間．こじんまりとした空間
F．平野タイプ	広々とした平地を活かした農地．遠方に山地および丘陵が続く場合も

（屋代雅充・一場博幸，2004）

農村における美しい景観，よい景観づくりの計画制度として，市町村が作成する田園環境整備マスタープランがある．そのプロセスは，①田園環境の現状と課題の把握，②環境配慮の目標と整備の基本方針の作成，③環境創造区域と環境配慮区域の設定である．ここで，環境創造区域とは，「自然と共生する環境を創造するための施設等を重点的に整備する区域，環境配慮区域は，工事を実施するに当たり，環境に配慮した工事の実施を行う区域」とされている．

マスタープランづくりにおいては，その地域の特徴を正確に捉えることが必要になるが，その際の参考となるのが，各地域の立地および地形に基づく農村景観のタイプ分けである（表 8-2）．

2）水田景観の要素

水田を構成する要素を列挙すると，図 8-2 のように田面，畦畔，法面，道路，水路（用水路および排水路）などがあげられる．加えて，背景としての集落，林地，山林なども，きわめて重要な景観構成要素である．

田面は，まずそれ自体が季節の移ろいとともに美しい景観を提供している．春を告げるレンゲのじゅうたん，田植え後の早苗，風にそよぐ緑の葉，黄金色の稲穂，刈取り後の稲株の列，耕起されたふくよかな土，これらは四季おりおりにわれわれの目を楽しませてくれる．しかし一方，雑草のおい茂った田面，台風により倒伏してしまったイネなどは，生産性および景観という観点からも好ましくない．

畦畔は，田面の湛水を逃がさないために設けられるが，土地の有効利用のために畦畔上にダイズなどが植えられることもある．畦畔木は広い畦畔あるいは道路

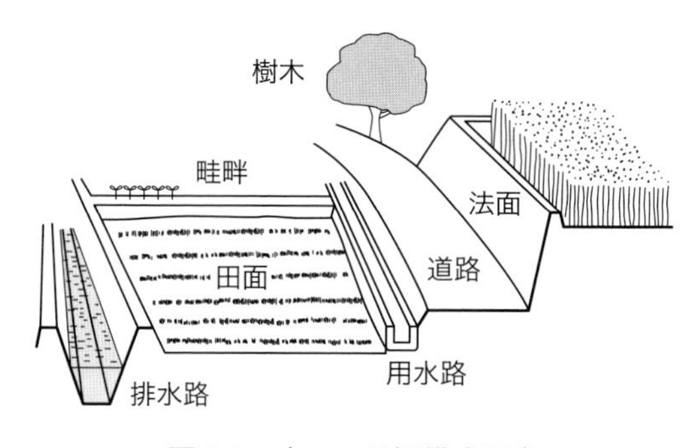

図 8-2　水田の景観構成要素

脇に植えられるが，たいへん重要な景観要素である．畦畔の湛水機能の維持，そして雑草刈りはたいへん手間がかかるので，コンクリート製の畦畔に変えてしまったところも多い．これらは，効率と引換えに景観が後退した例といえる．

法面も崩壊しないように管理をし，雑草を除去するための努力が必要であるが，よく管理された法面は，特に傾斜地の水田ではたいへん美しい景観を提供する．

道路は，その被覆材（土，砂利，アスファルト）そのものも重要であるが，その線形が景観上はより重視される．しかし，区画が長方形であることを要求すれば道路は直線とならざるをえず，これには賛否両論がある．

水路は，用水路，排水路と分離されている場合もあれば，用排兼用の水路もある．ここは生き物の生息空間としても重要である．

3）水田景観と畑地景観

水田は，区画の１つ１つが原則として完全に平らであることが要求される．したがって，少しでも傾斜があれば区画と区画との高低差は道路や畦畔など，何かによって吸収されなければならない．この吸収のされ方によって景観が決まってくる．

地形を生かして緩やかに，そして曲線的に吸収されたところでは，景観的に高い評価を受けることができる．しかし，曲線的に吸収することは，整備の土量の点では有利だが，作業性の向上に限度があることもあって，かなりごつごつとした折れ線状の法面で吸収されている例が多い．なお，平坦地であれば高低差の吸

図 8-3　水田景観（左）と畑地景観（右）の一例
（写真提供：吉田修一郎氏）

収はほとんど不要であるため，樹木や道水路の配置の方式が景観の多くを左右することになる．

一方，畑の場合は水平であることを要しないし，むしろ排水のために若干の傾斜を残しておくことが望まれる．そこで，圃場面そのものの景観的要素が大きい．直線作業によって植えられたムギ株の列が畑面の持つ緩やかなうねりの上に展開されたとき，これは素晴らしい景観を提供する．また，水田の場合は必ず背景の集落や山林をも含めて視覚されるが，畑の場合には視点によっては畑面だけが眺望され，その上は青い空といった切り取られ方も多い．北海道富良野の景観は，このように構成されているのである．なお，ドイツやイギリスに代表されるヨーロッパの美しい農地景観は，ほとんどすべてが畑地および草地であり，わが国の水田主体の農地とは，法制度や土地利用に関する意識の違いに加えて，利用形態が根本的に違っているのである．

4）諸外国の水田景観

それでは，水田という利用に限って諸外国の例を簡単に示してみたい．まず，東南アジアの水田では，集落や住居も異なるが，樹木の種類がかなり違っている．

ココナッツのような高木であっても，太陽高度が高いため固定された日陰という問題はなく，むしろ休息のためにも木は存在することが望ましい．もちろん，一面水田で見渡す限り稲穂という形態も，特に近年の大規模開発水田で多い．このような場合の景観的判断は，わが国の水田に対してと同様である．

図 8-4　南ドイツの牧野
（写真提供：田渕俊雄氏）

図 8-5　タンザニアの小区画水田
手作業のため小区画で問題ない．

大区画で知られるアメリカの水田はどうであろうか．実は，アメリカの水田のほとんどは田面が水平ではなく，もとの微傾斜を残しているのである．そして，1つの水管理が許容できるぎりぎりのところで畦畔を入れている．したがって，この畦畔の位置は等高線に一致する．アメリカの水田において，在来の等高線畦畔と，圃場整備により土を移動し整形した結果としての直線畦畔（この場合も等高線である）とでは，上空からの景観が明らかに異なってくるが，地上からの景観という点では1つ1つのユニットが大きいため，目立った差異はあまりない．このような等高線畦畔方式は，ブラジル，オーストラリアの水田にも共通している．

5）よい農地景観のために

農地景観の良否は，農地の構成要素（図 8-2）以外の要素（集落，樹木，山林など）の影響力が大きいため，景観良否の判断がなかなか困難であるが，ここでは農地構成要素に限って考えたい．

まず，水田面については，そこでの作物と区画形態が対象になる．作物そのものは景観のためだけに変更されることはまずないが，レンゲソウやナノハナの復活は，地力維持に加えて明らかに景観を意識している．棚田地域でよく見られる畦畔に植えた彼岸花も同様である．能登の千枚田の耕作奨励金は，地形にあった区画形態とそこの管理を対象としたもので，景観を重視した先駆的な事例である．2000 年以降，中山間地等直接支払制度が始まり，景観保全が農地管理メニューに加えられたこともあり，景観作物の導入は大いに進むことになった．

前記の能登の例をはじめとして棚田地域では，近代的な長方形の大区画よりも地形にあった中小の不整形区画が好まれているように見える．棚田保全活動に参加する都市の人々は伝統的な景観を守るために行っているのであろうか，あるいは中小の不整形区画に景観的価値を見出しているのだろうか．言葉を変えれば，区画の形や大きさと景観の良否との関係はどうなっているのだろうか．

農村空間の評価は評価者集団によってかなり異なるので，万人に共通する評価は難しいが，結論的にいうと，大平野の水田では長方形の大区画，中山間地域の水田では地形に合った中小区間が景観的に優れているようである．作物は水田であるから水稲が主流であるが，転作の場合にはあまり混在させないことが望ましい．

区画以外の構成要素については，その配置が区画でほとんど決まってしまうため，素材および管理が評価対象になる．大きな法面がある場合，法面そのものが視覚されるか否かは変えられないが，そこが美しいか否かは管理の状態で大きく変わる．この点は，畦畔，水路，道路についても同様で，無骨なガードレールや必要以上の標識は景観を下げるが，ちょっとした花が心をなごませ，景観を向上させる．

結局のところ，景観の良否は，構成要素の配置も重要であるが，管理の状態もそれと同等に，場合によってはそれ以上に重要であるということがいえる．

6）農地景観の顕彰

農村は人の手によって形成された空間であり，文化的景観と称される．文化的景観とは，「地域における人々の生活又は生業及び当該地域の風土により形成された景観地で我が国民の生活又は生業の理解のため欠くことのできないもの」と定義づけられている（文化財保護法）．具体的には，棚田や里山のような人々の生活や風土に深く結びついた地域特有の景観を指している．

その実態を正確に把握し，農村の文化的景観が持つ価値の保護対策を検討するために，文化庁は「農林水産業に関連する文化的景観の保護に関する調査研究」を行った（文化庁，2003）．その結果，多くの保護すべき地域がリストアップされた．そして特に重要なものは，都道府県または市町村の申し出に基づき，「重要文化的景観」として選定された．2015 年 10 月現在，全国で 50 件が選定されている．

重要な自然や文化を顕彰するために，ユネスコは「世界遺産（自然遺産，文化遺産，複合遺産）」を登録しているが，その農村空間版に当たるのが，通称「世界農業遺産」である．これは国際連合食糧農業機関（FAO）が 2002 年に開始した制度で，一般には，Globally Important Agricultural Heritage System の頭文字をとって GIAHS（ジアス）と呼ばれている．「世界農業遺産」と呼ばれることが多いが，より正確には「世界重要農業遺産システム」である．近代化が進む中で失われつつある伝統的な農法や農業技術をはじめ，生物多様性が守られてきた土地利用や美しい景観，農業と結びついた文化や芸能などが組み合わさり，1 つの複合的な農業システムを構成している地域を認定の対象としている．GIAHSは時代や環境の変化を取り入れ，よりよい方向に発展させる伝統的な知恵の蓄積が「遺産」であるという考え方に立った「生きた遺産の運用システム」といえる．2014年8月現在，13か国31地域が認定されており，わが国からは，「トキと共生する佐渡の里山」，「能登の里山里海」，「静岡の茶草場」，「阿蘇の草原の維持と持続的農業」および「クヌギ林とため池がつなぐ国東半島・宇佐の農林水産循環」が選定されている．

3．農村地域の生態系

1）農村の生物多様性

わが国の国土の約40％を占める水田は，その一部がラムサール条約の湿地に位置づけられ，ガン・カモ類などの水鳥の越冬場所となっている．COP10（第10回生物多様性条約締約国会議）の農業の生物多様性に関する決議では，水田は長期にわたり多様な生き物の住処を提供する特有の生態系を維持することが確認された．このように，水田農業の生物多様性維持に果たす役割は，世界中に広く認識されている．それでは，わが国の農村地域には，何種類の生物がいるのだろうか．桐谷（2010）は，水田生態系の生き物の総種数を5,470種と推定している（表8-3）．動物類が2,495種と最も多く，これに続き植物類が2,146種と見積もっている．

表8-3　田んぼの生き物リストに掲載された種数

動　物	
昆　虫	1,748種
クモ，ダニなど	141種
両生類，爬虫類	59種
魚類，貝類	189種
甲殻類など	45種
線虫，ミミズなど	94種
鳥　類	174種
哺乳類	45種
計	2,495種
植　物	
双子葉植物	1,192種
単子葉植物	501種
裸子植物，シダ・コケ類など	248種
菌　類	205種
計	2,146種
原生生物	829種
総合計種数	5,470種

（桐谷圭治（編）：改訂版 田んぼの生き物全種リスト，p3，2010を参考に作成）

多くの生物が生息する水田生態系は，水田だけで作られる閉鎖的な空間ではない．水田生態系を構成する空間は，水田にすむ生物の行動を通して畦畔，水路，ため池，河川，周辺農地，雑木林，遠隔地の越冬場所などにまで及ぶ．種ごとに発育段階に応じて必要な生活の場が変わっていくため，農村地域の生物多様性が維持されるには，水田だけではなく付帯する水路や里山などの構成要素が存在し，モザイク状に分布していなければならない（図8-6）．

表8-4は，水田生態系で生活する両生類の繁殖期と非繁殖期の生息場所を示している．カエルやサンショウウオ，イモリなどの多くの両生類は，水田，水路，ため池，林といった複数の空間を利用している．例えば，カエル類の多くは産卵期と幼生期を水田で過ごし，成体は水田から離れて里山を利用している．生活史を完結し個体数を維持するには，それぞれの生息場所の保全だけではなく，生息場所間の移動が可能となる連続性が確保されなければならない．また，繁殖場所となる水田では，水田の水管理や畦畔管理などの営農活動が繁殖成功と密接に関係する．

わが国の農村地域では営農活動と共存してきた多くの生物が存在する．これら

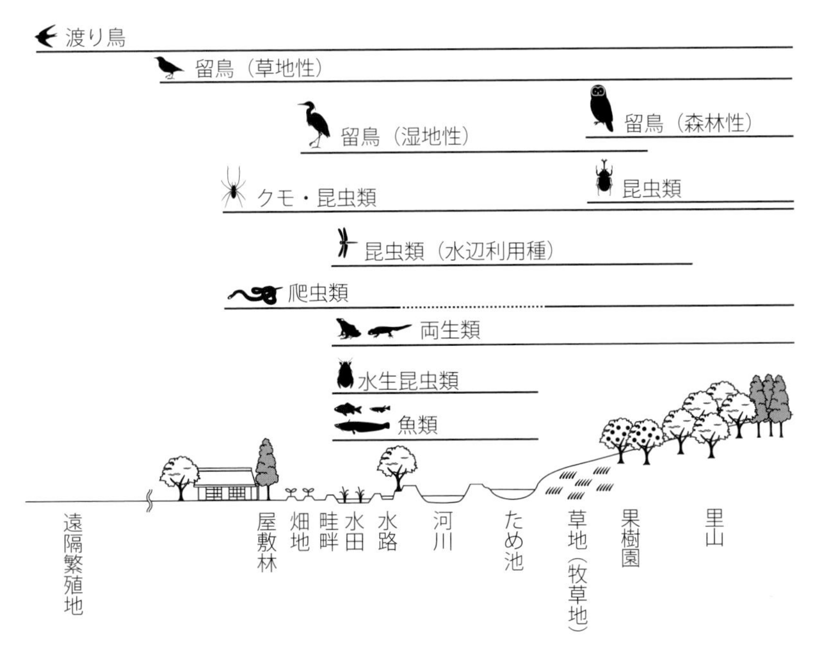

図8-6　水田生態系のモザイク構造と生物多様性

表 8-4　水田環境で繁殖する本州，四国，九州産の両生類

種　名	水田域での主な産卵場所	非繁殖期の主な生活場所
ニホンヒキガエル	ため池	林，人家の庭
アズマヒキガエル	ため池	林，人家の庭
ニホンアマガエル	水田	林，草地，人家の庭
ニホンアカガエル	水田，土側溝	林
ヤマアカガエル	水田，土側溝	林
トノサマガエル	水田	水田，土水路
トウキョウダルマガエル	水田	水田，土水路
ナゴヤダルマガエル	水田	水田，土水路
ツチガエル	水田，土水路	水田，土水路
ヌマガエル	水田	水田，草地
モリアオガエル	水田，ため池	林
シュレーゲルアオガエル	水田，土側溝	林
トウホクサンショウウオ	土側溝，ため池	林
トウキョウサンショウウオ	土側溝，ため池	林
ホクリクサンショウウオ	土側溝，ため池	林
アベサンショウウオ	土側溝	林
クロサンショウウオ	ため池	林
カスミサンショウウオ	土側溝，ため池	林
オオイタサンショウウオ	土側溝，ため池	林
アカハライモリ	土側溝，ため池	土水路，ため池；幼体は林

（林　光武：水田で産卵する両生類の生態，水田生態工学入門，p.57 の図を参考に作成）

の生き物は営農方法，農地整備の方法，二次林や水路の維持管理方法と密接な関係にある.

2）生物多様性の保全

(1) 農村における生物多様性の危機とその対策

生物多様性国家戦略 2012-2020 では，人間活動が及ぼす 4 つの危機とともに 1950 年代後半から 2010 年までの生物多様性の損失の状況について，次のように指摘している.

①第 1 の危機（開発による危機）…開発や乱獲など人間が引き起こす生物多様性への負の影響．特に，干潟や湿地の開発や経済性や効率性を優先した農地や水路の整備による影響.

②第 2 の危機（自然に対する働きかけの縮小による危機）…自然に対する人間の働きかけが縮小および撤退することによる影響．水田，水路，ため池，二次

林，採草地など，里地里山に人間が手を入れることで維持されてきた生物多様性の喪失．

③第3の危機（人間により持ち込まれたものによる危機）…外来種や化学物質などによる生物多様性の喪失．

④第4の危機（地球環境の変化による危機）…地球温暖化など地球環境の変化による生物多様性の変化．

農業農村整備事業では，土地改良法の一部改正によって「環境との調和への配慮」が原則化され，水田生態系の保全への関心が払われている．現在では，開発など（第1の危機）によって生じる新たな損失の速度は，やや緩和されているが，すでに実施された事業は，「生態ネットワークの分断」という大きな負の影響をもたらした．例えば，2つ以上の異なる生息場所を利用する両生・爬虫類，淡水魚類などは事業に伴うU字溝やコンクリート3面張水路，農道などの設置によって生活史を完結できず，個体群が消失する一因となっている．生態ネットワークの保全あるいは再生のためには，①魚類の移動（河川と水路，水路と水路）を保証する水路魚道などの設置，②両生・爬虫類の転落を防ぐ水路の蓋かけなど，水田の生態系の改善効果が高く，維持管理の負担の少ない施設改善を標準工法としてすべての事業で取り組むことが望まれる．

第2の危機である里地里山に対する人間の働きかけの縮小および撤退は，今後，深刻さを増していき，さらなる生物多様性の損失を招くと予想されている．ここで里地里山とは，「長い歴史の中で様々な人間の働きかけを通じて特有の自然環境が形成されてきた地域で，集落を取り巻く二次林と人工林，農地，ため池，草原などで構成される地域概念」のことであり，水田生態系を指す．水田，水路，ため池などは，維持管理という人為的な働きかけを受けなくなることで多様性を失ってきており，里地里山に生息および生育してきた動植物が絶滅危惧種として数多く選定されている．自然環境研究センター（2002）によれば，絶滅危惧種が集中して生息する調査区の57.4％が里地里山に存在しており，生物多様性の保全をするうえで里地里山の重要性が明らかとなっている．

図8-7は絶滅危惧種に指定された魚類が生息する池で実施された維持管理の様子である．維持管理作業が放棄されると，このような小規模な池では湧水量が減少するとともに，土砂やリターの流入と枯死した水生植物の堆積によって池が次

図 8-7　環境配慮型の水草刈り実施後の池
白色鎖線囲い部：護岸上に取り置かれた水草，黒色鎖線囲い部：島状に残されたヒメウキガヤ群落.（竹村武士・神宮字寛，2012 を一部改変）

第に浅くなる．さらに，湿生植物が繁茂し湿生湿地から乾性湿地を経て草地へと遷移し生息域の消失を引き起こす．ここでの維持管理作業は，絶滅危惧種となっている魚類の繁殖に必要な水生植物の除去を繁殖時期には行わず，なおかつ皆伐せずに一部を刈り残す．さらに，刈り取った水生植物にまぎれた魚類や水生昆虫が水中へと脱出できるように，護岸上から水面に垂下するように置いている．その結果，除去した水生植物には魚類を含め多くの水生昆虫が確認され，再び水域へ戻ることが可能となっている．維持管理は，人為が関わった系での生物多様性の保全に不可欠な営みであるが，維持管理という一時的な生息域の撹乱が長期的なダメージとならないような配慮を行うことも同時に必要である．

第３と第４の危機も水田生態系の生物多様性の低下を招くものである．例えば，ため池では，オオクチバスやブルーギルの侵入により固有種の種数と個体数が減少している．また，地球温暖化による水田農業の栽培管理や水需要の変化は，水田に依存した水生動物の多様性の劣化を招く恐れがあり，注視していかなければならない．

(2) 農業農村整備事業における生きものの保全

農業農村整備事業は，農村の社会資本を整備する事業である．同時に生物多様性の環境基盤を整える事業としての役割を担っている．ところが，2050年までには，都市から離れた中山間地域，奥山地域では30～50％程度の集落が無居住化すると予測され，これまで以上に農村生態系と人との関わりが減少していく恐れがある．農業農村整備事業で創設された環境配慮施設が地域住民によって適切に管理されるには，環境配慮対策が関係者とともに進められなければならない．

図8-8は，農業農村整備事業において，環境配慮対策を進めるための調査・計画作りの段階から事業完了後の施設の管理に至るまでの合意形成の仕組みである．農業農村整備事業では，調査，計画，設計，施工，管理という各段階におい

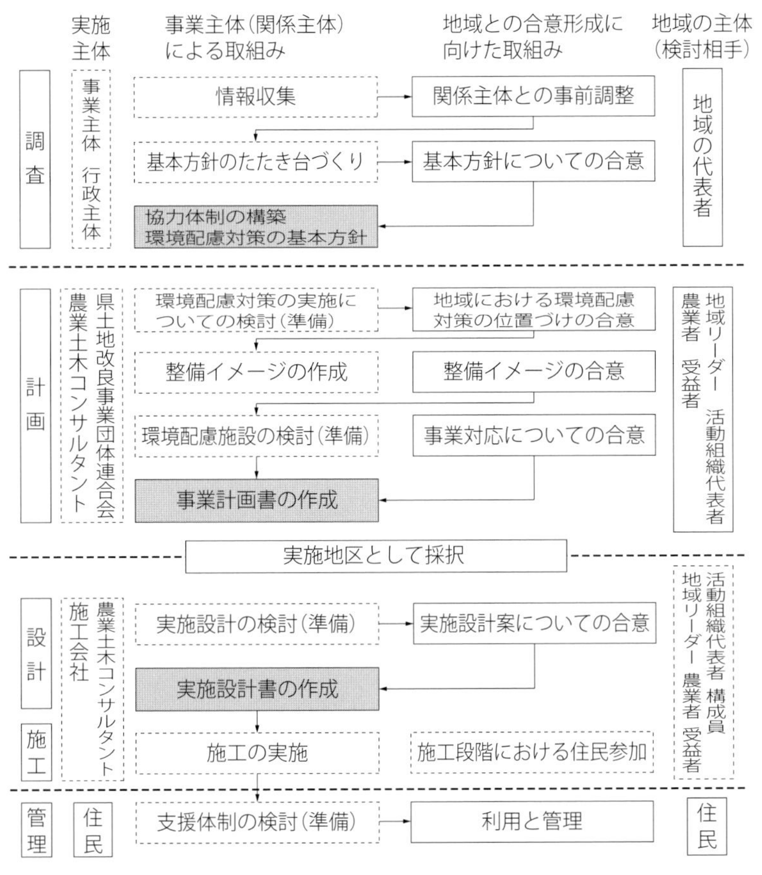

図8-8　環境配慮対策に関わる事業実施の流れ
（社団法人 地域環境資源センター，2013を参考に作図）

て事業主体と地域との間で環境保全，修復および再生に関わる合意形成を進めていく必要がある．これは，生物多様性の保全という取組みが公益的な性格を持つため，事業計画や施設の管理段階では，農業者と地域ぐるみの管理体制の構築が望まれるからである．

例えば，圃場整備事業は，調査の段階では，環境配慮方針に対する合意を形成するために，地域住民を含めた主要関係主体による検討体制を作る必要がある．計画の段階では，生態系や景観に配慮した工法と施設の利用方法を検討する．これによって，地域住民と環境配慮対策の位置づけや環境配慮施設のイメージの合意を形成する．設計および施工の段階では，環境配慮施設の設計・整備内容への合意を形成する．また，植物の移植や生物の移動などの住民が参加できる機会を作り，実体験の作業を通じ環境配慮の意識づけを行う．管理では，どのような組織および主体がどのような方法で施設の管理や利用を行うか計画をたてておくことが重要となる．以上の合意形成をもとに事業が進んでも，環境配慮対策の効果が十分に発揮されないケースもある．事業実施後のモニタリングを行いながら水田生態系を評価し，維持管理方法の修正や施設改善などの順応的管理の対応も欠かせない．

第9章

農地整備から農村空間整備へ

1．農村地域における道路計画

1）道路体系と農道

(1) 農道の整備

農耕が始まって以降，農作業を行うために住居と田畑を行き来し，農作業器具を運搬，農産物を集荷するための道路が，自然発生的に農村集落の中に造られてきた．これらは耕作道的性格の道路として，また集落内を移動するための集落内道路として，住民により整備されてきたものである．一方で集落と集落をつなぐ集落間道路や集落と町をつなぐ幹線道路が時代を追うに従って整備され，農村地域の道路網が形成されてきた．

法律に則って，農村地域における道路の整備が全国的に始まったのは，1899年に制定された耕地整理法からであり，これが1949年に制定された土地改良法に引き継がれて現在に至っている．法律上の農道（farm road）は，農業機械の導入による生産性の向上，農業施設の整備に伴う農産物流通圏の拡大，輸送量の増大，交通車両の大型化等の農業生産の近代化，農産物流通の合理化を図るとともに，都市に比べて立ち遅れている農村の社会生活環境の改善を図ることを目的に整備された農業用道路を指している．幅員1.8 m以上で農道台帳により管理されている農道の総延長距離は，農林水産省の統計調査において約17万5,000 km（2012年8月1日現在）と集計されている．

農道の整備は，土地改良法に基づいた農業農村整備事業（土地改良事業）の中で実施されており，現在われわれが目にする農道は，表9-1に示す広域農道，農免農道（図9-1），一般農道，ふるさと農道，団体営農道のように単独で整備されたもの以外にも，圃場整備事業などの他の農業基盤整備と一体として整備されたものや中山間地域総合整備事業などの事業種目と組み合わせて整備されたもの

表 9-1　農道の整備事業

事業名	農道名称	創設年～廃止年	目　的
広域営農団地農道整備事業	広域農道	1970 年～2010 年	広域営農団地の基幹農道を整備することで，農産物などの集出荷の合理化，消費地へのアクセスの改善を図ることが目的
農林漁業用揮発油税財源身替農道整備事業	農免農道	1965 年～2008 年	農林漁業用揮発油税財源措置の一環として，農業生産の近代化および農業生産物の流通の合理化を図り，併せて農村環境の改善を図ることが目的
基幹農道整備事業	基幹農道	2009 年～	道路特定財源の一般財源化に伴い，農免農道整備事業が廃止され，当該事業を継承するために創設
一般農道整備事業	一般農道	1971 年～2009 年	圃場間や圃場と集出荷施設を結ぶ農道網のうち，過疎法などに基づき指定された基幹農道や，樹園地および野菜指定産地の畑地などにおける農道網などの整備を行い，高生産性農業を促進し，農業の近代化を図り，併せて農村環境の改善を図ることが目的
ふるさと農道緊急整備事業	ふるさと農道	1993 年～2012 年	総務省と農林水産省が協力して実施し，地域が緊急に対応しなければならない課題に応えて早急に行う必要がある農道の整備を推進し，これにより農業農村の振興と定住環境の改善を図ることが目的
団体営農道整備事業	団体営農道	1964 年～1997 年	市町村，土地改良区などが事業主体となり，比較的小規模な団地を対象として農業生産の近代化，流通の合理化のための農道を整備することが目的

図 9-1　広域農道および農免農道
左：広域農道（鳥取県鳥取市），右：農免農道.（鳥取県鳥取市）

がある．農道に関わる整備事業は時代とともに変遷しており，団体営農道整備事業は1997年に廃止，広域営農団地農道整備事業は2010年に廃止，農林漁業用揮発油税財源身替（みがわり）農道整備事業は2008年に廃止され2009年より基幹農道整備事業に移行，ふるさと農道緊急整備事業は2012年度に措置完了（廃止）され，これに代わる制度が地域活性化事業債に基づいて措置されるなどしている．

このように農道は，農村地域における重要なインフラストラクチャとして公共事業により整備される．ただし，一般道路の整備事業と異なり，補助事業である農道の整備事業は，国，都道府県，地元（市町村あるいは受益者である農家）が補助あるいは負担した事業費で実施される．すなわち，受益者である農家の申請と同意に基づき事業が実施され，受益者負担を伴うという点が，一般道路の整備との違いである．

(2) 道路体系の中の農道

道路に関する路線の指定および認定，管理，構造，保全，費用の負担区分などに関する事項を定めた法律として道路法があるが，農道は道路法の適用を受けない道路である．ただし，農道の交通規制権限は道路交通法により都道府県公安委員会に属している．道路法の適用を受ける道路としては，高速自動車国道，一般国道（直轄国道，補助国道），都道府県道，市町村道があり，道路法の適用を受けない道路としては，農道の他に，道路運送法による自動車道，港湾法による臨港道路，漁港漁場整備法による道路，鉱業法による鉱山道路，森林法による林道，

図9-2　農道に設置された案内板
左：農耕車優先の案内板（高知県南国市），右：農業用道路を示す案内板（愛知県豊田市）．

自然公園法による公園道，都市公園法による園路，里道，私道がある．農道として整備されたものでも都道府県道や市町村道の認定を受けたものは，法律上農道ではなくなる．

農村地域に整備された農道は，農業用道路としての役割を果たしつつ，供用開始後には不特定多数の者が利用する地域交通の道路にもなる．したがって，農道は，農村地域の交通を担う道路の一部として一般道路と有機的に連携することで，効果的，効率的な地域の道路体系が形成されるように整備することが求められる．ただし，農道の本来の役割は農業用道路としての機能の発揮であり，図 9-2 のように看板を設置して通行者に周知し，農道が有する機能が損なわれないように配慮することも大切になる．

2）農村道路計画

(1) 農道の整備計画（道路構造についての解説は第３章 3.5)「道路工」を参照）

a．計画の考え方

農道の整備計画は，地域が将来どのように発展していくのかを予想し，長期にわたって農道が地域に果たすべき役割を明確にしたうえで立案されなければならない．計画立案においては，地区内外における土地利用計画，地域振興計画，各種整備計画などの上位計画および関連事業計画との調和を図ったうえで，①既存道路の配置，②圃場の位置や区画形状，③集出荷施設などの施設位置，④地域の景観への配慮，⑤地域の生態系への配慮，⑥受益者の意向などに留意する．

b．交 通 機 能

農道が有機的な農道網を形成するためには，交通機能（traffic function）の役割分担が重要になる．交通機能は，車両や人の移動路としての機能を確保するためのトラフィック機能，沿道の土地，建物，施設へのアプローチや貨物の積み下ろしのスペースとしての機能を確保するためのアクセス機能に大別される．トラフィック機能を優先した道路では，車両の快適な交通のために走行車線を確保し，歩行者の安心で安全な歩行のために歩道を確保するなど十分な走行空間を確保する必要があるが，これを実現するためにはアクセスのための出入り口や駐停車および貨物の積下ろしの空間が制限されることになる．一方，アクセス機能を優先した道路では，スムーズなアクセスのための出入り口を確保し，車両の駐停車および貨物の荷下ろしができるスペースを確保する必要があるが，これにより車両や人の円滑な流れや十分な走行空間が確保できなくなる．このように両者はトレードオフの関係にある．農道は，農業生産活動や農産物流通の合理化を図り，農村地域における生活活動の利便性を確保する目的で整備されるが，広域レベルと圃場レベルで求められるトラフィック機能とアクセス機能は異なることから，農道の機能区分を明確にしたうえで整備計画を立てることが求められる．

c．計画交通量

広域レベルの農道と圃場レベルの農道が有機的な連携をもって農道網を形成するためには，各農道の計画交通量（designed daily volume）を把握することが大切になる．計画交通量は将来の日交通量を表すもので，計画農業交通量と計画一般交通量の合計として求められ，幅員や舗装構造を決定する際の基礎情報になる．

①**計画農業交通量**…計画農業交通量の算定は，農業交通量が最も多い月（ピーク月）でかつ最も農業交通量が多いとされる区間（ピーク区間）について行われ，このときの日平均交通量が計画農業交通量になる．計画農業交通量は，農産物などの輸送に関わる交通量と農家などの営農に関わる交通量に分けて算定される．

②**計画一般交通量**…計画一般交通量の推計は，計画農業交通量を算定したピーク区間およびピーク月で行われ，交通量調査結果に基づいて行われる．交通量調査結果には，現況の推定流入交通量（普通乗用車換算値）が表されており，これを基に当該計画路線へ流入する一般交通量を求め，日交通量で表される計画一般交通量が推計される．

(2) 機能による農道の分類

農道は，整備される機能に応じて基幹的農道と圃場内農道に大別される．図9-3は農業整備事業における農道の区分との関係を示したものである．

a．基幹的農道

基幹的農道（main farm road）は，大型車両が安全に走行できるように計画された農業を振興する地域において基幹となる農道のことであり，農村への営農資材の搬入，農産物の集出荷施設への搬出，あるいは市場や消費地に輸送するなどの農業用の利用を主体としたうえで，農村における社会生活活動にも利用される道路である．基幹的農道の計画交通量は多く，トラフィック機能を重視した道路

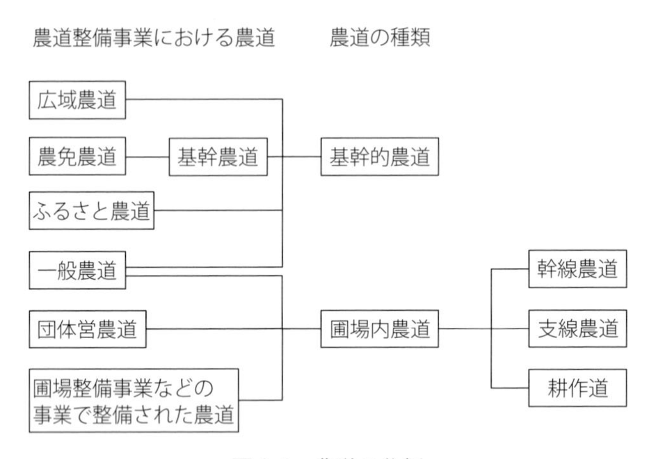

図 9-3　農道の分類
（『農地環境工学』，2008；谷口　建氏作成の図を一部改筆）

となる．そのために，基幹的農道の配置は，圃場内農道および一般道路と連絡が可能であり，農業施設が効率的に利用できるように計画される．

b．圃場内農道

圃場内農道（on-farm road）は，農作業に適した小型車両が安全に走行できるように計画され，主に圃場への通作や営農資材の搬入，圃場からの農産物の搬出などの農業生産活動に利用される農道である．第2章および第3章において解説された農道は，この区分に属する農道である．圃場内農道の計画交通量は少なく，アクセス機能を重視した道路となる．圃場内農道は，地形勾配，圃場の区画形状，用排水路の配置，集落，農業施設，既存道路の位置などと密接に関係するので，これらの配置関係に留意し，農業関係の交通および農作業が安全かつ効率的に行われ，農道全体として経済的配置となるように計画される．圃場内農道は幹線農道（trunk road），支線農道（lateral road），耕作道（branch road）にさらに分けられる．

①**幹線農道**…集落と圃場区域，圃場区域相互間，一般道路や基幹的農道と圃場区域，圃場区域と生産・加工・流通施設などをそれぞれ結ぶ主要な農道．

②**支線農道**…幹線農道から分岐し，圃区または耕区に連絡する農道で，圃場内作業のための往来，肥料，農薬などの営農資材の搬入，収穫物の圃場からの搬出に用いられる農道．

③**耕作道**…収穫，防除作業などに利用するため，耕区の境界部または耕区内に設けられる農道.

(3) 農村地域の道路網

農村地域には，農道の他に，農林水産省の補助事業である中山間地域総合整備事業の中の農村生活環境整備事業農業集落道整備事業として整備された農業集落道もある．農業集落道は，農道を補完するとともに，農村住民の生産・生活活動に伴う集落間あるいは集落内の移動のための道路（集落間道路，集落内道路）であり，農村住民の日常生活における道路交通の利便性，安全性，快適性の向上を図るために整備された道路である.

農村地域にある道路は，農村道路と総称することもできるが，これは農道と農業集落道を合わせたものであるといえる．地域農業の持続的発展および農村の総合的な振興を図るためには，これらの道路が機能的に連結するように計画，整備を行い，図 9-4 のように農村地域における道路網を形成することが必要である.

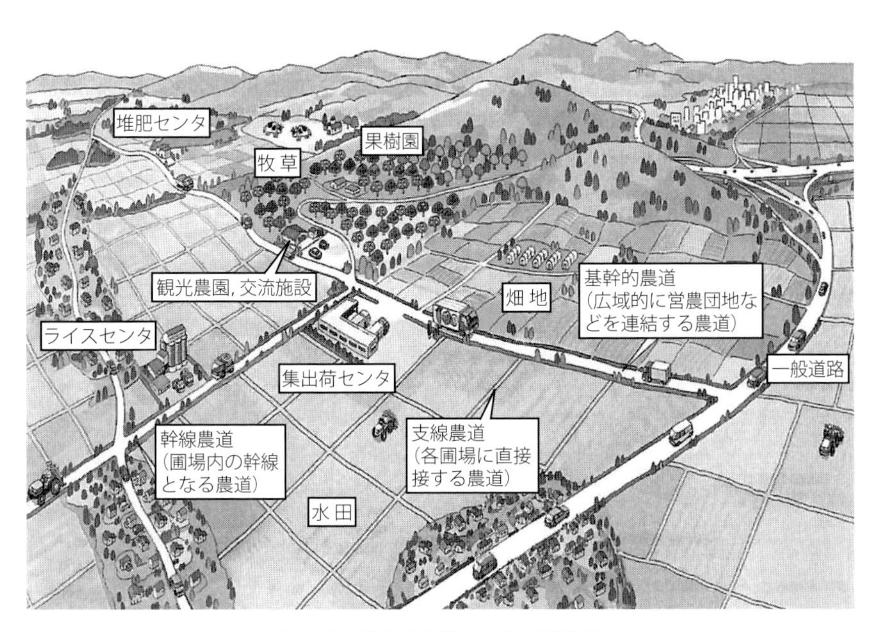

図 9-4　農村地域における道路網
（農林水産省農村振興局設計課提供の図をもとに加筆）

3）農道の景観整備

農村では，地域の自然環境を基礎として，農業生産や生活のために整備されてきた圃場や集落などの人工環境ならびに地域の歴史や伝統文化などが調和することで独特の景観を形成している．農道は農村景観を構成する要素の1つであるが，他の構成要素と異なり線的施設であるという特徴を有することから，このことに留意して，農道を生かした風致美観の向上ならびに地域の個性を演出するための景観配慮が必要である．ただし，農道整備では，農道内外の人命の安全性を確保することが基本的要求事項になることから，安全性を十分に確保したうえで景観配慮に取り組まなければならない．

景観配慮の基本原則は，「除去，遮蔽」，「修景，美化」，「保全」，「創造」である．「除去，遮蔽」は景観の質を低下させる要素を取り除くこと，「修景，美化」は景観阻害のインパクトを軽減したり美化要素を付加したりして景観レベルを上げること，「保全」は調和のとれた状態を保全し管理すること，「創造」は新しい要素を付加することで新たな空間調和を創り出すことである．この景観配慮の基本原則は，農道の景観配慮においても考慮することが望ましい．

景観は，見る側の「視点」と，見る対象である「視対象」の関係によって成立する．視点を取り巻く場を「視点場」といい，視対象との位置関係により外部と内部に大別され，この位置の違いにより対象物は異なる見え方をする．したがって，景観配慮の検討では，視対象そのものの検討が重要であるとともに，視対象と視点場の相互関係をとらえた検討が重要になる．視点場と視対象の関係を図9-5に示す．

農道は，景観構成要素の1つとして視対象になると同時に，農村景観や農道内部を眺める視点場にもなりうる．そのために，農道の景観整備においては，視対象との位置関係で視点場が外部になる場合の景観である外部景観（external landscape）と内部になる場合の景観である内部景観（internal landscape）の2つの景観のとらえ方に配慮することが必要である．

①外部景観（農道外から眺めた農道を含む景観）…農道の外にいる人が，農道を含む景観を眺めたとき，良好であると感じることができる景観に配慮する．農道は線的要素としての影響の大きい施設であることからも，路線全体として一貫

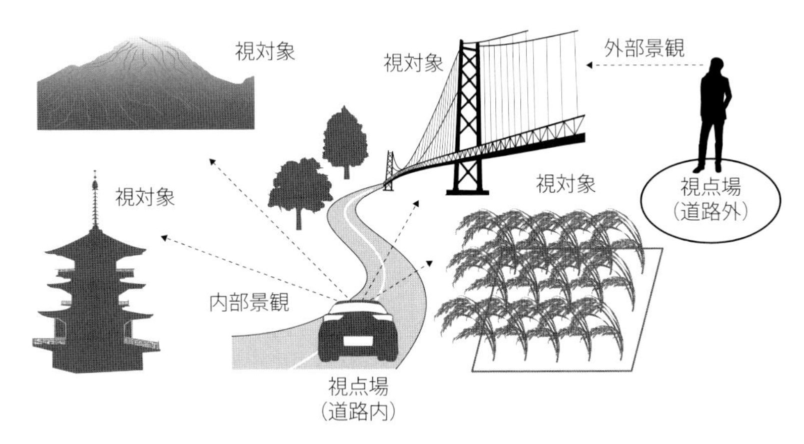

図 9-5　視点場と視対象の関係

した景観配慮を行うとともに，区間ごとに現れるさまざまな周辺景観にも調和した景観配慮を行う必要がある．

②内部景観（農道内から農道の内外を眺めた景観）…農道の通行者が，農道から見える景観を良好であると感じることができる景観に配慮する．この場合，農道周辺のシンボルやランドマークとなる山や川などの自然景観，石碑や神社仏閣などの歴史建造物などの位置を考慮した路線配置が求められる．また，農道内部の構造物（法面，擁壁，橋梁，トンネル，防護柵，緑地帯，防雪柵，道路標識など）の景観が良好であると感じることにも配慮する．農道は，通行者が移動可能な施設であるために，内部景観においては，視点の動きによって，立ち止まって見るシーン景観（scene landscape）と移動しながら見るシークエンス景観（sequence landscape）があることにも留意する必要がある．シーン景観では視点が固定されるために静止画的な眺めになり，シークエンス景観では視対象が連続的に変化する動画的な眺めになる．

農道整備では，大規模な地形改変により切土，盛土が発生し，それに伴う法面が農村景観を極度に人工的なものに変えてしまうこともあることから，農道整備では地形改変を可能な範囲で少なくする検討を行うことも必要である．また，農道は農業交通に加えて一般交通の利用もあり，幅広い範囲の住民の利用が予想されることから，農家を中心としつつも，自動車，自転車，歩行による幅広い農道利用者の意向を踏まえた景観配慮を行うことも大切である．

４）生態系に配慮した農道整備

道路の整備では，路線により生物の生息空間が分断・孤立化あるいは開発により消失し，里山環境の変化や外来種の増加などをもたらすことが懸念される．したがって，道路整備が生態系に及ぼす影響を検討する際には，地点レベル（1/500 ～ 1/100 縮尺スケール）での生息環境を整備するだけでなく，生物ごとの生活史に応じた所要の生息場所を地区レベル（1/5,000 ～ 1/1,000 縮尺スケール）で確保するとともに，広域的な種間ネットワーク（複数の個体群が影響を及ぼし合う種間相互作用）を含む生態系ネットワークを地域レベル（1/50,000 ～ 1/10,000 縮尺スケール）で保証するなど，空間的な視点を持つことが重要である．

農道の整備では，路線が地域生態系に及ぼす影響に配慮し，環境省や地方自治体が作成しているレッドリスト（red list）に掲載されている希少野生動植物種の生息・生育地やその周辺を計画路線が通過する場合には，極力その地を回避し，やむを得ず通過する場合には，影響を最小にするために線形や道路形状を変更するとともに，場合によっては代替地を整備するなどの検討を行う必要がある．また，道路に侵入した動物が走行車両に轢かれて死亡するロードキル（runover death）を防止するために，動物の移動経路を確保し，動物の侵入防止対策を図ることも必要である．

農業農村整備事業における環境との調和への配慮は，農林水産省が策定した「環境との調和に配慮した事業実施のための調査計画・設計の手引き」にある「環境配慮の５原則（ミティゲーション５原則）」に基づき行われる．このミティゲーション５原則は，1969 年に制定された米国国家環境政策法（National Environmental Policy Act，NEPA）に基づき環境諮問委員会が作成した NEPA 施行規則に示されているミティゲーション５原則を参照したものである．農道整備は農業農村整備事業の１つであることから，事業実施に際してはこの原則に従うことになる．ミティゲーション（mitigation）とは，環境対策に関して使われる場合，「開発による自然環境への影響を何らかの具体的な措置によって緩和すること」を指しており，その具体的措置である「回避（avoidance）」，「最小化（minimization）」，「修正（rectification）」，「影響の軽減 / 除去（reduction/elimination）」，「代償（compensation）」の５つがミティゲーション５原則である．

①**回避**…行為の全体または一部を実行しないことにより,影響を回避すること.

②**最小化**…行為の実施の程度または規模を制限することにより，影響を最小とすること.

③**修正**…影響を受けた環境そのものを修復，復興または回復することにより，影響を修正すること.

④**影響の軽減 / 除去**…行為期間中，環境を保護および維持することにより，時間を経て生じる影響を軽減または除去すること.

⑤**代償**…代償の資源または環境で開発対象となる資源および環境を置換するか，新たな資源および環境を供給することにより，影響を埋め合わせる（代償する）こと.

5）農道整備の効果

農道は，その整備目的となる直接効果の他にも，2 次効果，農業施策上の効果として地域の農業，交通，生活などのさまざまに波及効果を及ぼす．農道整備の効果の全容を明確に示すことは難しいが，直接効果，2 次効果，農業施策上の効果のそれぞれ代表的なものを表 9-2 に示す.

一方，整備された農道は，農村住民，都市住民の立場からは，次のような効果も果たしている．農村住民の立場においては，農道から一般道路を通って，学校，病院，官公庁，商業施設，娯楽施設，大型複合施設などがある DID（densely inhabited district，人工集中地区）へ容易に行くことができ，農村外活動の利便

表 9-2　農道整備の主な効果

直接効果	2 次効果	農業施策上の効果
・走行費用節減 ・営農労力削減 ・荷傷み防止 ・防塵効果 ・作目転換効果 ・農用地開発による未利用地開発 ・維持管理費節減	・農業の機械化 ・農産物流通体系整備 ・土地利用の高度化と土地生産性向上 ・農産物の選択的拡大 ・生産地の形成 ・市場の拡大 ・労働力合理化 ・農村生活用道路の整備 ・交通安全	・広域農業圏の形成 ・農村環境の改善と定住化の促進 ・畑作振興 ・水田農業確立 ・農地の流動化，集積化

（「明日をひらく農道整備」，1991 の図を参考に作成）

を図る効果を農道は果たしている．また，都市住民の立場においては，一般道路から農道を通って農村地域を訪れ，景観を眺め，動植物に接し，あるいは農作業を行い，直売所で農産物や加工品を購入するなど，都市外活動の利便を図る効果を農道は果たしている．このように農道は，農村と都市を結ぶ道路網の一役を担い，農村住民と都市住民の往来，生産者と消費者の交流を図る効果も果たしている．加えて，農道は，緊急車両の通行や災害時の代替道路として，緊急時に役立つ道路になっており，これもまた農道が地域に整備された効果の1つということができる．

6）農道の維持管理

(1) 道路管理者による維持管理

道路の適切な維持管理は，安全および安心な交通機能を提供し，農道の供用年数の長寿命化や維持管理費の節減を図るうえで重要になる．農道は公共工事で整備される公共施設であることから，維持管理は農道管理条例や農道維持管理規則などに基づいて管理者である行政により行われる．維持管理の項目としては，舗装路面，道路排水施設，法面や落石防止柵などの付属構造物，橋梁，交通安全施設などの維持補修，あるいは路面，排水施設の清掃や街路樹の維持管理，積雪寒冷地における除雪などがある．ただし，農道の管理の徹底を期するために必要があると認められる場合は，農道の維持管理業務の全部または一部を当該農道に関係ある土地改良区が行政に代わり行うことがある．また，当該農道が小規模の場合は，地元町内会が維持管理を行政に代わり行うこともある．

(2) 地域住民による維持管理

農道の維持管理の必要性の判断は，管理者の視点と利用者の視点で異なる．農道は地域の公共施設であることから，地域に密着している農道の維持管理は，その行為を管理者である行政に求めるだけでなく，利用者である地域自らが軽微な維持管理をこまめに行うことも大切である．地域住民による維持管理としては，農道の路肩や法面の維持補修，植栽の維持管理などがある．それにより，日常的な利用に支障がない状態を維持することができる．ただし，過疎化，高齢化，混住化などに伴う集落機能が低下するところでは，農家だけで維持管理作業を行うことは難しく，地域ぐるみの共同活動として取り組むことが求められる．行政による地域共同活動を支援するための制度（多面的機能支払制度（旧農地・水保全管理支払交付金制度，旧農地・水・環境保全向上対策））もあり，これらを利用して維持管理に取り組みつつ，活動を通して農道の役割を啓発することで，地域に根ざした農道の維持を図ることも必要である．

２．農村土地利用計画

１）農村土地利用の課題

(1) 伝統的な農村空間の構成

図 9-6 は伝統的な農村空間の構成を示したものである．

農村には，農家が住まうサト（里）があり，その周囲にはノラ（田と畑）が広がって，米やムギ，ダイズ，野菜などが栽培されていた．田への用水は，イケ（ため池）からコウ（水路）に引水されるか，またはカワ（川）にセキ（堰）を造って水路によって運ばれた．サトの裏にはヤマ（里山）があった．ここでは燃料用の薪や炭，田畑の肥料に使う木の枝や葉，草などをとるとともに，山菜やキノコの採集場所でもあった．ヤマの奥には野生鳥獣が生息するオクヤマがあり，狩猟の場でもあった．また，サトの近くには家畜の餌や屋根葺き用の萱をとるためのハラ（草地）があり，ヤマとともに村人が共同で利用していた．さらに，地方に

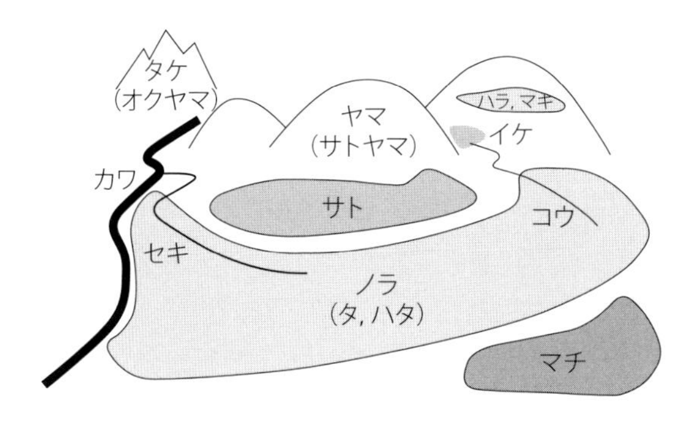

図 9-6　伝統的な農村空間の構成
（日本村落社会学会，2007，p.15 の図を参考に作図）

よってはサトから離れた山間に牛馬を放牧するマキ（牧）もあった．他方，生活物資を調達するのはマチ（町）であった．

サトにある農家の屋敷とノラの田畑は私有地であり，各農家がこれを管理したが，ヤマやハラ，マキ，イケなどは生産と生活の共同体であるムラ[注1)]が管理していた．また，田は私有地であっても，農業用水（セキやコウ）はムラが共同で管理していた．

(2) 都市化と混住化

1950年代後半から70年代前半にかけての高度経済成長によって，農村の土地利用は大きく変貌した．その1つが都市化である．図9-6でいえば，マチ（町）に人口が集中し，急速な市街地の拡大が起きたのである．

都市郊外の農村では，工場や住宅団地，官公庁施設，公園や運動施設などの建設が進み，幹線道路の沿線にはさまざまな商業・サービス施設が立地した．その開発の多くは計画的とはいえず，大都市を中心にスプロール[注2)]と呼ばれる無秩序な市街化が進んだ．他方，一般の農村でも，非農家が増え混住化が進んだ．農家の分家住宅や一般住宅，小規模な商店や作業場が集落の周辺に立地し，小規模なスプロールを引き起こした．

農村に土地利用計画が必要とされた直接の理由は，こうした急速かつ広範な都市化から農地をいかに守るか，ということであった．この事態に対処するために，1968年に都市計画法が改正され，市街化区域と市街化調整区域の区域区分制度（通称，「線引き」）が導入された．また，翌1969年には農振法（農業振興地域の整備に関する法律）が制定されて，農業振興地域や農用地区域の制度が導入された．以後40年近く，都市化対策は農村土地利用計画の最大の課題であった．

(3) 圃場整備の進展と農村景観および生態系への影響

高度経済成長の前後から，農業的土地利用そのものも大きな変化を遂げた．図

注1)「ムラ」とは，江戸時代（地域によってはそれ以前）から続くとされる生産，生活の共同体としての村のこと．「村」と表記すると行政の単位としての「村」と混同してしまうため，カタカナやひらがなで「ムラ」または「むら」と表記される（日本村落研究学会，2007，p.12）．

注2）スプロールとは，市街地が連続的に拡大するのではなく，農地と混在しながら非連続的に拡大するさまをいう．

9-6 のノラの部分である．農業の機械化とともに水田の圃場整備が進み，それまで水田に介在していた畑や樹林地，ため池や沼，湿地などが見渡す限りの水田に姿を変えた．また，1970 年に米の生産調整（減反）が始まってからは，畑にも利用できる水田の汎用化を目指した圃場整備が行われるようになり，汎用圃場では麦や大豆，野菜（露地，ハウス），果樹，牧草などが作付けされた．圃場整備は農業の生産性の向上に大きく寄与した反面，農村の景観や生態系の質的低下や画一化を引き起こした．

（4）土地管理の粗放化と荒廃

薪炭から石油への燃料革命や化学肥料の登場，あるいは家畜の減少によって，ヤマ（里山）がほとんど利用されなくなり，荒廃が進んだ．また，ハラ（草地）やマキ（放牧地）についても，萱葺きの需要が減り，農家の家畜飼育が減少したことに伴い，粗放化や荒廃が目立つようになった．

とりわけ中山間地域では，人口減少と高齢化によって，里山や草地だけでなく，田畑の耕作放棄や果樹園の荒廃が著しかった．現在では，こうした傾向は平地農村でも顕著であり，農村土地利用の大きな課題となっている．

また，土地管理の粗放化に伴うイノシシやシカなどによる農作物被害，産業廃棄物の不法投棄なども，農村の土地利用を脅かす大きな問題となっている．

（5）農村の多面的機能の増進

伝統的な農村空間は，継続的な人間の労働によって維持され，2 次的自然として優れた景観と生態系を育んできた．しかし，以上に述べたような都市化および混住化による農地や山林の転用，圃場整備による水田の大型化や乾田化，水路のコンクリート化，そして里山や田畑の荒廃によって，こうした 2 次的自然は急速に失われつつあり，また農村景観の混乱と画一化が進んだ．

その一方で，伝統的な農村の自然や景観に価値を見出す都市住民が増え，ホタルやメダカ，トンボといった生き物の保全活動や，棚田の保全や里山の管理，耕作放棄地の回復，あるいは田んぼを活用した環境教育などが盛んになっている．

近年，人口減少とともに都市の拡大が収束しつつあり，農村土地利用計画の課題は，従来からの無秩序な都市化および混住化への対応とともに，農村景観や生態系の保全，荒廃農地や山林の管理，田園居住の要求への対応など，農村空間の多面的機能の増進に向けられるようになってきている．

2）土地利用計画の役割

(1) 土地利用計画の基本的な意義

社会が必要とする生産活動や人々の生活のために，土地は不可欠な資源であり，効率的な利用が必要とされる．市場経済社会では，企業や個人，国や地方自治体，その他土地を必要とする主体は，自ら土地を購入または借入して生産や各種サービスの提供，あるいは生活のために土地を利用する．しかし，個々の主体の自由な土地利用に任せると，社会全体として必ずしも効率的な土地利用が図れない場合が生じる．ここに，土地利用計画の基本的な意義がある．

(2) 土地利用の序列と土地利用転換の抑制

土地利用には，収益性の低いものから順に，自然→林地→農地→工場→住宅→事務所→商業地という序列がある．土地利用転換は原則として，収益性の低いものから高いものへと起こる．例えば，山林を開墾して農地にしたり，農地を転用して工場や住宅に転換するのは，より収益性の高い土地利用への転換の例である．

都市化や交通条件の改善などによって，土地の利便性が上昇すると，収益性が低い土地利用から収益性の高い土地利用への転換が一気に進む．このため，相対的に収益性の低い土地利用を守るには，法律によって土地利用転換を規制したり，公的機関が買い上げたり，あるいは収益性の格差を補うような補助金を交付するといった対策が必要となる．生産性の高い優良農地の宅地などへの転用を規制したり，優れた景観や生態系を残す里山を守るために，地方自治体や住民がこれを買い上げたり，集落で伝統的な棚田景観を保全する活動に助成金を出したりすることである．

このように，優良農地や優れた景観および自然地の範囲を特定し，その保全のために必要な措置を定めるのが土地利用計画である．

(3) 土地利用の相隣性と計画的配置

土地利用の相隣性とは，隣り合う土地の利用は相互に影響を及ぼし合うという性質のことである．農地の中に住宅地が無秩序に立地すれば，農地には生活排水の流入などの悪影響が懸念されるし，住宅地にとっても土埃や農薬散布などの被害が懸念される．逆に，防風林で仕切られた農地は風害を防げるとともに景観的にも美しい．そこで，相互に悪影響を及ぼし合う土地利用は引き離し，良い効果を及ぼし合う土地利用を組み合わせるといった土地利用の計画的な配置が必要となる．これも土地利用計画の役割である．

３）土地利用計画の構成と実現手段

土地利用計画（land use planning）とは，当該地域の土地利用の将来目標を属地的に定めた計画であり，一般的には，住宅用地，工業用地，商業サービス用地，公共施設用地，農地，林地，緑地，自然保護地など，用途別の土地利用区分で表される．このように，土地利用の将来目標を定めた土地利用計画のことをマスタープランとしての土地利用計画という．また，マスタープランとしての土地利用計画を実現するための手段も含めて土地利用計画という場合があり，これを広義の土地利用計画という．

土地利用計画の実現手段としては次のようなものがある．

①ゾーニング…計画区域の全体または一部を用途や形態などで小区域に区分し，小区域ごとに異なった土地利用規制をかける制度で，直接的な土地利用規制を伴う土地利用区分のこと．ゾーニング（zoning）における土地利用区分は，土地利用規制の前提となるだけでなく，公共施設整備や土地基盤整備など，土地利用計画を実現するための諸手段の前提ともなる．わが国の代表的なゾーニング制度としては，都市計画法に基づく市街化区域と市街化調整区域の区分や，農振法に基づく農用地区域の設定がある．

②開発許可制度…開発者に開発内容の事前審査を義務づけ，審査に通った場合に限って開発の着手を認める制度．必ずしも土地利用区分を前提とせず，開発案件を１件ごとに審査する点がゾーニングとは異なる．ただし，ゾーニングの土地利用区分を前提として，開発許可制度（development permission）を適用する場合もあり，わが国では前述の市街化区域と市街化調整区域の区分と連動した開発許可制度が導入されている．

③土地基盤整備と公共施設整備…土地の利用に当たっては，それぞれの用途に

見合った土地基盤整備や公共施設整備が必要である．例えば，将来にわたって農地として利用する区域では圃場整備を行うことが望ましいし，将来住宅用地に転換する区域では，土地区画整理（宅地造成）を行い，街路，上下水道，公園などの公共施設を整える必要がある．

④土地の買取りおよび売買の仲介，斡旋…土地利用計画に定められた用途と土地所有者の意向が合致しない場合に，国や地方自治体が土地所有者から土地を買い取ったり，他の土地所有者への売却の仲介や斡旋をすること．自然保護地や緑地の保存などに用いられる．

⑤土地利用協定と建築協定…住民や土地所有者が協定を結んで，法律や条例によらずに自主的に土地利用や建築行為の制限を行うこと．住宅地で生け垣の設置を義務づけたり，伝統的な景観が残る地区で，特定の建築様式や色彩を義務づける例などがある．

４）法定土地利用計画

法律で計画の策定主体，内容，策定手続きなどを定めた土地利用計画のことを法定土地利用計画という．農村地域に関わる現行の法定土地利用計画としては，以下に述べる国土利用計画法，都市計画法，農振法が重要である．

(1) 国土利用計画法（1974 年）

国土利用計画法では，国土利用計画と土地利用基本計画という２種類の土地利用計画を定めている．前者には国，都道府県，市町村の３つのレベルの計画があり，計画区域の土地利用の将来像を文章で記述している．これに対して後者は，都道府県を計画区域として，都市，農業，森林，自然公園，自然保全の５地域に区分するものである．ただし，土地利用基本計画では，土地利用の競合がある場合の優先順位を定めるのみで，土地利用規制については，それぞれの地域に対応する５つの個別法（都市計画法，農振法，森林法，自然公園法，自然環境保全法）に委ねている．

(2) 都市計画法（1968 年）

都市計画法を適用する区域を都市計画区域といい，人口 10 万人以上の都市では，無秩序な市街化の拡大を抑制するために，都市計画区域を市街化区域（既成市街地および今後10年以内に市街化を図るべき区域）と市街化調整区域（当面の間，市街化を抑制すべき区域）とに区分する制度が定められている．また，この制度と合わせて開発許可制度が導入され，市街化調整区域では原則として宅地開発は許可されない．例外規定の存在などにより，実際には完全に宅地開発を抑制できたわけではないが，都市郊外農村地域の無秩序な市街化に対して一定の歯止めとなってきた．

市街化調整区域の農村土地利用に関わる制度としては，1988年に市街化調整区域における集落地区計画，2000年に集落地区条例が導入されている．前者は，一定の開発需要が想定される市街化調整区域の農村集落を対象に集落地区計画を策定し，計画で定めた建築物の用途・形態規制および道路などの公共施設整備を条件に，開発規制の緩和を行うものである．後者も開発需要がある農村集落を対象とし，一定の要件に該当するエリアのうち都道府県条例に定められた（集落地区の）区域内では開発を認めるというものである．いずれも，都市郊外で開発を抑制されてきた農村集落地域での計画的開発の道を開いた改正であった．

(3) 農業振興地域の整備に関する法律（農振法）（1969年）

「総合的に農業の振興をはかることが必要と認められる」地域として農業振興地域を定め，全国の農村地域の大半をカバーしている．農業振興地域では市町村単位に農業振興地域整備計画（市町村農振計画）が策定され，その一部として農用地利用計画が定められている．農用地利用計画では，将来的に農地として利用すべき土地を農用地区域に設定し，厳しい土地利用規制をかけている．ただし，農振法の土地利用計画はこの農用地利用計画のみであり，農用地区域以外の土地（農振白地地域と呼ばれる）には計画上の位置づけがない．すなわち，都市的開発を計画的に誘導する区域が定められておらず，土地利用をコントロールする機能が弱い．

5）まちづくり条例に基づく土地利用計画

(1) 法定土地利用計画の課題とまちづくり条例の登場

条例とは，地方公共団体がその自治権に基づき，法令の範囲内で議会の議決によって制定する法のことで，憲法および地方自治法による法的裏づけのあるものを，特に自主条例と呼んでいる．まちづくり条例とは，開発や土地利用の適正化，環境保全，景観保全などを目的に地方自治体が定めた自主条例であり，1980年代以降，既存の法令では対処できない諸問題の解決のために，各地で盛んに制定されるようになった．

都市郊外から農山村地域を含む地域においても，前述の法定土地利用計画の不備を補う形で，先進的な自治体による意欲的なまちづくり条例が登場した．法定土地利用計画の不備とは，個別法による土地利用計画の整合性がとれていないために土地利用規制の緩い区域が生じ，そこに不適切な開発や土地利用が集中してしまうことや，個別法による土地利用規制の例外措置などによって，必ずしも目的とする土地利用が達成されないことなどである．ここで，土地利用規制の緩い区域とは，具体的には，①都市計画区域外，②線引きのされていない都市計画区域（非線引きという），③農振地域内の農用地区域以外の区域（農振白地）などである．また，市街化調整区域内の小市街地や比較的規模の大きな農村集落では開発が厳しく制限され，「都市近郊過疎」と揶揄されるような状況も生まれた．こうした状況に対処する政策が，前述の集落地区計画や集落地区条例である．

一方，地方分権推進一括法（1999年）以降，都市計画法や建築基準法などの個別法が改正され，これらの法律に位置づけられた委任条例が登場するようになった．これによって，法律の範囲内ではあるが，これまで運用が画一化していた政令の内容を，地方自治体の裁量で柔軟に運用できたり，法令にない事項を加えることで，地方自治体独自の展開ができるようになった．

(2) まちづくり条例に基づく土地利用計画の特徴

まちづくり条例に基づく土地利用計画は，次のような特徴を持っている．

第1に，既存の法定土地利用計画や地域計画との整合性が図られている．具体的には，「都市計画マスタープラン」（都市計画法18条の2に基づく「市町村の都市計画に関する基本的な方針」），国土利用計画の「市町村計画」（国土利用計画法8条1項），市町村の「基本構想」（地方自治法2条4項）との整合および調和が定められている．

第2に，基本的に行政区域全域を対象とし，土地利用に関わる総合的な内容を定めている．例えば，長野県穂高町の「穂高町まちづくり条例」では，町全域を対象に9つのゾーンを定め，各ゾーンに立地可能な土地利用の種類を規定している（表9-3）．他方，神戸市の「人と自然との共生ゾーンの指定等に関する条例」では，市街化調整区域を対象に，農村集落を計画単位として，5つの区域を定めて土地利用のコントロールを図ろうとしている（表9-3）．

ここで注目されるのは，穂高町の「田園風景保存ゾーン」や神戸市の「環境保全区域」のように，農地や里山の景観や生態系を守るための区域が設けられている点である．農振法の土地利用計画には，優良農用地保全のために農用地区域だけしか規定がないし，都市計画法による市街化調整区域は，「市街化を抑制すべき区域」とされているのみであり，現行の法定土地利用計画には景観や生態系の保全といった機能がない．まちづくり条例がこれを補っているわけである．

第3に，住民参加によるていねいな計画策定手続を定めている．公聴会，審議会，地区別の懇談会，利害関係者からの意見聴取，懇話会やワークショップ，計画案の縦覧および意見募集，議会の議決など，法定土地利用計画よりも手厚い手続きが試みられている．

第4に，計画実現手段として，開発や土地利用を計画に適合させるための手続きや仕組みを整えている．具体的には，開発事業者などに開発行為や建築行為の届出と事前協議を課し，計画への適合の遵守を求めるとともに，従わない場合には勧告や公表を行うことを規定している．

表9-3　まちづくり条例に基づく土地利用計画の例

市町村	穂高町（長野県）	神戸市（兵庫県）
条例名	穂高町まちづくり条例	人と自然との共生ゾーンの指定等に関する条例
制定年	1999年	1996年
対象地域	全　域	市街化調整区域
区域区分	全9区域： 田園風景保全ゾーン，農業保全ゾーン，農業観光ゾーン，集落居住ゾーン，生活交流ゾーン，産業創造ゾーン，公共施設ゾーン，文化保護ゾーン，自然保護ゾーン	全5区域： 環境保全区域，農業保全区域，集落居住区域，特定用途区域（A区域，B区域）[注]

注）特定用途区域のA区域とは，「大規模な公共公益施設や沿道サービス施設等が立地している区域およびこれらを計画的に立地させる区域」，B区域とは，「地域の営農環境や生活環境の保全に影響を及ぼす恐れのある資材置場，廃車置場など，基本的に他の用途区域には，ふさわしくない土地利用が行われている区域」である．（日本都市計画家協会，2003，p.157，p.163，p.164の表より，筆者が抜粋）

６）農村土地利用計画と農地環境工学

以上，見てきたように，農村土地利用計画は，都市化および混住化への対応に始まり，近年は農村の多面的機能の増進が課題となってきている．法定土地利用計画では，この新しい課題に未だ十分に対応できていないが，市町村のまちづくり条例には，こうした課題に積極的に対応しようとする動きが見られる．

他方，農地環境工学も，従来の生産性向上に特化した基盤整備のための工学から，生態系や景観保全への配慮，さらには，より積極的な田園自然再生を志向した工学,つまりは多面的機能の増進を目的とした工学へと脱皮しようとしている．

農村土地利用計画と農地環境工学は，ソフトおよびハードの両面から農業および農村の多面的機能の発揮を支える仕組みであり，手法である．その際に参考になるのは，冒頭に紹介した伝統的な農村空間である．かつてのサト，ノラ，ヤマ，ハラ，マキなどが有していた多面的機能を現代的に回復させることが，農村土地利用計画および農地環境工学の当面の課題であろう．

３．農地環境工学に関係する事業と法律

１）農業農村整備事業の体系

農地環境工学は，第１章 3.「農地環境工学の役割」で述べた通り，農地の生産性を向上させ，その保全性を高め，さらには農村環境の維持および向上に資することを目的とした学問体系である．そして，農村空間においてその実現を助ける施策として，農業農村整備事業がある．

農業農村整備事業は，生産から農村生活，農村環境，さらには地域の防災保全にまで及ぶ広範かつ多岐な分野にわたっており，農業者だけでなく農村地域の居住者全体の生活を向上させ，また来訪者にも快適な空間を提供するなど，農業および農村の発展はもとより，バランスのある国づくりのために，きわめて重要な役割を担っている．

農業農村整備事業の体系は，図 9-7 に示した通りであるが，農業生産基盤整備・保全と農村整備事業とで構成されて，それぞれに各種の整備事業が用意されてい

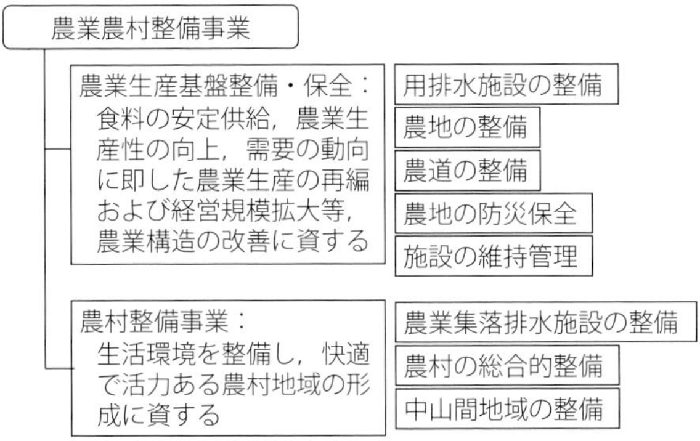

農業農村整備事業

- 農業生産基盤整備・保全：食料の安定供給，農業生産性の向上，需要の動向に即した農業生産の再編および経営規模拡大等，農業構造の改善に資する
  - 用排水施設の整備
  - 農地の整備
  - 農道の整備
  - 農地の防災保全
  - 施設の維持管理
- 農村整備事業：生活環境を整備し，快適で活力ある農村地域の形成に資する
  - 農業集落排水施設の整備
  - 農村の総合的整備
  - 中山間地域の整備

図 9-7　農業農村整備事業の体系

る．例えば，用排水施設の整備は，かんがい排水事業が，農地の整備は，経営体育成基盤整備事業，畑地帯総合整備事業，農用地再編開発事業が，農村の総合的整備は，農村総合整備事業，農村振興整備事業が，担っている．

これらの事業のほとんどは土地改良法に基づく事業である．

土地改良法では，また，土地改良長期計画を定めることとしており（法第4条の2）．原則として5年ごとに策定される長期計画に従って，事業を実施することとされている．

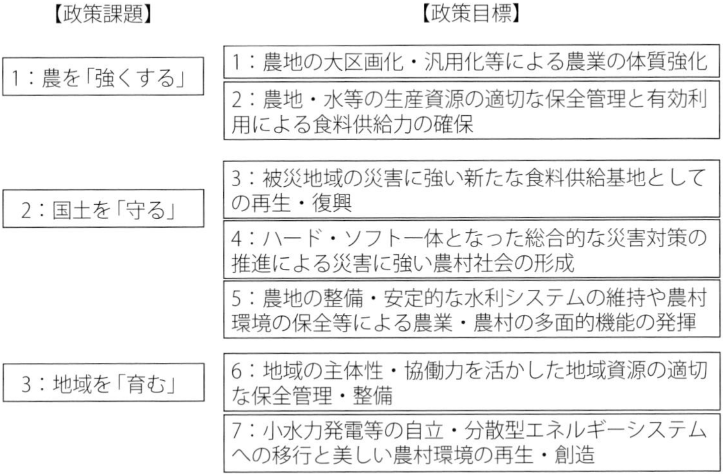

【政策課題】	【政策目標】
1：農を「強くする」	1：農地の大区画化・汎用化等による農業の体質強化
	2：農地・水等の生産資源の適切な保全管理と有効利用による食料供給力の確保
2：国土を「守る」	3：被災地域の災害に強い新たな食料供給基地としての再生・復興
	4：ハード・ソフト一体となった総合的な災害対策の推進による災害に強い農村社会の形成
	5：農地の整備・安定的な水利システムの維持や農村環境の保全等による農業・農村の多面的機能の発揮
3：地域を「育む」	6：地域の主体性・協働力を活かした地域資源の適切な保全管理・整備
	7：小水力発電等の自立・分散型エネルギーシステムへの移行と美しい農村環境の再生・創造

図 9-8　土地改良長期計画（平成24年）の政策課題と政策目標

現行の土地改良長期計画（平成 24 年 3 月 30 日閣議決定）に基づく土地改良事業では，「食を支える水と土の再生・創造」を基本理念に，以下の３つの政策課題に取り組むこととしている．すなわち，①農を「強くする」- 地域全体としての食料生産の体質強化 -，②国土を「守る」- 震災復興，防災・減災力の強化と多面的機能の発揮 -，③地域を「育む」- 農村の協働力や地域資源の潜在力を活かしたコミュニティの再生 - である．

これら政策課題に対応する政策目標は，図 9-8 に示した通りであり，さらに，具体的な施策が明記され，事業の種別ごとの目標および事業量が具体的に設定されている．

2）農業農村整備事業に関連する法律と事業

(1) 農業，農村の発展に関する法律

第二次大戦後の農政は，1961 年に制定された「農業基本法」に基づいて実施されてきたが，1999 年に抜本的な改正が行われ，法の名称も「食料・農業・農村基本法」と変更された．その基本理念は，①食料の安定供給の確保，②多面的機能の発揮，③農業の持続的な発展，④農村の振興，である．

農業農村整備事業およびそれの主たる根拠法である土地改良法も，当然ながら，「食料・農業・農村基本法」の理念と一致したものでなければならない．そこで，土地改良法も，基本法の理念に合致するよう，2001 年に改正されている．

(2) 農地利用に関する法律

わが国における農地利用を対象とした法制は，①一筆ごとの農地の権利関係を直接規制する「農地法」，②農地の有効利用と流動化をはかる「農業経営基盤強化促進法」，③農業の振興をはかるべき地域を設定し農業振興施策の計画的な推進をはかる「農振法（農業振興地域の整備に関する法律）」，④農業農村整備事業の実施法である「土地改良法」の 4 法を基本とし，相互に関連して体系づけられている．

特に，優良農用地の確保の面では，土地の現況に着目し，一筆統制を基調とする現況主義の「農地法」と，土地の農業上の有効利用に留意したゾーニングによる土地利用規制を基調とする用途主義の「農振法」は，それぞれの制度内容によ

り異なった観点から相互に補完しあいながら，開発行為の規制などにより良好な農業環境を保持する機能を果たしている．

農地を農地以外の利用に変更する（農地転用する）必要が生じた際にも，できる限り優良農地を残す必要がある．農振法による農振農用地（青地）は原則として転用ができない．農振白地においても，面積のまとまった農地は積極的に維持保全する必要があるために第１種農地に指定される．さらに第１種農地の中でも特に良好な農地は甲種農地と指定され，いずれも原則として転用は許可されない．

①**土地改良法**…本法は，昭和24年（1949年）に制定され，農業の生産性の向上，農業総生産の増大，農業構造の改善などに資することを目的として，農用地の改良，開発，保全および集団化に関する事業を，適正かつ円滑に実施するために必要な事項を定めた法律である．

本法に基づく農業農村整備事業については，①原則として農用地の耕作者を事業参加資格者としていること，②事業参加資格者の発意，同意に基づいて実施すること，③受益地となる一定の地域内の事業参加資格者の2/3以上の同意により強制的に事業実施，費用負担ができることを原則としている．この法では，この他，事業実施主体である土地改良区，国，都道府県，農協，市町村ごとの事業実施手続，経費負担，国からの補助に関する規定の他，土地改良事業団体の組織，運営，土地改良施設の都市的利用との調整，土地改良財産の管理などについて規定している．

なお，前述した「食料・農業・農村基本法」の制定に伴っての土地改良法の平成13年改正（2001年）では，環境への負荷や影響を少なくするために，環境配慮対策の検討が盛り込まれ，農業農村整備事業実施にあたっては，環境配慮が必須のものとなっている．

②**農地法**…本法は，農地改革の理念を具現化するために，農地調整法と自作農創設特別措置法とを統合して，昭和27年（1952年）に制定された農地に関する基本的法律である．農地は，その耕作者自らが所有することが最も適当であると認めて，耕作者の地位の安定と農業生産力の増進をはかることを目的としている．内容は，権利移動及び転用の規制，小作地等の所有制限，小作関係の調整，未墾地の買収，売渡し並びに農地保有合理化促進事業に関して規定している．

③**農業振興地域の整備に関する法律（農振法）**…本法は，農業の振興を計画的に推進するための措置を講ずることにより，農業の健全な発展をはかり，国土資源の合理的利用に寄与することを目的とした法律で，昭和 44 年（1969 年）に制定された（☞ 本章 2.4）「法定土地利用計画」）.

④**農用地利用増進法**…農地法が所有者による耕作を原則としているのに対し，本法では賃貸借を軸とした農地利用の流動化の促進を意図している（1980 年）. この法によって賃貸借の際の貸し手側（地主側）の不安を取り除き，農用地利用改善，農作業受委託促進を対象事業としていた.

⑤**農業経営基盤強化促進法**…農用地利用増進法の全面改正により，平成５年（1993 年）に制定された法律で，農用地の流動化と有効利用をより推進させるための法律である．効率的かつ安定的な農業経営を育成し，これらの農業経営が農業生産の相当部分を担うような農業構造を確立することを，最終的な目標としている．制定後の小改正によって，農地保有合理化法人に対する支援の強化，体系的な遊休農地対策の整備等も含まれるようになった.

⑥**景観法と農業農村整備事業**…景観法は，生活空間の質的な向上を求めるなど国民の意識の変化を背景に，平成 16 年（2004 年）に成立した．景観法の目的は「我が国の都市，農山漁村等における良好な景観の形成を促進するため（法第１条冒頭）」と謳われており，そのために景観計画を策定し，景観協定を定め，指定された景観整備機構により良好な景観形成を促進するとされている.

農村空間においては，棚田や里山などの良好な景観を維持および形成するために，景観農業振興地域整備計画（景観農振計画）を定めることができるとされている．この計画は，景観計画および農業振興地域整備計画に適合したものでなくてはならず，その区域において総合的に農業の振興をはかることが前提となっている.

(3) 土地利用秩序形成に関連する法律

農業農村整備事業は広く農村空間を対象とした事業であるので，事業実施によって土地利用が大幅に改変されることが多い．そこで，事業に当たっては，土地利用の秩序を維持すること，さらには，土地利用秩序を改善することが望ましい．それらに関係する法律は，図 9-9 の左上にまとめられる.

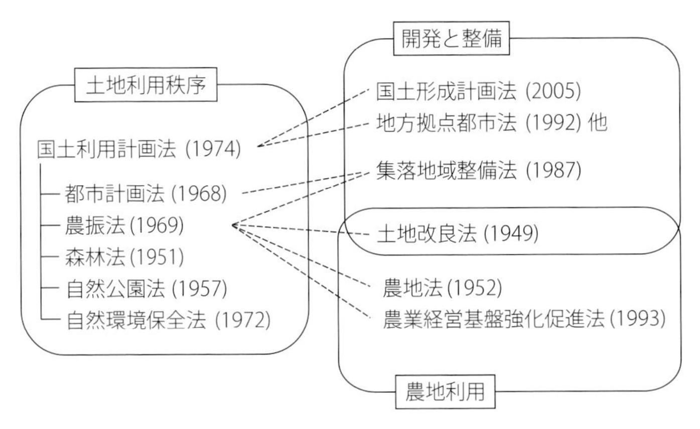

図 9-9　農村空間整備に関する主要法律

①**国土利用計画法**…国土利用計画の策定に関して必要な事項を定めるとともに，土地利用について基本計画の作成，土地取引の規制，土地利用の調整措置などを規定し，国土の総合的・計画的利用をはかることを目的とした法律である（☞本章 2.4)「法定土地利用計画」).

②**都市計画法**…都市計画の内容およびその決定手続き，都市計画制限，都市計画事業その他，都市計画に関して必要な事項を定めた法律．この法律に基づき，市街化区域または市街化調整区域の線引き，およびこれらの区域内での開発行為，建築などの規制が行われている（☞ 本章 2.4)「法定土地利用計画」).

③**森林法**…昭和 26 年（1951 年）に制定され，森林計画，開発行為の許可，森林事業計画，保安林，その他，森林に関する基本的な事項を定めて，森林の保存培養と森林の生産力の増進をはかり，国土の保全，国民経済の発展をはかることを目的とした法律である.

④**自然公園法**…昭和 32 年（1957 年）に制定され，優れた自然の風景地を保護するとともに，その利用の増進をはかり，国民の保険，休養および教化に資することを目的とする法律である．自然公園を国立公園，国定公園および都道府県立自然公園に分け，指定方法，管理主体などを規定するとともに，公園内を特別地区，海中公園地区，普通地域などに区分して，保護の程度に応じた行為規制を行うこととしている.

⑤**自然環境保全法**…昭和 47 年（1972 年）に制定され，自然環境の保全に関

して基本となる事項を定め，自然環境の適正な保全を総合的に推進することを目的とする法律である．この法律に基づき，国は自然環境保全基本方針を定め，原生自然環境保全地域および自然環境保全地域を定めることができる．自然環境保全地域の中には特別地区，海中特別地区などがあり，それぞれ行為制限が規定されている．

(4) 開発と整備に関連する法律

①**国土総合開発法**…国土政策の基本方向を示す「全国総合開発計画」の目的，内容，手続等を示した総合法(1950年)．「全総」,「三全総」などの計画提示を通じ，地域間所得格差，過疎および過密などの諸問題に対処し，国土の近郊ある発展を目指した．2005年に国土形成計画法に吸収された．

②**国土形成計画法**…（1950年制定，2005年抜本改正)．国土の自然的条件を考慮して，経済，社会，文化等に関する施策の総合的見地から，国土の利用，整備および保全を推進するために策定．

国土形成計画は，国土の利用，整備および保全を推進するために，土地，水など８項目に関する計画であり，全国計画および広域地方計画が立てられる．

③**地方拠点都市法など**…農村空間は全国に広がっているが，それぞれの農村空間において中心となる都市が整備されることが望ましい．そのため，新産業都市建設促進法（1962年)，工業整備特別地域整備促進法（1964年)，地方拠点都市地域の整備及び産業業務施設再配置の促進に関する法律（地方拠点都市法，1992年）等が制定・施行され，それぞれの役割を果たしてきた．

④**集落地域整備法**…昭和62年（1987年）に制定され，土地利用の状況から見て良好な営農条件および居住環境の確保をはかることが必要であると認められる集落地域について，農業の生産条件と都市環境との調和のとれた地域の整備を計画的に推進することを目的とした法律であり，整備の基本方針，整備計画などについて規定した法律である．

第10章

乾燥地，開発地域の農地環境工学

1．乾燥地の灌漑と環境問題

1）乾燥地とは

乾燥地は，降雨量が少ないために植物が十分に生育できない地域である．乾燥地といっても，降雨がほとんどなく植生もない沙漠から，降雨が十分ではないが植生が生育できる半乾燥地まで，乾燥の程度はさまざまである．乾燥地は土壌に水が十分にあれば蒸発散量が大きいが，実際は水がないので実蒸発散量 E は小さい．土壌水分が十分なときの蒸発散量は可能蒸発散量（E_0）と呼ばれ，主に気象条件で決まり，日射量が多く気温が高いほど多い（第4章（4-2)式による標準蒸発量 E_0 が「可能蒸発散量」と見なせる）．E_0 は日射量が多く気温が高いほど大きく，わが国の夏の晴れた日で4～6 mm/d程度，年平均では2 mm/d（500～700 mm/y）程度であるが，日射量が多く気温の高い乾燥地であれば，2,000 mm/y程度にもなる．わが国のように，降水量 P が E_0 を大きく上回る湿潤気候では（わ

表10-1　乾燥地の区分と面積割合，生態系，農耕形態

区　分	年降水量（mm/y）（乾燥度 P/E_0）	全陸地に対する面積割合（%）	生態系区分	非灌漑下の農耕形態
極乾燥地	＜200（＜0.05）	7	砂　漠	な　し
乾燥地	＜200（0.05～0.2）	12	砂漠～貧植生	遊牧，移動放牧
半乾燥地	200～800（0.2～0.5）	18	草　地	放牧，オオムギ，ミレット，カウピー
乾燥半湿潤地域	800～1,500（0.5～0.65）	10	草地，森林	トウモロコシ，マメ類，オオムギ，コムギなどの混合農業

P：年降水量（mm/y），E_0：可能蒸発散量（mm/y）．　　（UNEP，2007）

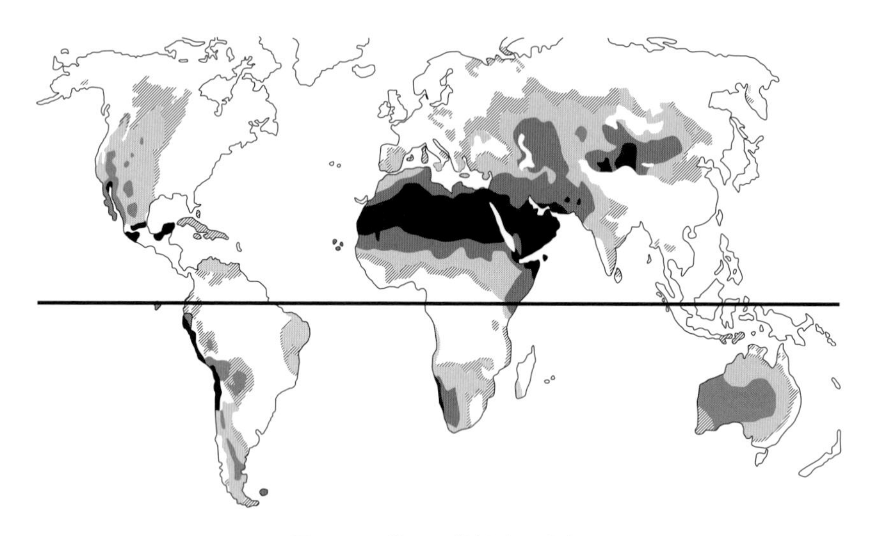

図 10-1　世界の乾燥地の分布
■極乾燥地，　■乾燥地，　□半乾燥地，　▨乾燥半湿潤地域．（UNEP, 1997）

が国の降雨量は 1,600 mm/y），実際の蒸発量 E は E_0 に近く，その残りが流域からの河川流出量（$P-E$）となる．実際の蒸発量 E の流域における平均値は，流域外からの水の流入がない限り流域の降水量 P を超えることはなく（必ず $E<P$），乾燥地では降水量はほとんど蒸発散して E と P はほぼ釣り合い，流出量（$P-E$）はわずかである．気候条件としての地域の乾燥度は，降水量 P と可能蒸発量 E_0 との比 P/E_0 で表される．P/E_0 がゼロに近いほど乾燥が著しい．表 10-1 は P/E_0 による乾燥地の区分で，図 10-1 は世界の乾燥度の分布である．乾燥地は全陸地面積の約 47％を占める．

2）植物の生育にはなぜ多量の水が必要か

植物はその生育過程で，大量の水を根から吸水して葉から蒸散させる．植物生育にとって降雨量が十分か否かは，可能蒸発散量に比した降水量で示される．では，このように水が不足すると，なぜ植物の生育は制約されるのであろうか．また，水がなくてもよく生育する植物を創り出すことはできないのだろうか．

植物の生育とは，光合成を行うこと，すなわち二酸化炭素（CO_2）と水から太陽の日射のエネルギーを利用して有機物を生産することである．すなわち，

$$6H_2O + 6CO_2 \rightarrow C_6H_{12}O_6 + 6O_2$$

と表せる．

しかし，光合成に必要な CO_2 の大気中の濃度はわずか 0.04％に満たないのである．植物は大気中のこの濃度の低い CO_2 を取り込むために，葉の裏にたくさんある気孔を開いて体内を大気にさらす．しかし，気孔を開いて大気の CO_2 を取り込むことは，これと引換えに体内の水を気孔から蒸発させて失うことになり，根から土壌水を吸水して蒸散で失われる多量の水を補わなければならない．普通の植物は，生育過程で年間に，植物体の重さの数百倍もの水を根から吸水して葉から蒸散させる．土壌水が不足して十分な吸水ができなくなれば，植物は気孔を閉じて蒸散を抑え，自らが乾燥して枯れないようにするが，その代償として CO_2 を取り込むことができなくなり，光合成速度が低下する．

図 10-2 は，前記のこのことを示す測定例である．植物や土壌における水分不足の程度は水ポテンシャルで表される．水ポテンシャルが低下するほど（負の値で絶対値が大きいほど）水分不足の程度が大きく，この低下が大きくなれば植物は枯れる．根圏の土壌水分量が低下し，土壌水の水ポテンシャルが低下すると，これを根から吸水する植物の水ポテンシャルが低下する．植物の水ポテンシャルの低下により，葉の気孔が閉じて気孔抵抗が増加する．これによって蒸散量が低下すると同時に，気孔からの CO_2 の取込みも抑えられて光合成速度も低下する．図 10-2 が示すように，気孔の開閉を介して植物の蒸散と光合成速度はリンクしているのである．

乾燥地に適応した植物には，サボテン（CAM 植物）のように，昼間は気孔を閉じ，蒸散の少ない夜間に気孔を開いて CO_2 を取り込んで貯蔵し，昼間に光合成を行

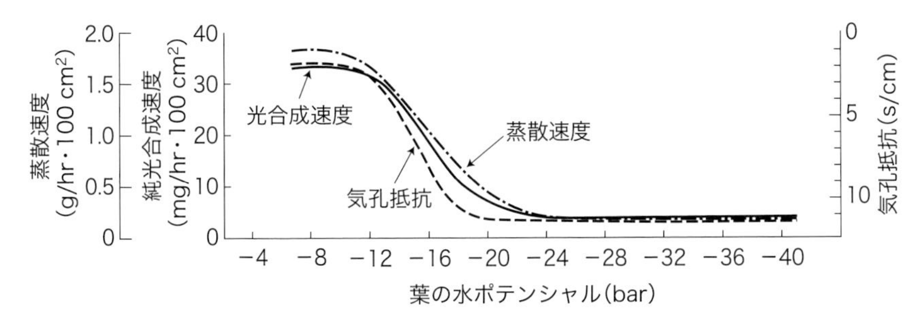

図 10-2　ダイズの葉の水ポテンシャルと気孔抵抗，蒸散速度，光合成速度
（Boyer, J. S., 1970）

うことで，水分をほとんど失わずに光合成を行えるように進化した植物もある．しかし，このような巧妙な仕組みを備えた植物は沙漠でも生育できるものの，昼間にCO_2を取り込まないために光合成速度は大きく制約され，成長がきわめて遅い．作物を普通に生育させるには，光のある昼に気孔を開いてCO_2を取り込まざるを得ず，蒸散も大きくならざるを得ない．乾燥地では，水を蒸散させずに高い光合成速度を得ることはできない．乾燥地における沙漠化を防止し持続的な生物生産を実現するために重要なのは，植物と水と土壌との関係を理解し，個別地域の水循環についての科学的な知見に基づいて水と土壌の管理を適切に緻密に行うことである．

3）乾燥地の灌漑と水循環

(1) 灌漑による蒸発散量の増加

実蒸発散量Eの可能蒸発散量E_0に対する低下は光合成の低下を意味し，両者の比E/E_0（蒸散比）は，利用できる水の量によって植物生産が制約される度合いを表す．E_0を大きく上回るわが国のような湿潤地域ではE/E_0はほぼ1であるが，水の不足する自然状態の乾燥地域ではE/E_0は1よりもゼロに近い．

乾燥地域では灌漑を行うことによってE/E_0を1に近づけ，生産量を著しく増加させることができるが，灌漑によってEが著しく増加し，灌漑水の大半は蒸発散して消費される．乾燥地は天気がよく日照時間が長い分，水さえあれば湿潤地域よりも高い植物生産を実現できる．これに対して，湿潤地域における灌漑，特に水田灌漑は水田の湛水を維持するためのもので，灌漑によってもたらされるE（およびE/E_0）の増加分は，渇水時でさえもわずかである．湿潤地域における水田灌漑はEを増加させるのではなく，農地を通過して地域を循環する水の量を増加させるのである．この湿潤地域と乾燥地域の灌漑との性格の違いを理解することは重要である．

(2) 灌漑による水源の枯渇

乾燥地での灌漑が蒸発散量Eを著しく増加させるために，大規模灌漑により水源が枯渇したり，河川下流の流量が著しく減少したりする問題が生じている．アメリカ中西部の乾燥地域では，オガララ帯水層と呼ばれる古い地層の地下水を汲み上げてセンターピボットによる大規模灌漑を行ってきたが，地下水位が年々低下し，汲上げを制限しなければならなくなっている．灌漑に使われた地下水の大半は蒸発散で失われ地下水に戻ることはなく，循環の遅い地下水の灌漑利用には持続性がない．アラル海では，山岳の水源地から乾燥地域を通って流入するシル川，アム川の流域で灌漑が行われるようになってアラル海への流入流量が減少し，湖面水位が 15 m も低下して湖面面積が著しく縮小している．

灌漑に使われた河川水の大半は蒸発散で失われて河川に戻ることはなく，下流の河川流量はそれだけ減少する（図 10-3）．このような上流での灌漑による河川流量の減少は，乾燥地の多くの河川で見られることであるが，降雨量が可能蒸発散を上回るわが国では生じ得ない．わが国の灌漑（水田灌漑が大半であるが）は流域の蒸発散量を増加させることはほとんどなく，河川上流で灌漑された水は下流の河川に戻って（排水され）再利用される．乾燥地では，水田灌漑のように蒸発散を上回る灌漑によって農地からの排水があっても，蒸発散によって濃縮されて塩分濃度が高くなるため，排水を再利用することはできない．

(3) 灌漑による塩類集積と湛水害

もう 1 つ，乾燥地での大規模な河川灌漑によって生じる深刻な問題に，地下

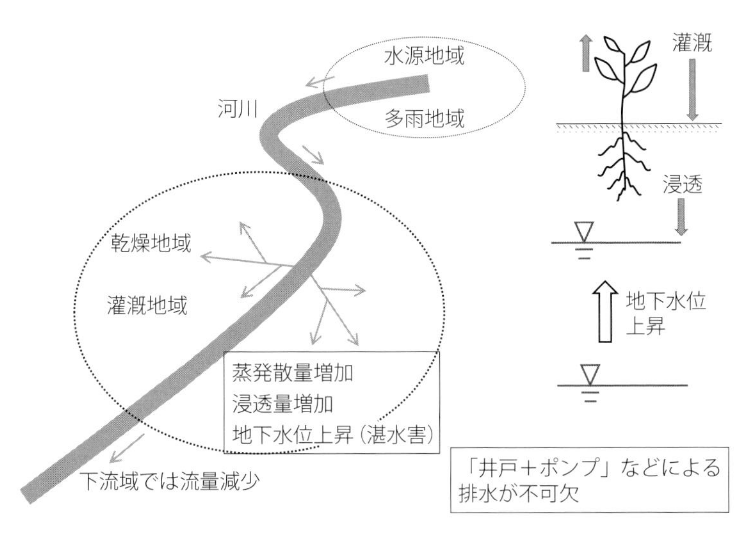

図 10-3　河川水灌漑によるウォーターロギングと下流の流量減少

水位の上昇と湛水害（ウォーターロギング）がある．降雨量が可能蒸発散よりははるかに小さい乾燥地の自然状態では，降雨は一時的に土壌に浸透してもその後の蒸発散で失われ，深部の地下水への浸透量はわずかである．河川水による（灌漑地域の外から持ち込まれた水による）大規模な灌漑が行われると，灌漑水の一部は必ず浸透するため，もともとは浸透量がほとんどない状態で平衡状態にあった地下水位の上昇が生じる（図10-3）．後述するが，塩類集積を防ぐために蒸発散を上回る灌漑で塩類を洗い流すことが必要であるし，末端の土水路からの漏水の割合も多いので，浸透量は蒸発散量よりかなり多くならざるを得ない．地下水位が上昇して根圏に達し，さらに相対的に標高の低いところでは地表面まで上昇して農地として使えなくなった状態をウォーターロギングという．インドとパキスタンにまたがるインダス川流域の乾燥地では，20世紀前半からインダス川の水を使った大規模な灌漑と農地開発が始まり，不毛の乾燥地が穀倉地帯となった．しかし，かつて地表から数十mの深さにあった地下水位が次第に上昇し，数十年を経て，所によっては地表面まで達し，ウォーターロギングを引き起こすようになった．大規模な河川灌漑は，同時に，地下水排水施設（集水井戸とポンプ）を整備して灌漑地域全体の地下水位上昇を防ぐ必要がある．しかし，排水施設の整備と維持管理にはコストがかかるため，不十分になりやすい．インダス川流域の事例も，灌漑と同時に必要な排水施設の整備と維持管理が不十分なために（動かなくなったポンプが多いなど）生じたものである．このような灌漑による地下水位の上昇は，ウォーターロギングにまで至らない場合も，土壌表面蒸発を著しく増加させ，後述する土壌表面への高濃度の塩類集積とこれに伴う土壌の劣化を引き起こす．

乾燥地における過剰な灌漑は，それを行う農家にとって害はない（農地の塩分濃度を低下させる益がある）が，限られた水資源を浪費して水不足となる農家を増やすとともに，地域の地下水位を上昇させという公共への害をもたらす．乾燥地においては，緻密な水管理と公正な水配分が重要なのである．また，土水路からの浸透（漏水）は水を無駄にするとともに地下水位上昇をもたらすもので，これを防ぐことも重要である．

4）塩類集積のメカニズムと条件

日射が十分であるが降雨が少なく土壌水分が不足する乾燥地では，灌漑によって高い植物生産を実現できる．しかし，一般に乾燥地における灌漑農業において最大の問題は塩類集積であり，これによって植物の生育が阻害される．地殻を構成する岩石の風化の過程では塩類が少しずつ水に溶解し，土壌水も地下水も河川水も多少の塩類が溶解している．河川水や地下水の塩濃度は低いのに海水の塩濃度が高いのは，陸地から海に水とともに運ばれた塩類が蒸発によって濃縮された結果である．同様に，根圏の塩類集積は，水に溶解して水とともに根圏に運搬された塩類が蒸発散によって濃縮された結果である．濡れた裸地面では，水が蒸発して塩が取り残される土壌表面に塩が集積し，植物の蒸散による塩類集積は根の吸水で塩が取り残される根の周囲に生じる．

塩類は水とともに移動するので，根圏において塩類集積が進行するか否かは，根圏の水収支で決まる．根圏土壌の長期間の水収支を考えると，図 10-4 のようである．I は地表面から土中の浸透フラックス，E は蒸発散量，D は根圏下部のフラックス（下方向への浸透を正とする）で，いずれも長期間の平均値を考える．D は I と E との差であり，$D>0$ は根圏下の水移動が下向きであり，$D<0$ は下から上に向かうことを意味する．根圏が塩類集積過程にあるか否かは，

$$D=I-E>0\text{：リーチング} \qquad (10\text{-}1)$$

$$D=I-E<0\text{：塩類集積} \qquad (10\text{-}2)$$

となる．リーチングとは下向きの浸透によって塩類が根圏下に洗い流される状態で，$D>0$ であれば，根圏の塩濃度が高くなっても下方への浸透（D）によって，根圏下部の土壌水塩濃度（C_r）との積（DC_r）の塩が（単位時間当たりに）根圏下に運搬され，塩類集積が進行することはない．灌漑が行われている農地では，灌漑水に含まれ多量の塩分が根圏に持ち込まれるので，蒸発散量を上回る R

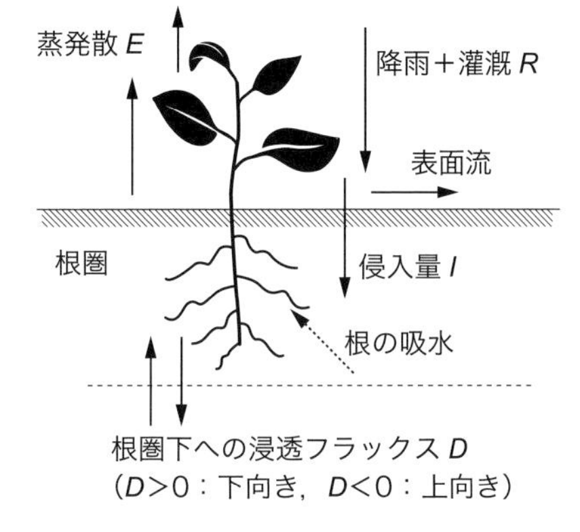

図 10-4　根圏の水収支と塩収支

を与えることによって $D > 0$ の状態にすることが塩類集積を防ぐために不可欠である（☞ 2.「乾燥地の塩類集積と農地管理」）．$D < 0$ である場合は必ず塩類集積過程にある．灌漑の行われていない土地において $D < 0$ の状態は，根圏下の地下水や土壌水に含まれる塩が上向きの水移動によって根圏に運ばれて集積することを意味する．

灌漑のない土地において，地下水位が地表から十分に深ければ，塩類集積過程（$E > I$）が継続することはない．E が I を上回れば根圏の水分は減少過程になって土壌は乾燥し，いずれ E は I と釣り合うようになるまで低下するからである．しかし，地下水位が地表面に近い場合は地下水からの水分補給で地表面が乾燥せず，そのために E が低下せず，上向きの水分移動による塩類集積が継続される．

土壌の透水性が高く降雨や灌漑水のすべてが浸透する場合，地表面からの侵入量（I）は降雨量と灌漑水量の和（R）に等しく，降雨量が E を上回る限り，$E < I$ であるから塩類集積が生じることはない．しかし，土壌表面の透水性が低下し，降雨のすべてがその場に浸透しない場合（$I < R$），$E > I$ となることがあり得る．この場合，降雨量が蒸発散量を上回っていても塩類集積が生じる．これは，人や放牧や車の踏み固めによる土壌表面の透水係数の低下や，裸地化した土壌表面が雨滴を受けて降雨の侵入を妨げるクラストが形成された場合である．草地の植生が失われた部分にパッチ状に塩類集積が見られることがあるが，これは裸地化して降雨の浸透が妨げられた部分で $E > I$ となったために生じると考えられる．一定面積の平均値としては $E < I$ でも，部分的に表面の透水性が低下して I が面的に不均一になって $E > I$ となる部分が生じると，この部分では必ず塩類集積が進行する．このような土壌表面の透水性低下による塩類集積を防ぐには，植生被覆を維持することが重要である．

5）塩類集積はなぜ植物の生育を妨げるのか

塩類集積は，土壌水の浸透ポテンシャルを低下させて植物の生育を阻害するとともに，高濃度の塩類集積は土壌を劣化させて肥沃な土地を植物が生育できない不毛の土地に変えることがある．

(1) 浸透ポテンシャルと水ポテンシャルの低下

植物における水分不足の程度は，水ポテンシャルで表される．土や植物の外の純水を基準とする土壌水や植物内の水のポテンシャルエネルギーが水ポテンシャル（ϕ_w），土の外に取り出した土壌溶液を基準とするのがマトリックポテンシャル（ϕ_m）（土壌水の圧力），溶質が土壌水や植物内の水に溶けていることによるポテンシャルエネルギー低下が浸透ポテンシャル（ϕ_o）（浸透圧にマイナス符号を付けたもの）と定義され，土壌水の水ポテンシャルはマトリックポテンシャルと浸透ポテンシャルの和である（図 10-5）．

$$\phi_w = \phi_m + \phi_o \qquad (10\text{-}3)$$

マトリックポテンシャルは，土壌の含水量の低下によって低下する．一方，浸透ポテンシャル（ϕ_o）は，溶質のモル濃度（C）にほぼ比例する．

$$\phi_o = RTC \qquad (10\text{-}4)$$

ここで，R：ガス定数（8.31 J/mol・K），T：絶対温度，C：（溶存分子や電離したイオンの）モル濃度である．

例えば，10^{-3} mol/L の NaCl 溶液の浸透ポテンシャルは，約－4.9 J/kg，浸透

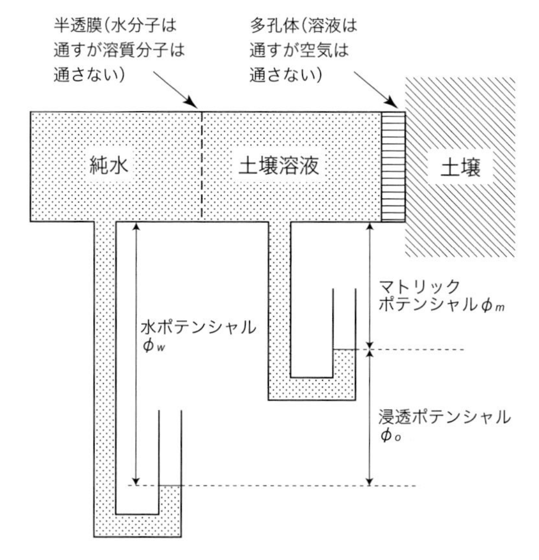

図 10-5　水ポテンシャル，マトリックポテンシャル，浸透ポテンシャル

圧は常温で約 4.9 kPa（50 cm 水頭，pF1.7）であるが，10^{-1} mol/L では，浸透圧は 0.49 Mpa（5,000 cm 水頭，pF3.7）になる．

半透膜がない場合，溶質の濃度差があれば濃度が均一になるように溶質が拡散するだけで，溶質濃度は水移動に関与しない．しかし，植物の根は溶質の拡散を妨げる半透膜を介して土壌と接しており，根の吸水は，浸透ポテンシャルを含む植物（根）の水ポテンシャルが土壌水の水ポテンシャルより低下することで生じる．植物が蒸散と根からの吸水を行っている限り，植物の ϕ_w は吸水する土壌水の ϕ_w よりも必ず低下している．植物の ϕ_w は植物の水不足（乾燥）の度合いを表し，植物は根からの吸水で ϕ_w の低下を防いでいるが，土壌の乾燥または塩濃度の増加で土壌の ϕ_w が低下し，植物の ϕ_w が一定程度まで低下すると植物は気孔を閉じて蒸散を防ぐ（☞ 図 10-2）．さらに，ϕ_w が−3 Mpa（−30 bar）程度にまで下がると多くの植物は枯れる．土壌水の ϕ_w の低下は，土壌の乾燥による ϕ_m の低下によって生じるとともに，土壌水の溶質濃度が高まることによる ϕ_o の低下によって生じる．土壌水の塩濃度増加による ϕ_o の低下は，ϕ_w を低下させる点で，土壌の乾燥による ϕ_m の低下と同等の効果を持つ．すなわち，根圏に塩類が集積し塩濃度が高まると，水が十分であっても ϕ_w が低下し，植物の生育が阻害される．

(2) 塩類集積に伴う土壌の劣化

塩類集積が，土壌水の塩濃度が増加し浸透ポテンシャルを低下させて植物の生育を阻害するだけであれば，リーチングによって塩類濃度を低下させれば回復するから，それほど深刻な問題ではないであろう．しかし，塩類集積が深刻な問題なのは，高濃度の塩類集積が土壌の非可逆的な劣化を引き起こすことにある．肥沃な土壌とは，微細な土粒子間隙と大間隙の両方を有する土壌で，それは粘土粒子を適度に含み，これが凝集して団粒構造を形成している土壌である．団粒内の微細間隙は重力排水下でも水を保持し，粘土粒子は養分を適度に保持して，同時に構造間の大間隙のために透水性と通気性がよい．土壌の劣化とは，このような土壌の土粒子がバラバラに分散することである．土粒子が分散すれば大間隙がなくなり，透水性が著しく低下して通気性もなくなる．分散して透水性が低下した土壌は降雨の浸透を妨げ，乾燥すると固くなり，作物の生育に適さぬ土になる．

乾燥地では，このような土壌の劣化が塩類集積によって引き起こされる．次に，そのメカニズムを説明しよう．これを理解するには，電荷を持つ粘土粒子（一般にコロイド粒子）の分散および凝集と，土壌水の濃縮に伴う陽イオン濃度組成変化のメカニズムを理解しなければならない．

土壌を構成する粘土粒子（粒径が 2 μm 以下の小さな粒子であり，母岩が風化過程で再結晶した独特の結晶構造を持つ）は多くが負の電荷を持っており，そのために陽イオンを粒子表面に電気力（クーロン力）で引き付けている．この陽イオンは電気力で粘土粒子表面に引き付けられる一方で，土壌水中では熱運動により拡散しようとする．そのために，土粒子周囲の土壌水に一定の厚さの正電荷イオンが多い層が形成される（電気拡散 2 重層という，図 10-6）．電気拡散 2 重層を形成する粘土粒子同士は，外側の陽イオン同士の電気的反発力によって接近しにくい一方，一定距離に近づければ分子間力で引き合う．土壌水中に多い陽イオンは Ca^{2+} と Na^{+} である．Ca^{2+} は 2 価なので 1 価の Na^{+} よりも土粒子表面に引き付けられやすく，普通の土では電気拡散 2 重層に Ca^{2+} が多く存在している．この場合，電気拡散 2 重層が薄く，土粒子同士が接近できて土粒子が凝集状態となる．しかし，土壌水中の Na^{+} イオン濃度が Ca^{2+} イオンに比べて著しく高くなると，電気拡散 2 重層中の Ca^{2+} イオンは土壌水中の 2 倍の数の Na^{+} イオンと交換される．1 価の Na^{+} に交換されると Na^{+} は 1 個に働く電気力が Ca^{2+} の半分になるので土粒子表面からより離れて拡散し，電気拡散 2 重層が厚くなる．このため，土粒子同士がより接近しにくくなり分散状態となる．

地下水や河川水に多く含まれる代表的な陽イオンは Ca^{2+} と Na^{+} であり，陰イ

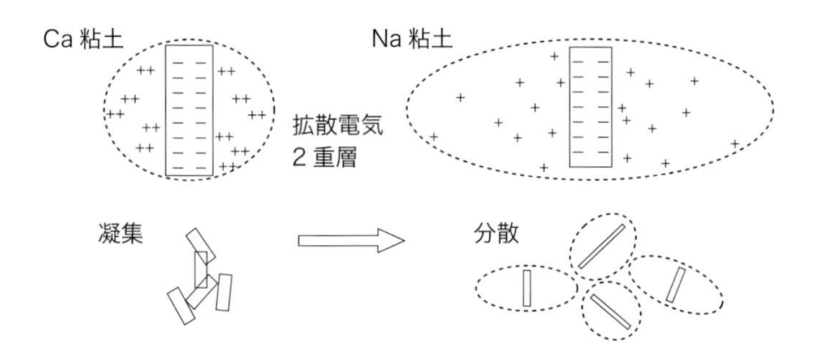

図 10-6　イオン交換と粘土粒子の分散および凝集

オンはCl^-と大気中のCO_2の溶解によるHCO_3^-である．陸上の水に含まれる陽イオンは，Na^+よりCa^{2+}の方がやや多いのが普通である．しかし，この水が濃縮されると，

$$Ca^{2+} + 2HCO_3^- \rightarrow CaCO_3\downarrow + CO_2 + H_2O \tag{10-5}$$

の反応によって，溶解度の低い$CaCO_3$（炭酸カルシウム）が析出して個体となって土壌水から失われる．そのために，Ca^{2+}に比したNa^+の濃度が増加する（河川水にはNa^+よりCa^{2+}の方が多いのに，これが海に注いで蒸発によって濃縮された海水の陽イオンが圧倒的にNa^+であるのは，Ca^{2+}が$CaCO_3$などの固体となり，溶解度の高いNa^+が海水中に残るためである）．

土壌水中の陽イオンにおけるNa^+イオンの比率が高まると，土壌の拡散電気2重層中のCa^{2+}がNa^+と交換されて，このCa^{2+}も土壌水の濃縮過程で$CaCO_3$となって析出し，粘土粒子のNa化が進行する．こうして拡散電気二重層中の陽イオンがNa^+で占められた粘土粒子は，土壌水の塩濃度が高いうちはまだ凝集状態であるが，降雨や灌漑によって土壌水の塩濃度が低下したときに分散し，土壌の劣化，すなわち土粒子の分散による団粒構造の破壊が生じる．

土粒子が分散した土壌は，水で飽和しても透水係数が低く，排水性と通気性が悪く，乾けば堅く固まり，植物生育には好ましくない土壌となる．土粒子の分散により土壌表面に透水性の低い層が形成されると，降雨の浸透が妨げられて浸透量Iが減少し，(10-2)式における$E > I$となって，このことがさらに塩類集積を加速する．このように劣化した土壌を回復させるのは困難である．地下水位が浅く土壌表面に乾燥層が形成されない農地において裸地状態が続くと，土壌表面に高濃度の塩類が集積して，粘質土の場合は土壌の劣化を引き起こす．この場合，収穫を目的にせずとも，耐塩性の植生被覆を維持して土壌表面における高濃度の塩類集積を防ぎ，土壌を守ることが重要である．なお，粘土分の少ない砂質土ではこのような土壌劣化の心配はない．

6）植生被覆と沙漠化の防止

今日，乾燥地における沙漠化が進行しているのは，気候変動よりは人為的な原因が大きいとされている．灌漑に伴う塩類集積と土壌の劣化については詳しく説明したが，薪を採取するための木の伐採や過放牧によって，農地以外の土地の沙

漠化が生じている．薪の採取や過放牧は乾燥地に限らないが，乾燥地において沙漠化が進行するのはなぜであろうか．植生被覆が失われると，湿潤地域と違って降雨が十分でないために植生の回復は容易ではなく，この間に土壌侵食や土壌の劣化を受けやすくなる．乾燥地は植生が少ないために，風による侵食（風食）を受けやすいが，水による侵食（水食）も受けやすい．乾燥地は降雨の頻度は少ないものの 1 回の降雨強度はむしろ大きく，裸地の土壌は侵食されやすい．一般に植生被覆下の土壌は，有機物の供給と根の存在で土壌構造が発達し，透水性が高く，降雨はよく浸透する．通気性もよく，植生の生育に適した土壌である．植生被覆が失われると，特に粘土を多く含む土壌では雨滴により表面にクラストが形成され，表土の透水性が低下する．動物による踏み固めによっても，同様に表面の透水性低下が生じる．植生が失われて透水係数が低下すると降雨の一部が浸透せずに表面を流れ，一部分（亀裂や植物のある部分）においてのみ多く浸透するようになる．降雨浸透が妨げられた裸地部分は降雨による水分供給が不足して，植生の生育および回復ができなくなる．蒸散量と降雨量がほとんど釣り合っている乾燥地において，この影響は大きい．降雨が少なく，土壌水や地下水の塩濃度が高いために植物の生育条件が厳しい乾燥地においては，植生被覆が植生自身の生育を可能にする土壌を守っているといえる．

乾燥地の緑化は，その土地の気象条件において生育可能な植生（通常，その土地の在来種）を回復させることである．降雨が極端に少なく植生が生育できない沙漠を緑にすることはできない．また，乾燥地の緑化は，蒸散量を大きくして貴重な水資源を浪費させることもあるので注意が必要である．砂地（砂丘）は，裸地でも降雨の透水性がよく，同時に地下水位が浅くなければ降雨の直後から乾燥層が形成されて土壌面蒸発を防ぐので，裸地状態において降雨の地下水涵養機能が発揮され，下流で利用できる地下水の供給源となる．このような場所を植生で覆えば，蒸散によって水は失われ，地下水涵養機能はなくなる．蒸散は植生の生育には不可欠であるが，水資源の消費であるとともにその場所における塩類集積を軽減するものではなく，不必要な蒸散は土壌面蒸発と同様に好ましくはない．乾燥地における植生被覆の意義は，その蒸散にあるのではなく，植生被覆が土壌を守ることにある．沙漠化の防止には，地域の気象条件，土壌条件，地下水位，土地利用に応じた水と土と植物の管理が必要である．

2．乾燥地の塩類集積と農地管理

1）土壌への塩類集積

(1) 植物への塩ストレス

塩類集積は，土壌溶液に溶解している溶質のほとんどが不揮発性で，植物の養分として必要な濃度以上に含まれているために生じる．一般に，植物根は吸水の際に塩分はほとんど吸収しない（☞ 図10-8）．蒸発散により水だけが大気に持ち去られ，土壌溶液中の溶液濃度が高まると，それに比例して浸透ポテンシャルが低下する．植物根は半透膜（細胞膜）を介して土壌水と接しており，細胞内の水ポテンシャル（マトリックポテンシャルと浸透ポテンシャルの和）を土壌水のそれよりも低く保たなければ吸水できない．植物体が耐えうる水ポテンシャルにはその植物固有の限界値があり，それ以下になると気孔を閉じ，水ポテンシャルがそれ以下になることを防ぐ．その結果，二酸化炭素の供給が途絶え，光合成が停止し，減収に帰結する．このように塩（浸透圧）ストレスは，水（乾燥）ストレスと同様の障害をもたらす．この吸水阻害以外にも，ホウ素イオン，ナトリウムイオン，塩化物イオンなどのイオンの毒性（過剰障害）による塩害も起こる場合がある．

土壌中の塩は単一の化合物でなく，複数の溶質の混合物であり，電気伝導度が塩濃度にほぼ正比例するため，普通，塩類集積の程度は測定の容易な電気伝導度で表される．アメリカ農務省の基準では，現場で採取した土壌試料に飽和になるまで水を加えてから抽出した飽和抽出液の電気伝導度（σ_e）が 4 dS/m 以上を塩類土壌と定義している．しかし，より浸透圧ストレスに関係しているのは現場の含水量の下での電気伝導度（σ_w）である．飽和体積含水率を θ_s，現場の体積含水率を θ とすると，およそ次の関係がある．

$$\sigma_w = \sigma_e \frac{\theta_s}{\theta} \qquad (10\text{-}6)$$

例えば，現場の平均的な体積含水率（θ）が 0.05 でその σ_w が 20 dS/m の砂と，θ が 0.5 で σ_w が 2 dS/m の粘土質土壌の σ_e はほぼ等しい（2 つの土の θ_s

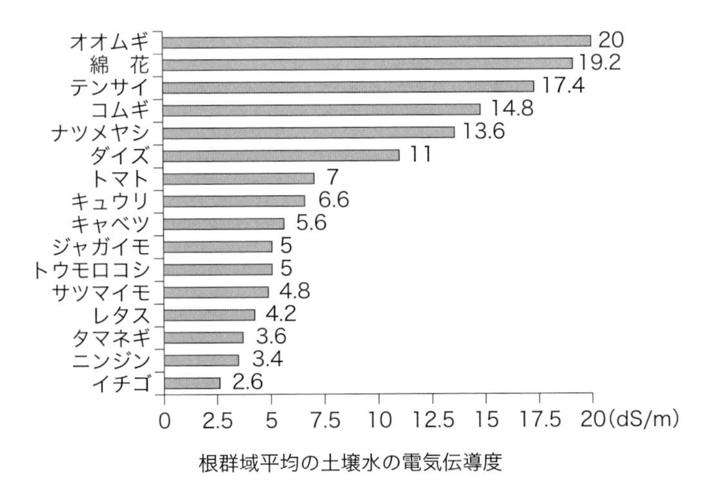

図 10-7　主要作物の 10％減収時の土壌水の電気伝導度
（Ayers，R. S. and Wescot，D. W.：Water quality for agriculture，FAO，1985）

は同程度）が，植物にかかる浸透圧の絶対値は前者が 10 倍大きい．本来，作付期間中の平均的な σ_w で決定すべきであるが，θ_e を指標とした塩類土壌の分類基準は今なお広く用いられており，注意を要する．主な作物について，塩分濃度がほぼゼロの場合に比べ 10％の減収が生じる σ_w の概略値を図 10-7 に示す．このように，耐塩性には 10 倍程度の違いがあり，耐塩性の低い作物は前記基準の塩類土壌では正常な生育が難しい．

なお，土壌水の浸透圧 ϕ_o（kPa）のおよその値は電気伝導度 σ_w（dS/m）から次式で見積もることができる．

$$\phi_o = 36\sigma_w \qquad (10\text{-}7)$$

4 dS/m の溶液の ϕ_o はおよそ 140 kPa（pF 3.2）である．

(2) 塩類の供給源

塩類の供給源としては，物理的・化学的風化に伴う土粒子からの溶出，降雨（とりわけ海岸付近），肥料中の不要成分，地下水からの毛管補給，灌漑などがあげられるが，中でも主要なものは灌漑である．可溶性塩類総量（total dissolved solids）が 1,000 mg/L（約 2 dS/m）の灌漑水を 1 シーズンに 500 mm 灌漑すれば，1 m^2 当たり 500 g もの投入となる．これが深さ 0.5 m 以内にすべて残留すれば，仮に初期塩分濃度がゼロであっても，平均体積含水率が0.2だとすると，平均濃度は5,000 mg/Lとなり，わずか1シーズンで多くの作物の正常な生育が困難になる．

化学肥料だけで栽培する場合に必要とされる化学肥料の年間投入量は一般的に300 g/m^2 程度であり，その大半が植物に吸収され土壌溶液中に残留しないことを考えれば，灌漑による塩分投入量の大きさがわかる．今後，水資源の枯渇からより塩分濃度の高い地下水や暗渠などにより集めた排水の再利用が進みつつあるため，適切な塩分管理がますます重要となっている．

2）塩類集積の防止策

半湿潤地の補給灌漑においては，蒸発散量から降雨による供給を差し引いた不足量を過不足なく与えようと努めるが，乾燥地および半乾燥地においてはあえて不足量を上回る「過剰灌漑」を行い，根群域下方への浸透「損失」を意図的に生じさせることによって根群域から塩を排出し続ける必要がある．これをリーチング（leaching）という．以下，リーチングに必要な水量の算定式を説明する．

（1）灌漑下の根圏の塩濃度分布

今，塩類の供給は灌漑水のみとし，水分や塩分が鉛直方向にのみ移動していると仮定する．長期の平均としては根圏の塩分量は時間的に変化しない（定常状態）と考えられるので，根圏内のどの深さ（z）の土層においても，物質保存則から，単位時間に上から供給される塩分量と下に排出される塩分量は等しく，またそれは土壌面に供給される塩の量と根圏下へ排出される塩の量は等しくなければならない．すなわち，水移動によって運搬される塩分量（塩フラックス）は水のフラックスと塩濃度との積で与えられるから，次式が成立する．

$$q(z)c(z) = q_i c_i = q_d c_d \tag{10-8}$$

ここで，q：液状水フラックス（cm/s），c：塩濃度（mg/cm^3），添字 i と d はそれぞれ，地表面と根群域下端の値を表す．

塩濃度がほぼゼロである降雨による水の供給が無視できない場合，c_i は灌漑水の平均濃度に，年間の供給水量（灌漑＋降雨）に占める灌漑による供給の割合を乗じればよい．一方，地表面から深さ z までの土層内で土壌面蒸発および根による吸水で単位時間に単位面積から失われる水の体積を $R(z)$（$cm^3/cm^2/s$）とすると，定常状態では，任意の深さ z における $q(z)$ は，q_i からその深さより上部で根吸水と蒸発で失われた水量 $R(z)$ を差し引いた値

$$q(z) = q_i - R(z) \tag{10-9}$$

となる．したがって，(10-8)式より，深さ z の塩濃度は次式となる．

$$c(z) = \frac{q_i c_i}{q(z)} = \frac{q_i c_i}{q_i - R(z)} \tag{10-10}$$

根圏内では深さとともに蒸発と根の吸水で水フラックスだけが $R(z)$ だけ減少して塩は濃縮され，根の吸水がなくなる深さ(z_d)以深では塩濃度が一定値 c_d となる．この深さにおいて $R(z)$ は蒸発散量 E に等しくなるので，根圏下の濃度は次式となる．

$$c_d = \frac{q_i c_i}{q_i - E} \tag{10-11}$$

図 10-8 は根による吸水に伴う塩の濃縮の概念図である．

(2) リーチング所要水量

根群域下端の下方フラックス(q_d)と灌漑や降雨による地表面からの浸入フラックス(q_i)の比をリーチングフラクション(leaching fraction, L_F)という．すなわち，

$$L_F = \frac{q_d}{q_i} = \frac{q_i - E}{q_i} \tag{10-12}$$

ここで，E：蒸発散量である．

つまり，L_F は蒸発散を上回って与える水量の比である．(10-12)式の関係から，(10-10)式を L_F を用いて表すと次式が得られる．

$$\frac{c(z)}{c_i} = \frac{1}{1-(1-L_F)\dfrac{R(z)}{E}} \tag{10-13}$$

図 10-9 は，適当な吸水量分布（根の吸水量が深さに比例して減少する）を仮定して（10-13)式の $R(z)/E$ を与え，さまざまな L_F について相対濃度（c/c_i）の分布を描いたものである．長期の平均として「灌漑水量＋降雨量」が蒸発量を上回る（$q_i > E$）農地においては，図 10-9 のように根圏の下方ほど濃度が高くなる．

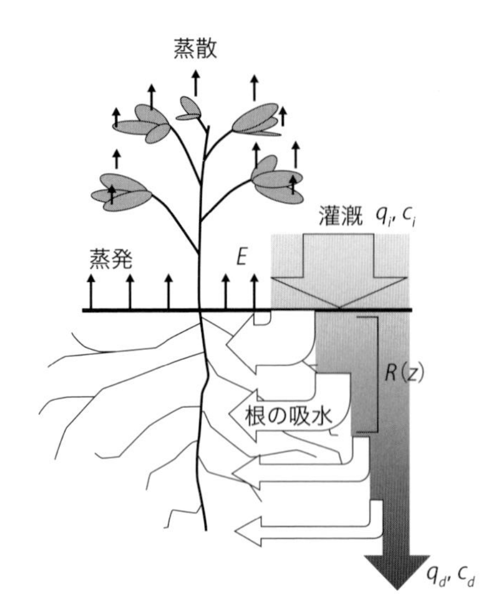

図 10-8　根圏における灌漑水の吸水と蒸発散に伴う塩の濃縮のイメージ

下方ほど濃度が高くなる．

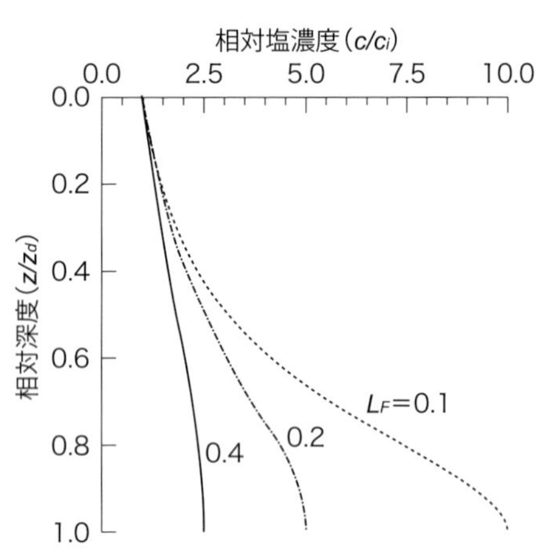

図 10-9　灌漑下の根圏の土壌水の塩濃度分布

z_d：根の吸水が終わる深さ，c_i：灌漑水の塩濃度．

なお，地下水位が高い土地で長期にわたり蒸発散量が「灌漑水量＋もしくは降雨量」を上回る場合（$q_i < E$），図 10-9 とは逆に上に向かって塩濃度が増加し，裸地の場合，土壌表面は著しく高濃度となる．図 10-9 のような塩濃度分布の根圏の平均濃度 $\bar{c}$ を次式で見積もることができる（FAO，1986）．

$$\bar{c} = \frac{2}{5}\left(c_i + \frac{c_i}{L_F}\right) \tag{10-14}$$

また，これを L_F について整理すると，次式を得る．

$$L_F = \frac{c_i}{\frac{5}{2}\bar{c} - c_i} \tag{10-15}$$

塩濃度は電気伝導度に比例するので，(10-15)式を電気伝導度で表すと次式となる．

$$L_F = \frac{\sigma_i}{\frac{5}{2}\overline{\sigma_w} - \sigma_i} \tag{10-16}$$

ここで，σ_i：灌漑水の電気伝導度である．

対象作物の目標収量を確保するためには，根圏の塩濃度を図 10-7 に示す目標値 $\bar{c}$（$\overline{\sigma_w}$）以下にする必要があるが，そのためには，L_F を（10-16)式で与えられる L_F(以上)にすることが必要である．この L_F の値をリーチング所要量(leaching requirement）という．

L_F に対応する灌漑水量は（10-12)式から計算されるが，L_F が定まったとしても，蒸発散量 E がわからなければ灌水量（q_i）を決定することができない．蒸発散量はペンマン・モンティース式などで求められる可能蒸発散量に，生育ステージに応じた作物係数を乗じることにより推定できる(☞ 第 4 章 2.2)（1)「蒸発散量」)．

(3) リーチングに当たり注意すべき点

地表灌漑によりリーチングを行う場合，亀裂や腐敗した植物根などのマクロポアを経由して水が迅速に通過してしまい，除塩が非効率となりがちである．マクロポア経由による排水を防ぐため，なるべくスプリンクラを用いて湛水が起こらないような小さな灌漑強度で行うことが望ましい．ただし，スプリンクラ灌漑では葉に塩化ナトリウムが吸収され，生育障害を与える場合があるので，高塩濃度の灌漑水に対して感受性の高い作物に用いる場合は注意が必要である．

図 10-9 からわかるように，L_F が大きければ大きいほど根群域の平均濃度が灌漑水濃度に近づくが，多量の下方浸透は地下水位上昇を早め，塩分と同様に土壌水とともに移動する肥料分の損失も生じる．また，下層の透水性から所要の L_R を達成できない場合もある．もし，下層の飽和透水係数以上の排水速度にしてしまうと，浅層に地下水が滞留（ウォーターロギング）していまい，湿害を起こしてしまう．そのような場合，休閑期にリーチングを行うか，以下に示す別の塩類集積防止策を適用するか，より耐塩性の高い品目に切り換える必要がある．下層の透水性が低い場合，深耕によって耕盤を破砕することにより，透水性が増す可能性がある．

このように，乾燥地および半乾燥地の灌漑農業においては根群域下方への浸透が不可欠である．大規模な河川灌漑では自然の地下水位勾配による地下水の流出は一般に困難であり，この場合，暗渠や井戸からのポンプ排水などによる排水が不可欠となる．その際，排水が下流で用水路に合流しないよう排水路や蒸発池の整備も必要である．土性によって異なるが，地下水位は一般に深さ2m以下に維持すべきであるとされている．用水路からの漏水防止も地下水位の上昇防止に寄与する．

(4) リーチング以外の対処法

a．剥離による除去点滴灌漑

点滴灌漑（ドリップ灌漑）は，乾燥地において，平面的に根圏外の植物周囲の地表面水に塩類を集積させ，根圏内に塩類集積を生じさせない節水灌漑法である（☞ 第4章2.4)「散水灌漑，精密灌漑」)．ただし，果樹やトマトのように1本の根圏が比較的大きく平面的に根圏範囲が限られる場合に限定される．点滴灌漑や畝間灌漑では，灌漑水がかからない湿った土壌面に塩類が集積し，しばしば塩クラストが形成されている．これらは灌水位置を変えない限り，点滴灌漑や畝間灌漑によってはリーチングできない．それらを根圏群域下方まで排出するのに十分な降雨がない地域では，塩クラストの剥離除去によって除塩ができる．

b．副成分の少ない肥料の施用

例えば，窒素やカリウムを塩安（NH_4Cl）や KCl で与えた場合，Cl は植物に利用されない．硫安（$(NH_4)_2SO_4$）や K_2SO_4 も硫酸塩が不要である．それに対し，NH_4NO_3 や KNO_3 はすべて利用される．生ごみ堆肥以外の堆肥も副成分が少ないとされる．そのような副成分の少ない肥料を施用することで，それに由来する塩類の集積を抑制できる．

c．除塩作物の栽培と収穫による除去

肥料成分以外にも，植物によってはある程度の塩類を吸収する．耐塩性が高く，かつ塩分含量の高い作物を栽培し，収穫物を圃場の外に搬出することで土壌から塩分をある程度除去できる．構成される塩分のうち，窒素やカリウムの割合が多い場合に特に有効である．湿潤地の施設園芸でも塩類集積が起こる場合があるが，これはしばしば過剰な施肥が原因であり，それに対しては肥料を適切に減じることで肥料分の吸収による除塩が期待できる．わが国の施設園芸における塩類集積対策でも，ソルガムや飼料用トウモロコシの無肥料栽培による除塩が推奨されている．

d．マルチングによる蒸発抑制

土壌面蒸発は蒸散とともに塩類集積をもたらす原因である．蒸散は植物の光合成と生育に寄与するが，土壌面蒸発は土壌水を水蒸気として大気に無駄に失うものである．また，塩濃度が高まると塩ストレスにより気孔が閉じて急減する蒸散と異なり，下方から毛管上昇により水が供給される限り，際限なく塩類を集積させる．したがって，土壌面蒸発を防ぐことができれば，その分だけ限られた土壌水を作物の生育に有効に使うことができる．植物残渣や石によるマルチングは，蒸発速度をかなり抑制する効果がある．また，中耕も除草とともに表層 1 ～ 2 cm の土壌を薄片にして，マルチと同様の効果をもたらす．図 10-10 は石によるマルチングの例である．

図 10-10　斜面のオリーブの木

パレスチナ．周囲に石を敷き，時々石を動かして草が生えないようにして，土壌面蒸発と雑草からの蒸散を防いでいる．北向き斜面には植生が多いが，反対側の南向き斜面（写真正面）には植生がない．日当たりのよい南向き斜面はポテンシャル蒸発が多く土壌がより乾燥するためであろう．（写真提供：塩沢　昌氏）

e．土壌水の経年貯留

半乾燥地で土壌根圏の保水性が高い場合に，小麦などの作付けを 2 年に一作または 3 年で 2 作としている地域がある（例えば，アメリカ西北部のワシントン州の一部）．裸地状態だと地表面に土壌の乾燥層が形成されて蒸発量を低下させるため，植生がある場合に比べて蒸発散量が低く，休耕年に年間の「降水量－

蒸発散量」を根圏土層に蓄えて翌年の栽培に使うのである．特に，土壌水の経年貯留が可能となる土層条件は，1～2 m の深度に砂層があってその上層が細粒土の場合で，層境界の土壌水の圧力（通常は負圧）がほぼ大気圧まで上昇しないと下層（砂層）への排水が生じず，排水時の層境界の上層側の水分は飽和状態となるため，上層細粒土の保水容量が著しく大きい．

3）アルカリ土壌の症状とその対策

粘土含量の高い土壌で土壌溶液中のナトリウムイオンが多く，かつ塩類濃度が低い場合，粘土粒子の分散により目詰まりが生じ，浸透能が低下する．浸透能の低下は灌漑もしくは降雨による水の供給を妨げ，傾斜地においては土壌侵食の原因となる．アメリカ農務省の基準では，交換性ナトリウム比率（exchangeable sodium percentage，ESP）が15％以上の土壌をアルカリ土壌と定義している．さらに，塩類土壌の基準を満たすものを塩性アルカリ土壌，満たさないものを非塩性アルカリ土壌として分類している．

対策としては石灰（$CaCO_3$）や石膏（$CaSO_4$），リン酸カルシウムなどカルシウム化合物を施用し，吸着されている Na^+ を Ca^+ と置き換えることが一般的に行われている．とりわけ排煙脱硫過程で生成される石膏の活用は大気汚染対策と一石二鳥であり，期待されている．

3．農業開発プロジェクト

1）農業基盤開発の役割と課題

開発地域における農業基盤整備の目的は，農作物の安定的な生産を可能とし，さらに農業生産量の増大あるいは経済効率も含んだ生産性の向上を図ることである．基礎的な定義として農作物の生産量を，

生産量＝作付面積×単位面積当たりの収穫量（単収）

で表す．世界の食料生産量は今まで人口増加に見合うだけの伸びを示してきたが，上式からわかるように基本的には耕地（作付面積）を拡大することと単収を増やすことにより達成してきた．生産量の増加は，20世紀初頭までは主に農地の拡

表10-2　農業生産高の増加

地　域	1961/1963	2005/2007	2050	1961/1963～2005/2007	2005/2007～2050
世界（146か国）				増加（%）	増加（%）
人口[a]（百万人）	3,133	6,569	9,111	103	38
穀類（百万t）	843	2,068	3,009	139	49
肉類（百万t）	72	258	455	165	85
開発途上国（93か国）					
人口[a]（百万人）	2,140	5,218	7,671	135	48
穀類（百万t）	353	1,164	1,812	215	61
肉類（百万t）	20	149	317	236	132
先進国（53か国）					
人口[a]（百万人）	1,012	1,351	1,439	34	2
穀類（百万t）	500	904	1,197	84	35
肉類（百万t）	52	109	138	108	23

[a] 2005/2007の人口数は2005年の人口とする．2050年の人口数はUnited Nations 2002の評価による．United Nations 2008の評価による2050年予測は90億5600万人になる．　（FAO，2012より引用）

大によってなされたが，20世紀半ばからは農業技術の革新により単収が飛躍的に増加したことによっている．1960年代初頭から2000年代半ばの間における世界食料生産の増加率は約160%になっている（表10-2）．これは主に世界人口の約60%を占めるアジアを中心に展開された近代的灌漑施設の導入および整備，高収量品種（high yield varieties, HYV）の導入，ならびに化学肥料の投入増をセットにした，いわゆる「緑の革命」が収量増大に大きく起因している．

2）開発地域の農地整備と灌漑開発

(1) 農地開発の変遷と今後

世界的には，農地開発は第二次世界大戦後の初期段階においては大規模な近代灌漑施設の建設とともに行われた．農地の発展過程は，国，地域によってさまざまであるが，特にモンスーン・アジア諸国における灌漑農業の発展を3つの局面に分類することが可能である．それは，①未耕地が豊富に存在し，人口増加に応じて耕境が外延的に拡大していく局面，②既耕地の生産性を灌漑施設の設置により高めていく局面，そして③灌漑耕地の生産性を既設の灌漑施設の改良により高めていく局面である．

灌漑農業の発展が世界の食料増産，さらに農村部の発展と貧困の減少に大きく寄与してきたとしても過言ではない．一方，その発展過程において，特に大規模

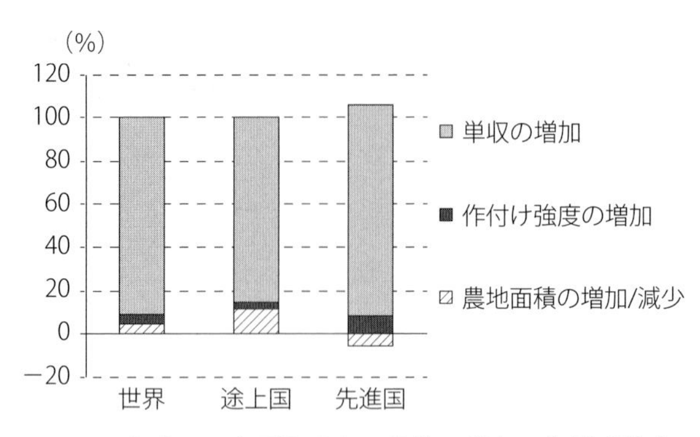

図 10-11　2050年までに必要とされる作物の単収，作付け強度，農地面積の伸び率
（FAO，2011のデータより作成）

な農業基盤開発が引き起こした流域スケールでの水循環機能への影響，生物多様性や生態系への影響，不公平な水配分に起因する貧富差の拡大など環境や地域社会へのマイナス面のインパクトが少なからずあったことも否定できない．

21世紀の半ばには世界人口が90億人に達すると予測されているため，今後の食料生産については，FAOによると2050年においては2005/7年時点よりも66％の増産が必要とされている（表10-2）．この増産量のうちの91％は単収の増加，4.3％は耕地の拡大，そして4.5％は作付け強度によって達成できるとされている（図10-11）．すなわち，今後の食料需要を満たす供給の達成は作物単収の増加に大きく依存している．そして，単収増加および作付け強度を上昇させるためにはバイオテクノロジーなどによる品種改良技術の発展などに加えて，灌漑施設の高度化，効率化を含む農地基盤の整備が大きな鍵を握っている．特に，途上国の開発地域においては，用排水路などの灌漑施設を整備することが，労働力の低減効果なども含んだ生産性の向上に大きな効果を発揮する．事実，世界の灌漑農地の生産性は天水に頼る農地の2倍以上に達する．2005/7年の統計では，世界の全耕作地の中で15％の農地が灌漑されているが，その灌漑農地が全作物の42％を生産している．

(2) 灌漑農業の今後

灌漑農業の発展においては今後の水需要の変化を考慮することが重要となる．

現在，世界の水資源の約70％は農業に使用されているが，工業分野の発展や人口増加に伴う農業分野以外での水需要の増加により，地域，国によっては水の需給バランスが変化している．一例として，中国湖北省の灌漑システムの配水量の変遷を図10-12に示す．このように，他分野の水需要の増加に比例して灌漑用水の使用量を減少させる地域が今後も増えるであろう．また，気候変動の影響で降雨パターンの変化がさまざまな地域で見られているが，水資源賦存量の減少が起こっている地域においても水利用の効率化を図ることは課題である．

農業生産における水利用の効率化とは，「より少ない水で今までと同等，あるいはそれ以上の生産量を達成すること」である．これには，点滴灌漑などの灌漑技術の導入や用水路のパイプライン化など灌漑施設の改良を基礎としたハード型の対応と，ローテーション灌漑法の導入や農民組織の強化を通じた施設維持管理の効率化，あるいはSRI（System of Rice Intensification）に代表される節水型農法の導入などのソフト型の対応がある．灌漑開発では，これらハード型，ソフト型の対策を組み合わせ，対象地域の社会経済状況や農民の知識レベルに応じて導入していくのが一般的である．

また，農業基盤開発において開発地域の環境劣化を防ぐとともに生態系へ配慮

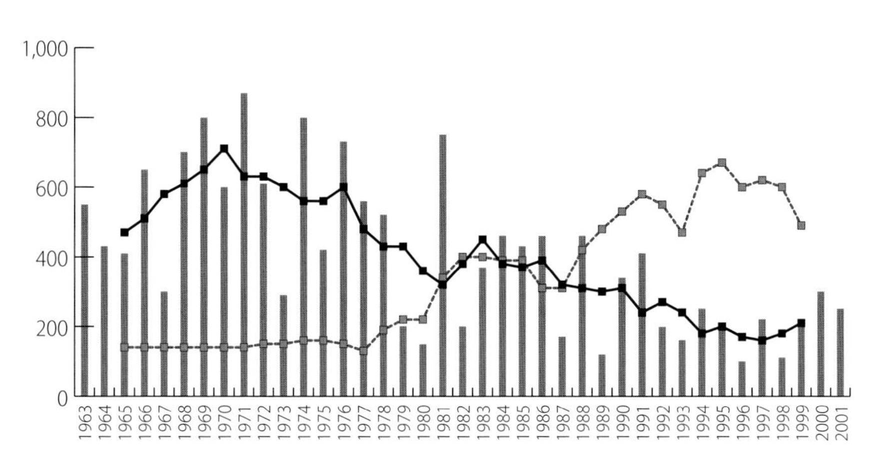

図10-12　中国中国湖北省のZanghe灌漑システムにおける1963～2001年における水配分の変遷

棒：年間灌漑水量（百万 m^3），折れ線：灌漑水量の5年移動平均（百万 m^3），折れ線（破線）：灌漑水量を除いた水供給量の5年移動平均（百万 m^3）．（Barker，R. and Molle，F.，2005のデータを参考に作図）

することは必須である．開発が環境に与える影響を定量的に評価することを環境影響評価（environmental impact assessment，EIA）といい，これを実施することは開発事業においては前提となっている．さらに，農業の多面的機能は広く認知されてきている中，農地や灌漑施設が持つ環境サービスの提供能力を高めていくことは今後の農業開発にとって重要である．

(3) 開発地域における灌漑農地の特徴

日本においては，灌漑排水改良に区画整理・整形を伴ったいわゆる土地改良事業を実施することにより単収の増加や灌漑面積の拡大による作物増産，生産コスト削減，労働時間の短縮などが達成されてきた．土地改良事業のような整備手法は海外においても認知されている一方，途上国では高い投資コストを主な理由として所有地区画については原則変更しない水路だけの整備となることが比較的多い．このような理由もあり，水田稲作においては田越し灌漑が一般的である．また，圃場整備の程度によって取水の利便性や作付面積および収量，さらには農民の維持管理活動などが違ってくる．このような農業基盤整備レベルの差異が，途上国農民の貧困度合いと関連することは過去の研究からも指摘されている．

(4) 灌漑システムの機能測定

ここに，一般的な灌漑農地の機能性を表す指標を紹介する．灌漑システムの機能性は灌漑農地の作付け強度（cropping intensity）や水供給率（water supply ratio）などの指標から診断できる．各作物の年間の作付け強度は，

$$\text{作付け強度（\%）} = \frac{\text{（灌漑）作物の年間作付面積}}{\text{対象（灌漑）農地面積}} \times 100$$

の式を使い計算する．よって，米の 2 期作を全農地で行っている場合は，年間の作付け強度は 200％となる．特にモンスーン・アジアにおける灌漑開発においては，作付け強度を上昇させる目的で灌漑開発が実施された場合がほとんどである．すなわち，雨期の余剰水をダム湖などに貯留し乾期に使用することで降雨の少ない時期でも灌漑農業を可能にすることを目的としたものである．作付け強度の大小には，米作が中心の地区の場合は水文・水利状況が影響している場合が多い．作付け強度が低い場合には，取水量不足や田面の高低差により水が全耕地

に行きわたっていない可能性が考えられる．他の理由としては，収益性などの理由により農民が意図的に畑作を選択していることも考えられる．

地区レベルで灌漑の状況を見る指標として水供給率があり，次の式で計算する．

$$\text{水供給率（\%）} = \frac{\text{実際の灌漑面積}}{\text{灌漑可能面積}} \times 100$$

ここで，灌漑可能面積は受益地とすることもできるが，受益地が確定できない場合もあるので純用水量などの算定結果から灌漑可能面積を算出する方が正確である．ただし，純用水量を求めるのには流量観測などが必要なため，短期間のデータで求めることは難しい．作付け強度，水供給率などの算定を手始めに，各圃場の取水状況をそれぞれ判定し末端圃場への通水状況などを判断する．一方，水供給率が 100％であったとしても，排水問題により収量が低い場合がある．前記以外には，灌漑強度（irrigation intensity）も指標として用いられる場合があるが，これは全対象農地面積に対する灌漑施設が存在する農地面積の割合である．

3）開発地域の営農改善

灌漑農業の発展における 3 つの局面については本章 3.2)（1)「農地開発の変遷と今後」で述べたが，現在は世界的には 3 番目の局面である「灌漑耕地の生産性を既設の灌漑施設の改良により高めていく局面」が主流と考えられる．この局面においては，灌漑施設のハード的な改良のみならず，施設を維持管理する農民組織のソフト面における機能強化が開発地域では重要となってくる．農民が共同で管理する灌漑システムでは，その共同体の中で一定のルールに従って施設を管理していく必要があるが，途上国では日本の土地改良区のような水利組織が確立されていない，あるいは制度上確立されていたとしてもうまく機能していない場合が多い．これは，1950 年代から 1960 年代にかけての多くの開発地域においては，大規模灌漑開発に伴い行政主導による農地・灌漑施設整備が優先され，それらを扱う農民の組織面での発展が後手になっていたことに一因がある．今まで天水農業を行っていた地域では農民間での水配分の合意形成や水路や堰の維持管理方法について経験がなく，灌漑施設を導入したとしてもこれらの知識がなければシステムはうまく機能しないのは当然である．また，農民負担の伴わない，あるいは農民の意見がうまく反映されていない事業の場合は農民の灌漑施設に対する所有者意識が低く，施設の維持管理もほとんど行われていないケースもある．

このような状況を背景として，参加型灌漑管理（participatory irrigation management，PIM）が1980年代から注目されてきた．参加型灌漑管理とは，灌漑用水の利用者，すなわち農民自ら灌漑システムの維持および管理に参加する管理形態のことをいう．また，行政から農民に灌漑システムの管理を移転することを灌漑管理移転（irrigation management transfer，IMT）という．

PIMは，柔軟性のある幅広い解釈のできる概念で，いろいろな管理形態について使われる場合がある．これは，灌漑システムの計画立案，設計，施工，維持管理などの中でどこまで行政と農民が関与するのか，またこれら一連の活動の意思決定に農民がどのように参加するのか，などについて国，地域の状況に応じたさまざまなケースがあるからである．一般的には，灌漑システムの規模が小さいほど農民主体の管理形態となっている場合が多い．他方，大規模システムでは，ダム，大規模な堰や幹線水路などの基幹施設が行政管理，2次以降の水路と末端施設が農民管理となっている場合が多い．

PIMを導入することの利点は，農業生産効率の向上を期待できる他，農民の灌漑施設に対する所有者意識の向上，維持管理の効率化，地域コミュニティの連携強化，政府の財政負担の軽減などがあげられる．PIMを成功させる条件として，行政と水利組織の役割分担とそれぞれの義務の明確化，水利組織に対する制度的・法的支援，農民の灌漑管理に関する能力養成（キャパシティビルディング，capacity building），農民が維持管理可能な施設構造，などが考えられる．途上

図10-13　ベトナム紅河流域農民の共同作業
左：水路の修復，右：田んぼへの人力による送水．

国では，水利権などを含む水利組織の権利が法的に守られていない国や能力養成の機会が十分に与えられていない場合もあり，PIMがうまく導入されないケースも見受けられる．

4）地域開発における国際協調

(1) 日本の協力体制

日本が他国に対して行う経済協力には，一般に公的資金，民間資金，非営利団体による贈与に分けられる（図10-14）．公的資金の中で，開発途上国に対して行う資金協力および技術協力を政府開発援助（official development assistance, ODA）と呼ぶ．ODAは，歴史的には1954年に日本がコロンボプラン（開発途上国援助のための国際機関）に加盟することにより開始された．

ODAには，その資金形態から開発途上国を直接支援する二国間援助と，国際機関を通じて支援する多国間援助に区別される．二国間援助は，さらに贈与と政府貸付に分かれている．贈与は無償で提供される協力のことで，無償資金協力と技術協力がある．政府貸付は，返済することを前提とした有償資金協力（円借款（しゃっかん））がある（図10-14）．以前は，技術協力は国際協力機構（JICA），有償資金協力は国際協力銀行（JBIC），無償資金協力は外務省という体制で行われてき

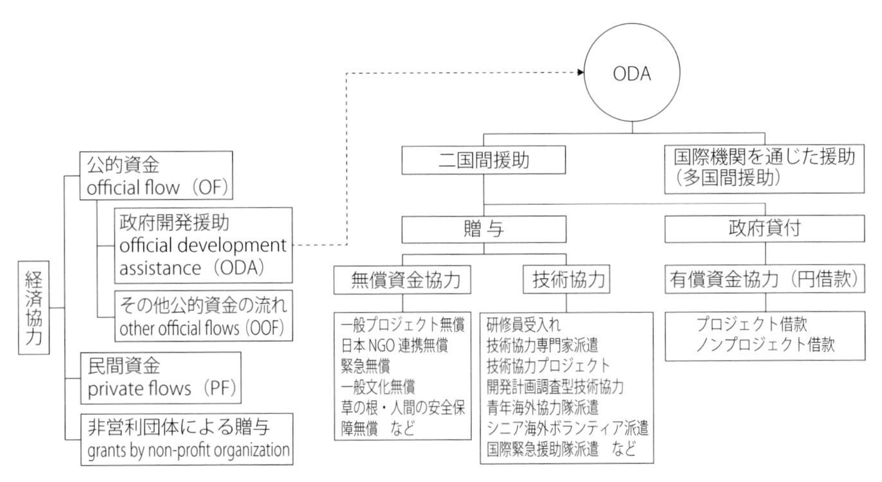

図10-14　経済協力とODAの種類
（外務省HPを参考に作図）

たが，2008年10月からJICAがこの3つの協力を一元的に実施する体制となった.

(2) 日本の協力方針

ODAは，「ODA大綱」が日本政府の理念や原則の根幹を成し，その基本方針，重点課題などについてのアプローチ，具体的取組を示した「ODA中期政策」および被援助国への開発計画，開発上の課題などを総合的に勘案し「国別援助方針」に基づいて実施される．現在の大綱は2003年に閣議決定，中期政策は2005年に策定された．その中で，①貧困削減，②持続的成長，③地球規模の問題への取組み，④平和の構築の4分野が重点課題となっている（図10-15)．さらに，ジェンダー，人道支援，人間の安全保障，グッドガバナンスのテーマについての分野横断的な援助の基本方針も策定している.

日本政府は，2015年にODA大綱を改定した．新しい大綱には，安全保障分野での支援，インフラ（社会基盤）輸出の拡大による日本経済の活性化などが盛り込まれた．これは，従来の人道支援や環境分野への協力だけでなく，新たに日本企業の海外進出や民間投資を支援する役割を担うことを意図している.

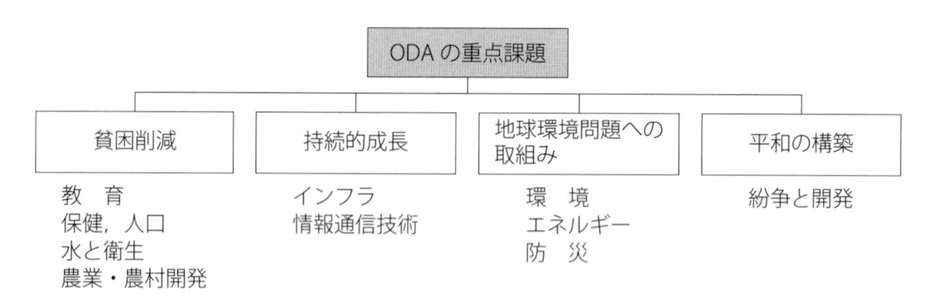

図10-15　日本におけるODAの重点課題分野

(3) 農業農村開発協力

「ODA大綱」において重点課題の1つである貧困削減では，農業・農村開発分野における協力を重視するとともに，地球的規模の問題としての食料問題に積極的に取り組むこととしている．世界銀行（2008）の報告によると，発展途上国の貧困層の 4 人に 3 人は農村部に住んでおり，そのほとんどが農業に生計を依存している．すなわち，農業と農村の開発は貧困削減の重要な要因である．ちなみに，1 日 2 米ドル未満の生活をしている人々は 21 億人，1 米ドル未満は 9 億人となっている．また，日本の 2007 ～ 2011 年における農業・農村開発分野で

表 10-3　日本の農林水産分野への ODA の地域別実績（2009 ～ 2013 年合計）

アジア	東アジア	31.2%
	南・中央アジア	19.1%
	中　東	1.6%
	アジア地域の複数国向け	1.3%
	計	53.2%
アフリカ	サハラ以北	1.4%
	サハラ以南	26.7%
	アフリカ地域の複数国向け	3.6%
	計	31.7%
アメリカ	北・中米	6.3%
	南　米	3.4%
	アメリカ地域の複数国向け	0.3%
	計	10.0%
オセアニア		2.6%
欧　州		0.5%
その他		2.1%

（外務省 HP）

表 10-4　農林水産分野の ODA の内訳（2009 ～ 2013 年計）

農業用水資源	36.4%
農業政策と管理運営	19.4%
農業開発	18.3%
農業用投入	7.2%
農業金融サービス	6.8%
農作物生産	3.0%
農地資源	2.6%
家　畜	2.3%
家畜・獣医サービス	1.3%
農業教育・研修	1.1%
農業研究	1.1%
農業サービス	0.3%
その他	0.2%

（外務省 HP を参考に作成）

の援助実績は42億800万米ドルで，これは主要DAC（経済協力開発機構の開発援助委員会）諸国の中ではアメリカに次いで2番目に高い金額である．

農業農村開発の内容は，農業関連政策立案支援，灌漑施設や農道などの生産基盤の強化，生産技術の普及と研究開発，住民組織の強化などである．加えて，農産物加工，市場流通や食品販売の振興などの経済活動育成の支援や，短期的な取組みとして食料不足に直面している国に対しての食料援助も行っている．このよ

表10-5　主な農業・農村開発技術協力プロジェクト（2014年時点で実施中）

国　名	派遣機関，技プロ名称	プロジェクト期間
カンボジア	流域灌漑管理及び開発能力改善プロジェクト（TSC3）	2009.9.1～2014.8.31
東ティモール	マナツト県灌漑稲作プロジェクトフェーズ2	2010.11.23～2014.11.22
フィリピン	国営灌漑システム運営・維持管理改善プロジェクト	2013.5.13～2017.5.12
ベトナム	北西部山岳地域農村開発プロジェクト	2010.8.1～2015.7.31
ベトナム	ファンリー・ファンティエット農業開発プロジェクト	2011.3.25～2014.3.24
ミャンマー	中央乾燥地における節水農業技術開発プロジェクト	2013.6.17～2016.6.16
ラオス	南部メコン川沿岸地域参加型灌漑農業振興プロジェクト	2010.11.29～2015.11.28
パキスタン	パンジャブ州農民参加型灌漑農業強化プロジェクト	2009.3.1～2014.3.31
バングラデシュ	住民参加による統合水資源開発のための能力向上プロジェクト	2012.10.16～2017.10.15
ブータン	農道架橋設計・実施監理能力向上プロジェクト	2011.12.1～2014.5.30
エジプト	水管理移管強化プロジェクト	2012.11.10～2015.11.9
モロッコ	アブダ・ドゥカラ灌漑地域における灌漑システム向上プロジェクト	2011.7.18～2016.7.17
ウガンダ	コメ振興プロジェクト	2011.11.1～2016.10.30
エチオピア	灌漑設計・施工能力向上プロジェクト	2009.6.2～2014.6.1
ケニア	稲作を中心とした市場志向農業振興プロジェクト	2012.1.31～2017.1.30
タンザニア	県農業開発計画（DADPs）灌漑事業推進のための能力強化計画	2010.12.9～2014.6.8
タンザニア	コメ振興支援計画プロジェクト	2012.10.1～2018.12.31
マラウィ	中規模灌漑開発プロジェクト	2011.6.1～2014.5.31
ボリビア	灌漑農業のための人材育成プロジェクト	2012.11.30～2016.11.29
ボリビア	持続的農村開発のための実施体制整備計画プロジェクトフェーズⅡ	2009.5.21～2014.5.20

（JICAデータより抜粋）

うな取組みの中でも近年で特徴的なのは，貧困率の高いアフリカに対しての稲作普及の推進である．これは，第 4 回アフリカ開発会議（TICAD Ⅳ，2008 年）での，JICA がアフリカにおける米生産を 10 年間で倍増することを目標としたイニシアティブ「アフリカ稲作振興のための共同体（Coalition for African Rice Development，CARD）」に基づいた活動である．

ODA 全体に占める農林水産分野の割合は，技術協力プロジェクトで約 40%，無償資金協力および有償資金協力は約 10% である．地域別に見ると，アジア地域への援助実績が全体の約 53% と最も大きく，次にアフリカの約 32% となっている（表 10-3）．農業分野での援助内訳を見ると，農業用水資源が約 36% と近年最も大きい（表 10-4）．

さらに，農業農村開発協力分野においては，農林水産省農村振興局が独自に緑資源機構（J-Green），日本水土総合研究所（JIID）を通じて，砂漠化防止，土壌侵食防止，村づくり，参加型灌漑管理などのテーマで協力に必要な技術や手法の開発を行っている．

(4) 農業・農村開発分野での技術協力プロジェクト

農業・農村開発分野では，二国間援助の技術協力プロジェクトが大きな役割を

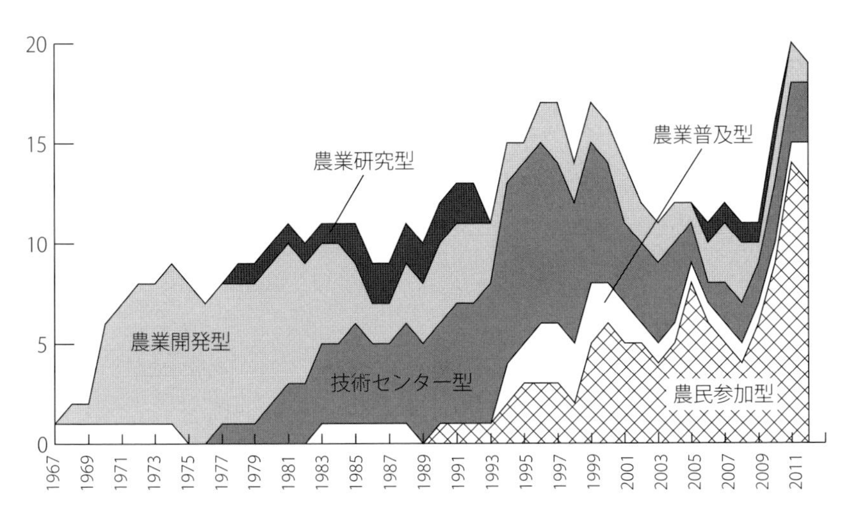

図 10-16　技術協力プロジェクトのタイプ別案件数の推移
（JICA データより作成）

果たしている．技術協力プロジェクトは，通称「技プロ」とも呼ばれるが，これは相手国の開発計画の中に位置づけられた開発対象分野において，相手国の要請に応じた特定の目的，内容および範囲，期間において，専門家派遣，研修員受入，機材供与を組み合わせながら協力事業として実施されるものである．

農業・農村開発分野での技術協力プロジェクトは，80 年代前半までは専門家が直接技術移転を行うことが主流であったが，80 年代後半から 90 年代前半にかけ，技術センターを中核として相手国の技術者の能力や技術移転体制を向上させる協力が増加した．また，90 年代後半からは，農民参加による農業農村開発や参加型水管理を促進するプロジェクトが増加し，現在は主流となっている（表 10-5，図 10-16）．

参考図書

和　書

新しい畑整備工学編集委員会：食の安全と地域の豊かさを求めて - 新しい畑整備工学 -，農業農村工学会，2004.

有田博之・木村和弘：持続的農業のための水田区画整理，農林統計協会，1997.

泉田洋一（編）：日本における近代経済学的農業・農村分析の到達点，農林統計協会，2005.

岩手大学農地造成研究会：破砕転圧工法による傾斜地水田の圃場整備，畑地農業振興会，1993.

押田敏雄ら（編）：新編畜産環境保全論，養賢堂，2012.

環境省自然環境局生物多様性センター：日本の生物多様性，自然と人の共生，平凡社，2010.

久馬一剛（編）：最新土壌学，朝倉書店，1997.

桐谷圭治（編）：改訂版 田んぼの生き物全種リスト，農と自然の研究所・生物多様性農業支援センター，2010.

小林重敬（編）：条例による総合的まちづくり，学芸出版社，2002.

小林重敬（編）：地方分権時代のまちづくり条例，学芸出版社，1999.

生物多様性国家戦略 2012-2020：豊かな自然共生社会の実現に向けたロードマップ，環境省自然環境局，2012.

宗宮　功・津野　洋（編）：環境水質学，コロナ社，1999.

武田育郎：水と水質環境の基礎知識，オーム社，2001.

土壌物理学会（編）：土壌物理用語辞典，養賢堂，2002.

日本水土総合研究所：アジアモンスーンにおける農民参加型末端整備・水管理指針，日本水土総合研究所，2007.

日本地下水学会（編）：地下水・土壌汚染の基礎から応用，理工図書，2006.

農業・環境三法研究会（編）：農業・環境三法の解説，大成出版，2001.

農業土木学会：農業土木ハンドブック，農業土木学会，2000.

農山漁村文化協会（編）：最新農業技術土壌施肥 vol.4，農山漁村文化協会，2012.
農林水産省：農地除染対策の技術書，2013.
農林水産省構造改善局：土地改良事業計画指針・農村環境整備，農業土木学会，1997.
農林水産省構造改善局：土地改良事業計画指針・農地開発（改良山成畑工），農業土木学会，1992.
農林水産省構造改善局：土地改良事業計画設計基準・暗渠排水，農業土木学会，2000.
農林水産省構造改善局：土地改良事業計画設計基準・土層改良，農業農村工学会，1984.
農林水産省構造改善局：土地改良事業計画設計基準・ほ場整備（水田），農業土木学会，2000.
農林水産省生産局：草地開発整備事業計画設計基準，日本草地畜産種子協会，2007.
農林水産省農村振興局：環境との調和に配慮した事業実施のための調査計画・設計の手引き，2002.
農林水産省農村振興局：土地改良事業計画設計基準及び運用・解説・ほ場整備（畑），2007.
農林水産省農村振興局：土地改良事業計画設計基準および解説・計画・農道（追補），農業農村工学会，2007.
農林水産省農村振興局：土地改良事業計画設計基準・設計・農道，農業土木学会，2005.
農林水産省農村振興局：農業農村整備事業における景観配慮の手引き，農業土木学会，2007.
古米弘明ら：森林の窒素飽和と流域管理，技法堂出版，2012.
水谷正一（編）：農村の生き物を大切にする水田生態工学入門，農文協，2007.
安富六郎・今井敏行（編）：明日をひらく農道整備，農業土木学会，1991.
山路永司・塩沢　昌（編）：農地環境工学，文永堂出版，2008.
ランドスケープアドバイザリー会議中央委員会（監修）：農業農村整備事業における総合的な環境配慮ガイドライン，社団法人地域環境資源センター，2013.

洋　　書

Barker，R. and Molle，F.：Evolution of Irrigation in South and Southeast Asia. Colombo，Sri Lanka: Comprehensive Assessment Secretariat.（Comprehensive Assessment Research Report 5），2005.

FAO：World Agriculture Towards 2030/2050:The 2012 revision，Nikos Alexandratos and Jelle Bruinsma，Global Perspective Studies Team，FAO Agricultural Development Economic Division，2012.

Hatfield，J. L. and Sauer，T. J.（eds.）：Soil Management: Building a Stable Base for Agriculture，American Society of Agronomy and Soil Science Society of America，2011.

World Bank：World Bank Report 2008:Agriculture for Development，World Bank，2008.

WEB サイト

特定非営利活動法人土砂災害防止広報センター（http://www.sabopc.or.jp/library/web0104.html）

農林水産省（http://www.maff.go.jp/j/tokei/kouhyou/noudou/）

農林水産省「バイオマス活用推進計画の公表について」（http://www.maff.go.jp/j/press/kanbo/bio/101217.html）

バイオマス情報ヘッドクォーター（http://www.biomass-hq.jp/）

バイオマス・ニッポン総合戦略，2005（www.maff.go.jp/j/biomass/pdf/h18_senryaku.pdf）

バイオマス白書 2011，NPO 法人バイオマス産業社会ネットワーク（http://www.npobin.net/hakusho/2011/index.html）

FAO 統計データベース（http://faostat3.fao.org/home/E）

USLE に関するホームページ（http://topsoil.nserl.purdue.edu/usle/）

WEPP に関するホームページ（http://www.ars.usda.gov/Research/docs.htm?docid=10621）

WEPS に関するホームページ（http://www.weru.ksu.edu/weps/wepshome.html）

WEQ に関するホームページ（http://www.weru.ksu.edu/nrcs/weq.html）

索　　引

き

く

け

こ

さ

し

す

せ

そ

た

ち

つ

て

と

な

に

の

ろ

農地環境工学 第2版　　定価（本体 4,400 円＋税）

2008 年 10 月 25 日　第 1 版発行　　<検印省略>
2016 年　5 月 30 日　第 2 版第 1 刷発行
2022 年　5 月 20 日　第 2 版第 3 刷発行

編集者　塩　沢　昌
　　　　山　路　永　司
　　　　吉　田　修　一　郎
発行者　福　　毅
印　刷　㈱　平　河　工　業　社
製　本　㈱　新　里　製　本　所

発　行　**文 永 堂 出 版 株 式 会 社**
〒 113-0033　東京都文京区本郷 2-27-18
TEL　03-3814-3321　FAX　03-3814-9407
振替　00100-8-114601 番

ISBN 978-4-8300-4132-7